中国植物园

Botanical Gardens of China

第二十六期

No. 26

中国植物学会植物园分会编辑委员会　编

Edited by the Chinese Association of Botanical Gardens

中国林業出版社

CFPH China Forestry Publishing House

图书在版编目（CIP）数据

中国植物园. 第二十六期 / 中国植物学会植物园分会编辑委员会编. —北京：中国林业出版社，2023. 11
ISBN 978-7-5219-2419-0

Ⅰ. ①中…　Ⅱ. ①中…　Ⅲ. ①植物园-中国-文集
Ⅳ. ①Q94-339

中国国家版本馆 CIP 数据核字（2023）第 214835 号

责任编辑：张　华
封面设计：五色空间

出版发行　中国林业出版社
（100009，北京市西城区刘海胡同 7 号，电话 83143566）
网　　址　http://www.forestry.gov.cn/lycb.html
印　　刷　河北京平诚乾印刷有限公司
版　　次　2023 年 11 月第 1 版
印　　次　2023 年 11 月第 1 次印刷
开　　本　787mm×1092mm　1/16
印　　张　12
字　　数　260 千字
定　　价　88.00 元

目　录

CONTENTS

建设高质量国家植物园，保护中国的植物多样性

Top-Class National Botanic Gardens for the Conservation of China's Plant Diversity

张佐双
（中国植物学会植物园分会，北京，100093）
ZHANG Zuoshuang
（*Chinese Association of Botanic Gardens*，*BSC*，*Beijing*，100093）

摘要：国家植物园和华南国家植物园分别于2022年在北京和广州挂牌，标志着中国植物园发展史上的重要里程碑。植物园是活植物的博物馆。植物园的功能概括为植物研究、保护、展示、科普和利用。科学内容，艺术外貌是植物园建设的根本目标，而文化展示是植物园的灵魂。建设国家植物园的根本目标就是要保护中国的植物多样性。

关键词：国家植物园体系；植物多样性；迁地保护

Abstract：Abstract：China National Botanical Garden and the South China National Botanical Garden were inaugurated in Beijing and Guangzhou respectively，marking an important milestone in the history of Chinese botanical gardens. Botanical garden is museum of living plants. The functions of botanical garden were summarized as：plant research，protection，exhibition，popularization of science and utilization. "scientific content and the appearance of landscape（art）" should be the essential aim of botanical gardens. The demonstration of culture is the soul of botanical gardens. The main task of the national botanical gardens is to conserve the plant diversity of China.

Keywords：National Botanical Garden system；Plant diversity；*Ex situ* conservation

植物园是指拥有以科学研究、保护、展示和教育为目的活植物收集，并对植物收集开展数据记录的机构。植物园的主要特征一是活植物收集，包括各种类型的植物及其形成的专类园、专类收集；二是所收集的植物是具有目的的，即植物科学研究、植物多样性保护、对公众的植物展示展览以及包括环境教育、科学教育、自然教育在内的科普教育；三是要求收集的植物必须是基于科学的数据记录并进行持续管理的。植物园突出的特点是植物必须悬挂铭牌，并对公众开放。

中国的现代植物园事业是在几代人不懈努力下得到发展的。这其中植物学家、农林学家、园艺学家都曾作出重要的贡献，我们要永远铭记先辈们的贡献，如钟观光、胡先骕、叶培忠、陈封怀、蔡希陶、俞德浚、吴征镒、汪菊渊、陈俊愉、孙筱祥等，恕不能一一列出。

现代植物园的发展是伴随着植物科学的发展以及全球社会、经济、环境的发展而不断发展的。植物园的主要任务也从最初的植物学和药学的教育发展到各类有用植物的收集、资源植物的开发利用、珍稀濒危

作者简介：张佐双，教授级高级工程师，中国植物学会植物园分会原理事长，原北京市植物园园长。

植物的保护、植物多样性的迁地保护和可持续利用。除此以外,科普教育一直是植物园重要的功能。

由于所在地理位置不同、经费来源不同、主管部门不同、功能定位不同,每个植物园建设的侧重点也不一样。而对于科学研究、植物收集、物种保护、植物展示和科普教育等功能,每个植物园的侧重点不同,排序也不同。既有以植物物种保护为重点的保护型植物园,也有以科普教育为优先的科普植物园,也有以园艺展示为重点的园艺植物园,还有融多种功能于一体的综合性植物园。既要发展功能综合的大型植物园,也要重视专类收集和功能单一的特色植物园。

北京植物园首任主任俞德浚先生(学部委员)在1955年编著的《植物园工作手册》中提到植物园日常工作的6个方面:试验研究、采集调查、栽培繁殖、种苗交换、文化服务、教育服务。俞德浚院士在担任中国植物引种驯化学会会长期间就明确了植物园引种驯化记录的"六有":第一要有引种年代、来源和编号及产地记录;第二要有正确的中文名和学名;第三要有种植图和铭牌;第四要有完整的物候记录;第五要有引种植物详细的形态特征、生物学特性记载和分析资料;第六要有照片、种子标本、腊叶标本和栽培技术资料。做不到这"六有",植物园的科学研究将是无源之水,无本之木。

吴征镒院士为贺善安等编著的《植物园学》写的书评中写道:"从本书内容可以认识到植物园的主要任务和目的,是要把任何地区(乃至全球)、任何类群(乃至尽可能多的类群)的活植物集中起来,把'植物'科学登记起来,有效地保存下来,尽可能美妙地展示出来,首先让它们在特定的环境中活下来,繁衍下去,进而从中发现和利用这些物种资源乃至种质资源,保存下来,发展出去。这是一个无穷大的事业,我们就是要'以有涯道无涯',首先就要让它形成一个学科,而这个学科的'涯岸'就是本书各章的界定和所叙述的内容。"吴院士指出应将植物引种驯化、新品种培育等应用研究作为植物园科学研究的主要内容。

过去植物园的功能被归纳为植物的研究、保护、展示、科普4个方面。贺善安等在《植物园学》中增加了植物园的第5个功能——植物的开发利用。陈封怀先生在1965年全国植物园庐山会议上提出将科学的内容、园林(艺术)的外貌作为植物园建设的宗旨。贺善安等在《植物园学》中也为植物园增加了一个新的宗旨——文化的展示,即文化是植物园的灵魂。

2022年,国家植物园在北京顺利揭牌,此次揭牌,在中国科学院植物研究所和北京市植物园的基础上,经过扩容增效有机整合组建新的国家植物园,由国家林业和草原局、住房和城乡建设部、中国科学院和北京市通过四方联席会议的形式合作建设。中国科学院和北京市人民政府组建成立国家植物园理事会,统筹建设运行管理,形成南北两个园区统一规划、统一建设、统一标准、统一标识、统一运行的管理体系。按照规划,国家植物园的规划面积为$600hm^2$,这与1956年国务院批复的原北京植物园规划面积相当。计划重点收集三北地区乡土植物、北温带代表性植物、全球不同地理分区的代表植物及珍稀濒危植物3万种以上,收藏五大洲代表性植物标本500万份,重点建设项目包括迁地保护研究中心、植物科学研究中心、种质资源保藏中心、标本馆二期和五洲温室群。这是中国植物保护事业的重要事件,开辟了中国植物保护事业新的篇章。

建设国家植物园是几代植物园人的夙愿。1950年,远在英国皇家植物园邱园担任客座研究员的俞德浚先生放弃美国的优厚聘约，毅然回到新中国的首都北京，就是想用他在爱丁堡皇家植物园和邱园学到的知识，在新中国的首都建设一座代表国家水平的植物园。为了尽快确定园址，1954年王文中、董保华等10名年轻人联名给毛主席写信，表达建设植物园的迫切愿望。1956年国务院正式批复建设北京植物园，于西山卧佛寺附近划拨土地 $600hm^2$ 和相应的经费建设植物园。后来由于三年困难时期等历史原因，北京植物园一分为二，植物园的建设未能按规划落实。进入21世纪以来，又有10多位院士在多个场合提出加快建设国家植物园的建议。2021年10月在生物多样性公约第十五次缔约方大会领导人峰会上，中国向全世界宣布启动北京、广州国家植物园体系建设，2022年1月4日，国务院正式批复同意在北京设立国家植物园。国家植物园建设的过程凝聚了几代人的心血。

以前总有人说：国家兴，则园林兴。这句话放在植物园上也是一样的：国家兴，则园事兴、植物园兴。国家植物园的建设历程，就是国家经济社会建设发展的一个缩影，新中国成立之初，百废待兴，经济条件很差，建设植物园靠的是科学家们的爱国激情和昂扬斗志。为了尽快能将卧佛寺前的荒滩绿化起来，中国科学院各个研究所的科学家都安排绿化劳动，靠肩扛人抬，硬是在乱石滩上栽种了油松、侧柏等树种。三年困难和“文化大革命”时期，建设资金被冻结，植物园的建设完全停顿，北园的很多地块或是用来种水果搞生产，或是交还给农民种粮食，征收的土地逐渐被蚕食。植物所的人员则去了五七干校，园里的土地被种上了庄稼，珍贵的植物不知所踪。改革开放以后，植物园迎来了新发展的阶段，北园陆续建设了大型展览温室、月季园、海棠园、梅园、湖区、樱桃沟等植物收集区，植物所的科研力量不断提升，新建了多个实验楼，研究团队日益强大。进入新时代以来，随着生态文明思想的深入人心，国家对植物园的投入逐渐加大，北园在植物收集展示、园艺技术方面卓有成效，植物所一批有影响的科研成果在国际顶级刊物上发表，进一步奠定了植物园国家队的实力。如今我国已经成为世界第二大经济体，保护环境、保护生物多样性成为全民的共识和责任。国家植物园在这个时候应运而生，也算是顺势而为，水到渠成。没有改革开放带来的经济社会快速发展，没有国力的增强，没有生态文明思想的深入人心，就不可能有国家植物园的落成。

在北京建设国家植物园具有非常重要的意义。植物园是对植物多样性开展迁地保护的重要场所，是对就地保护的重要补充，与就地保护一样不可偏废。随着人类经济社会活动的快速发展，野生植物遭受灭绝的威胁愈发严重。据估计，全世界受到威胁的植物物种数量超过30%，以我国现有高等植物3.7万种计算，超过1万种植物受到不同程度的威胁。而拯救这些植物使之免于灭绝，一方面依赖于建设完备的自然保护和国家公园体系，另一方面有赖于迁地保护，对野生植物进行挽救，使之在“人工避难所”里得到保护、扩大种群个体，摆脱灭绝的威胁，并实施可持续利用。有人问，国家植物园建设为啥一定要在北京开始，为啥不在植物种类丰富、自然条件良好的地方开始？其实是对植物园的功能理解不够。北京具有科技资源相对集中、保护与科研的基础设施相对完备的优良条件，超过半个世纪的植物园建设工作又奠定了良好的基础，因此，能得到国务院部委、中国科学院和当地（北京市）政府的支持，这实在是一件大好事。通过国家植物园体系的先行先试，能够为国家植物园体系探索一条可行的有中国特色的道路，为后续的国家植物园体系建设提供可以借鉴的模板。植物园的功能还包括科学研究、科学普及以及植物的可持续利用,国家植物园的建设,将使植物园的功能发挥到更高水平。植物园是有生命的基础设施,是一个城市文明程度、公民科学素养的重要指示物。国家植物园的建成,能够为北京这样一座古老又现代的国际大都市提供一座与之相适应的国际一流的植物园。

建设国家植物园是开展生物多样性保护的重要举措,是应对全球气候变化、环境危机的中国策略。植物是人类的朋友,是地球的卫士,是生态环境的主角。地球的各种生命活动均依赖于植物。植物是一切生命的基础,这一点毫不夸张。植物是地球生态系统的重要组成部分,是生态系统的初级生产者。生态系统中的绿色植物,通过光合作用把太阳能转化为化学能,把无机物转化为有机物,不仅供给自身的发育生长,也为其他生物提供物质和能量。人类社会的经济建设和发展也离不开植物。植物不但为我们提供了清新的氧气、优美的环境,还为我们的衣食住行提供粮食、蔬菜、调料、纤维、药物、工具、材料以及工业原料。植物是留住金山银山、青山绿水和浓浓乡愁不可缺少的绿色基底。保护植物才能保护绿水青山,才能保护人类自己。

建设国家植物园就是要保护好中国的植物多样性。国家植物园的主要任务是什么?当然就是要承担起保护中国植物多样性的重任。植物多样性就是指植物在物种、遗传和生态系统层次上的变异程度,是某个特定区域植物及其环境与变异程度的总称。相比起对动物多样性的保护,由于植物不像动物那样更加吸引公众的关注,植物多样性保护远没有受到广泛的重视。我国现有高等植物 3.7 万种,是世界上植物多样性最丰富的国家之一。中国是世界重要的生物多样性保护热点地区。中国的野生植物种类约占全世界的 1/10,因此保护了中国的植物资源,就是为世界生物多样性保护作出了中国的贡献。植物园通过加强迁地保护、协调和参与就地保护当地的植物多样性,也通过环境教育、自然教育提高公众参与保护的意识,通过科技攻关和示范,实现植物资源的可持续利用。

参考文献

Wyse Jackson P S, Sutherland L A, 2004. BGCI 国际植物园保护议程[M]. 中文版. 胡华斌,李黎明,译. Descanso House:10-14.

贺善安,2005. 植物园学[M]. 北京:中国农业出版社.

俞德浚,1955. 植物园工作手册[M]. 北京:科学出版社.

俞德浚,郑光华,张洁, 1984. 积极开展野生植物种质资源的收集、保存和研究工作的建议[J]. 植物学报,2(2-3):41-43.

浅谈融合科技资源的自然教育课程构建
——以“水稻的一生”为例

Construction of Natural Education Curriculum Integrated with Science and Technology Resources
——Taking“the Whole Life of Rice”as An Example

谭如冰　曾璇　王曦　张明永　夏快飞*
（华南国家植物园，广东广州，510650）
TAN Rubing　ZENG Xuan　WANG Xi　ZHANG Minyong　XIA Kuaifei*
(*South China National Botanical Garden*, *Guangzhou*, 510650, *Guangdong*, *China*)

摘要：该系列课程以“基于水稻的一生开展项目式学习”为设计思路，结合中国科学院华南植物园的科技资源，以作物营养高效利用研究组为依托，围绕种子萌发、播种、插秧、育种、收割及冬季闲田综合利用构建自然教育课程，开展自然探究，在项目式学习中有效激发青少年的好奇心和想象力，增强他们的科学素养、科学意识及创新能力，打造了科技资源科普化与自然教育融合发展的新模式。

关键词：自然教育；科技资源；科学传播；水稻的一生

Abstract: This series curriculum is designed with the idea of “Project-based learning based on the whole life of rice”. It integrated the scientific and technological resources of the efficient utilization research group in South China Botanical Garden, the Chinese Academy of Sciences. This natural education curriculum Around seed germination, sowing, transplanting, breeding, harvesting and comprehensive utilization of winter fallow fields, carries out lecture and natural exploration. It effectively stimulates the curiosity and imagination of young people in project-based learning. By listening, observation, conduct experiments and give summary report, it can strengthen their scientific literacy, scientific awareness and innovation ability. It can also create a new paradigm for the integration and development of science popularization of scientific and technological resources and natural education.

Keywords: Nature education; Technology resources; Science communication; The whole life of rice

---

基金项目：国科大春分工程·青少年科普专项行动（CF2022010）、广州市基层科普行动计划项目（GDKP2023-3-031）。

第一作者简介：谭如冰（1984—），女，中级，邮箱：tanrubing@ scib. ac. cn，主要从事自然教育和植物科技资源科普化工作。

通讯作者：夏快飞（1975—），女，副高，邮箱：xiakuaifei@ scbg. ac. cn，长期从事作物营养高效利用与分子育种研究及相关科普。

引言

自然教育关注人与自然、与环境的关系,通过建立人与自然情感上的链接,寻求人与环境、与自然生态和谐相处的方式,促进各种环境问题的改善和解决,以实现生态文明可持续发展。

植物园是城市绿地系统中的重要组成部分,也是从事植物基础生物学研究、植物资源收集与评价、植物资源发掘与利用的综合性研究与保育机构,尤其是以活植物收集栽培与发掘利用为主导的科学研究始终贯穿植物园的发展史[1]。在植物园里开展自然教育,构建与科技资源相融合的自然教育课程,以寓学以游、寓学以乐的方式开展,不仅推动新知识、新技能的传播,也改变公众对科研工作认同度高、理解度和践行度低的现状,从而促进公民科学创新发展。

中国科学院华南植物园/华南国家植物园(以下简称"华南植物园")由著名植物学家陈焕镛院士创建于 1929 年,是集科学研究、植物保护、科学传播和资源利用于一体的研究机构和科普教育基地。2022 年 5 月 30 日,国务院批复同意依托中国科学院华南植物园设立华南国家植物园。华南植物园由三个园区组成,一是位于广东省广州市的科学研究园区,植物园、生态学、农学学科排名全球前 1%;二是紧邻科学研究园区的植物迁地保护园区,是中国最大的南亚热带植物园;三是位于广东省肇庆市的鼎湖山国家级自然保护区暨树木园,它是中国第一个自然保护区。

华南植物园始终秉承拥有"科学内涵、文化底蕴、艺术外貌"的建园理念,提倡"在自然中教育",以推动人与自然和谐为核心,以参与体验为主要方式,引导人们认知和欣赏自然、理解和认同自然、尊重并保护自然,以期最终实现人的自我发展以及人与自然和谐共生目的的教育。在国家"大力推进自然教育、共筑生态文明"和"科技创新、科学普及两翼齐飞"的主旨下,华南植物园依托华南植物园作物营养高效利用与分子育种研究组,以"水稻的一生"为主题,开展了自然教育系列课程的探索与实践,让青少年了解关于我国的主要粮食作物水稻的基础知识、科学研究、驯化和育种历程等,并培养珍惜粮食的意识,体会创新在水稻育种中的重要内涵[2]。

1 课程背景

水稻是我国乃至世界上最重要的粮食作物之一,野生稻经过上万年的时间转变为栽培稻。期间无数科学家严谨治学、潜心研究,让水稻发生矮化育种、杂交育种及超级稻育种等重要变革,让中国以 7%的土地养活了约 20%的人口,粮食基本实现了自给自足[3,4],国际上也因此将水稻杂交育种当作中国继古代四大发明之后的第五大发明。

华南植物园作物营养高效利用与分子育种实验室是我国最早开始研究与实现杂交水稻三系配套单位之一,为杂种优势成功利用做出了重要贡献。近年来,水稻研究团队围绕作物营养高效利用、抗病与抗逆等基因挖掘与分子设计育种开展研究,在国际知名期刊上发表了多篇高影响力的原创性研究论文,通过分子设计育种育成通过审定的水稻新品种 7 个和鉴定新不育系 2 个。实验室还拥有水稻育种基地 15 亩,每年种植不同的水稻种质资源超千份。在此背景下,利用科技资源来构建自然教育课程,与科研成果相融合开展自然探究,有助于培养青少年的科学思维、启迪科学思考和提升科学创新能力。

2 课程设计

本课程以小学中高年级学生为对象,

以水稻的一生为任务主线,以水稻育种基地为场所,设计种子萌发、播种、插秧、育种、收割及冬季闲田综合利用一系列课程,以科研工作者为主要课程导师,通过普及关于水稻的基础知识,开展田间观察和探究实验,引导学生在项目式学习中体会“锄禾”的真正含义,领悟“一粒种子改变一个世界”的重要意义,弘扬科研工作者在科研工作中锐意进取、勇攀高峰的创新精神。

3 课程实施

3.1 第1课时:春种一粒粟(上课时段:4月,8月)

①知识讲座:通过关于水稻基础知识的概述,让大家认识不同时期的水稻、不同品种的水稻的差异,了解作为五谷之首的稻的基本结构和生命周期过程及其重要意义。②田间观察:引导学生去水稻种质资源圃观察水稻,区分野生稻与栽培稻,认识其主要差异。③插秧体验:引导学生认识苗期的水稻,正确区分稗草和秧苗。④课后实验:分发水稻种子给学生带回家,指导开展种子萌发实验。

3.2 第2课时:改变世界的一粒种子(上课时段:6月,10月)

①知识讲座:通过讲述水稻开花的习性、种子的使命、水稻育种的过程和相关科学原理,让学生更加深入地理解中国人在水稻育种中的重要贡献。②实验环节:通过体视镜和显微镜观察水稻花的结构、了解可育和不育花粉的差异。③田间观察:观察水稻开花,了解其习性及杂交水稻制种和繁种过程,深刻理解创新在水稻育种上的重要作用。

3.3 第3课时:希望的田野(上课时段:7月,11月)

①知识讲座:介绍水稻种子的多样性、稻文化、水稻收割工具的创新和发展历史等。②田间观察:引导学员实地观察成熟的水稻,了解小型收割机的工作原理。③收割体验:引导学员体验割水稻和脱粒的过程。

3.4 第4课时:闲田不“闲”(上课时段:12月至翌年1月)

①课前准备:水稻收割后种上紫云英和各种蔬菜,并留置一块空地。②田间观察:在紫云英开花及蔬菜成熟的时候,引导大家去到水稻田观察紫云英的地上和地下部分,实地讲解紫云英在生物固氮和改良土壤中的作用。③劳动体验:带领学员挖地种植蔬菜,采摘已经成熟的蔬菜和果实。

4 课程评价

植物是地球生命存在的基础,蕴藏着丰富的遗传资源和基因多样性。科研工作者对野生植物做的科研工作,在保护生物多样性、维护生态平衡和发展生物产业方面有重要作用。“水稻的一生”自然教育课程围绕种子萌发、播种、插秧、育种、收割及冬季闲田综合利用构建自然教育课程,开展与科技资源相融合的自然探究,过程包括了科学现象观察、科学原理理解、科学数据分析、科学结果评价等。整个过程中贯穿了科学思维的培养、科学态度的训练和科学精神的弘扬。项目式学习激发了青少年的好奇心和想象力,课后小实验设计和分享活动激发青少年的探索欲,对增强他们的科学素养、科学意识及创新能力有积极引导作用。

5 课程反馈

每期课程我们都单独建群,课程期间进行分享并布置家庭作业,感兴趣的学员们会积极完成课后小实验并进行分享。孩子们年龄不同,分享形式多样,有简单的绘图、图文并茂的小报告、PPT、小文章甚至是网络推文等(图1、图2、图3)。家长也会在群里进行相关交流(图4)。每一次反馈,都能启发老师们找到奇特的视角和新的发现,从而更好地策划下次课程。

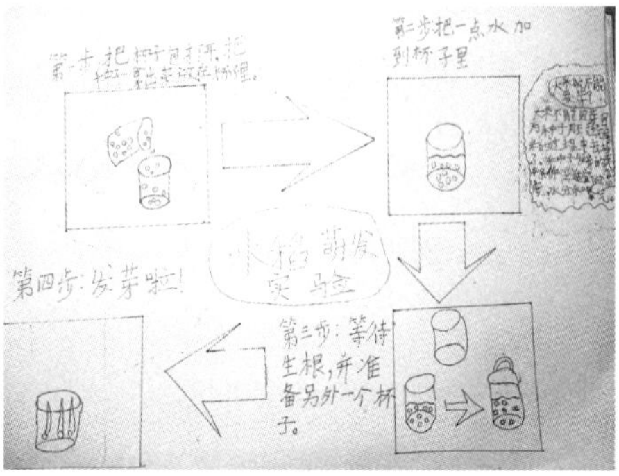

图 1　学员积极完成家庭作业并反馈

Fig. 1　Student finish homework and provide feedback

图 2　学员在微博上发课程感想照片

Fig. 2　Students record their course thoughts onto miaroblog

图 3　学员在课后做的水稻 PPT

Fig. 3　Students make rice PPT after class

6　结语

本课程以"基于水稻的一生开展项目式学习"为设计思路,结合中国科学院华南植物园的科研资源,以作物营养高效利用

图 4　家长在课程群交流反馈

Fig. 4　Parents communicate in the Wechat group

研究组为依托,围绕种子萌发、播种、插秧、育种、收割及冬季闲田综合利用构建自然教育课程,从长期的科研经验出发,结合国家对于提高中小学生科学素养的要求,采用场景呈现的形式,将科学知识、实验课程等融合在一起,能更好地激发中小学生对于科学的热情,增强他们的科学素养、科学意识及创新能力,打造了科技资源科普化与自然教育结合的新范式。

致谢:本项目得到国科大春分工程·青少年科普专项行动(CF2022010)、广州市基层科普行动计划项目(GDKP2023-3-

031）基金的资助。感谢帮助维持秩序的志愿者，感谢田间帮助授粉或杂交的工人。

参考文献

［1］黄宏文．“艺术的外貌、科学的内涵、使命的担当”——植物园500年来的科研与社会功能变迁（二）：科学的内涵［J］．生物多样性，2018，26（3）：304-314．

［2］钟素飞．国家植物园体系建设背景下的植物园功能定位探讨——以上海植物园为例［J］．农业与技术，2022，42（10）：132-135．

［3］郑云飞．稻作文明探源［M］．杭州：浙江人民出版社，2022．

［4］程式华．中国水稻育种百年发展与展望［J］．中国稻米，2021，27（4）：1-6．

国家植物园首倡者——胡先骕博士

Dr. Hsen-Hsu Hu, the Initiator of China National Botanical Garden

马金双

［国家植物园（北园），北京，100093］

MA Jinshuang

［*China National Botanical Garden*, *North Garden*, *Beijing*, 100093］

摘要：介绍了国家植物园的首位提倡者、著名植物分类学家胡先骕，并借胡先骕诞辰130年与逝世55周年，介绍最新出版、多达19卷的《胡先骕全集》，以及作者参加编写的过程与体会。

关键词：胡先骕；国家植物园；胡先骕全集

Abstract: Dr. Hsen-Hsu Hu, the famous plant taxonomist, the initiator of China National Botanical Garden, is introduced. With the hundred years of his birth and fifty-five anniversary of past away, the new published up to nineteen volumes of Dr. Hsen-Hsu Hu's Complete Work are introduced, along with author's personal process as well as the experience.

Keywords: Hsen-Hsu Hu; China National Botanical Garden; Hsen-Hsu Hu's Complete Work

引言

胡先骕（1894.05.24—1968.07.17），字步曾，号忏庵，江西新建人，先后两次留学美国著名学府：1912年入加利福尼亚大学（伯克利分校）；1916年以荣誉毕业生称号毕业，获学士学位。他于1923年入哈佛大学，1924年获硕士学位，1925年以 *Synopsis of Chinese Genera of Phanerogams*, *with Descriptions of Representative Species*（《中国植物志属》）获科学博士学位，是中国植物学家中获哈佛大学博士学位第一人。

胡先骕在50年（1918—1968）的植物学教学与研究中，为中国植物学的发展做出了杰出的贡献，是海内外公认的中国植物分类学奠基人：他任教高校，为中国的生物学，特别是植物学，培养了无数人才；创建研究机构并创办学术刊物，开创中国植物学新纪元；大规模组织考察与采集，谱写中国植物学新篇章；开展海外学术交流，为中国植物学在国际上赢得荣誉与地位努力；学术研究硕果累累，名扬海内外（马金双，2008；Hu & Ma, 2021; Ma & Barringer, 2005）。

然而，除了植物分类学，很少有人了解胡先骕对中国植物园的几十年情怀！早在留学期间，胡先骕深感异国他乡对中国植物的收藏与研究，立志回国之后必须努力改变，因为植物园与植物分类学具有密不可分的关系（马金双，2022a），世界上著名的科研型植物园基本如此（马金双，2020）！胡先骕1925年留学归来，1926年就计划在南京明孝陵建立植物园，后因北伐战争而中断；1928年建立静生生物调查所之后，1930年就申请在北京西山建立植物园，然而计划庞大、费用过高而未获准许；1931年就有建庐山植物园的倡议，终于1934年正式建立庐山森林植物园；1943年抗战最艰苦的阶段，作为中央研究院的评议员，胡先骕已开始考虑战后的复原工作，并于1944

年在中央研究院议员提案中正式提出“设立经济植物研究所及中央植物园提案”(杨炀,2022)。

经过几代人不懈的努力,2021 年 12 月 28 日,国务院批复在北京设立国家植物园,由国家林业和草原局、住房和城乡建设部、中国科学院、北京市人民政府合作共建,依托中国科学院植物研究所和北京市植物园构建南、北两个园区统一规划、统一建设、统一挂牌、统一标准、可持续发展的新格局,同时要求相关部门统筹规划、合理布局,稳步推进全国国家植物园体系建设。国家植物园于 2022 年 4 月 18 日在北京正式揭牌(马金双,2022c)。2022 年 5 月 30 日,经国务院批准,华南植物园升级为华南国家植物园,于同年 7 月 11 日正式挂牌。2023 年 5 月 24 日,胡先骕提议建立国家植物园八十年后,近 1300 万字的、多达 19 卷的《胡先骕全集》首发式在国家植物园(北园)隆重举行,无疑是对胡老首倡国家植物园的最好纪念!

1 缘起与经历

1979 年春夏笔者在东北林学院学习树木学课程,首次知晓植物分类学家胡先骕博士,特别是当时树木学老师黄普华说,胡老是哈佛大学的博士,24 岁就当了大学教授,并发现了著名的“活化石”水杉。然而,笔者真正接触胡老则是在二十年后的 1999 年,当时笔者正在哈佛大学标本馆做访问学者。这一年是水杉引种美国五十周年,哈佛大学阿诺德树木园出版了专刊以示纪念。遗憾的是他们对于中国学者的名字和中国地名竟然不清楚,于是笔者写了一篇小文(Ma et al., 2000)。2000 年,水杉标本的第一位采集人、中国科学院沈阳应用生态研究所的王战(1911—2000)过世,他的学生们准备写纪念文章,但是都不熟悉植物分类学,也不清楚水杉的故事,于是笔者作为其中一个学生的室友加入了文章的准备和撰写者行列,并于当年在《国际植物分类学报》(*Taxon*)正式发表(Shao et al., 2000)。至此,正式接触水杉和胡先骕。同年建立英文水杉网址(www. metasequoia. org, 2000—2018 年; www. metasequoia. net,2018 年至今。Ma, 2000),并发表有关胡先骕和水杉的论文数篇(马金双,2003,2006,2022b;Ma & Barringer, 2005)。然而比较深入的是 2008 年胡宗刚出版《胡先骕先生年谱长篇》后,赶在《植物分类学报》2009 年改版英文前,首次发表长篇中文书评介绍胡先骕(马金双,2008)。至此正式走入胡先骕的人生,并为老人家的一生经历、科研视野、业界影响力与学术水平所感动,特别是被胡老作为真正的学界精英敢书敢言、不被形势所左右、为民请命的知识分子的忧国忧民情怀所彻底征服!

2014 年,胡先骕诞辰 120 周年纪念研讨会于江西南昌举行,在《胡先骕全集》(以下简称《全集》)策划者、北京大学著名数学家胡德琨(1938—2022)的邀请下,笔者正式加入《全集》的编撰行列,并主要负责学术论著和海外书信的收集与整理。正如大家所知道的那样,经历了无数运动及社会变迁,特别是“文化大革命”之后,收集过程可谓十分艰辛;整理编辑并协助主编,特别是在专业领域,从学术术语到类群特征,从海内外联系到具体编撰,可谓十分困难!然而,作为一个植物分类学晚辈,笔者非常荣幸成为其中的一员并参与《全集》的整个编撰过程!

1923 年,胡老再度远涉重洋,赴美国整理中国植物资料并完成博士论文,奠定了今日中国植物分类学的基础。百年前,中国植物学发展刚刚起步,如今中国植物分类学成就举世瞩目,特别是完成两版《中国植物志》和几十部省、市、区植物志的出版,中国高等植物种类已达三万六千,名列世界前茅、北半球之首(贺然等,2021)！中国植物学今天取得的成就离不开胡老等老一辈学者的付出与奉献!

2023 年是胡先骕诞辰 130 年与逝世 55 周年，中国科学院昆明植物研究所(原云南农林植物研究所)成立 85 周年,中国科学院植物研究所和中国科学院动物研究所(原静生生物调查所)成立 95 周年。《全集》的出版，无疑是我们纪念与缅怀先辈的最好礼物，特此介绍。

《胡先骕全集》(胡先骕全集编委会提供)

2 《胡先骕全集》

胡先骕学贯中西、经历丰富,刚正不阿,敢说擅写,一生留下无数文字。因为社会的动荡,更因为文理跨界,他的文字从未能完整地集在一起。终于,在时代的推动下,在前期学者的工作基础上,经过长久酝酿的《全集》终于在 2014 年胡先骕诞辰 120 周年之际启动。《全集》由中国科学院 5 位院士王文采、周俊、陈宜瑜、陈晔光、黄路生及资深文学教授北京大学乐黛云和江西师范大学傅修延担任顾问,由北京大学数学学院教授胡德琨总策划,北京师范大学社会学院教授胡晓江任主编,北京市植物园[现国家植物园(北园)]首席科学家马金双研究员、庐山植物园科学史家胡宗刚研究馆员任副主编,马金双、孙启高、张国功、张德意、陈世象、胡启明、胡宗刚、胡晓江、胡德焜、梅国平、梁菁、游道勤、廖帅担任编委(按姓氏笔画排列)。历经 9 年艰辛努力,《全集》终于在 2023 年完成,总计 19 卷(正文 18 卷,附卷 1 卷),1280 万字,由江西人民出版社出版,并获得国家出版基金资助。各卷名称与内容简介如下:

第 1 卷:植物学中文论文 50 篇;第 2 卷:植物学英文论文 77 篇;第 3 卷和第 4 卷:博士论文《中国植物志属》,记载中国种子植物 1956 属 3700 种;第 5 卷:植物学著作Ⅰ(《高等植物学》《细菌》《植物学小史》);第 6 卷:植物学著作Ⅱ(《中国山东省中新统植物群》《种子植物分类学讲义》);第 7 卷:植物学著作Ⅲ(《经济植物学》《国产牧草植物》《中国主要植物图说 · 豆科》);第 8 卷:植物学著作Ⅳ(《经济植物手册 上》);第 9 卷:植物学著作Ⅴ(《经济植物手册 下》);第 10 卷:植物学著作Ⅵ(《植物分类学简编》);第 11 卷:植物图谱Ⅰ(《中国植物图谱 1-4》);第 12 卷:植物图谱Ⅱ(《中国植物图谱 5》《中国蕨类植物图谱 1》《中国森林树木图志 2》);第 13 卷:科学汉译译文 16 篇、译著 7 部;第 14 卷:科学散论 119 篇;第 15 卷:人文著述 146 篇;第 16 卷:文学英译:长生殿和苏东坡诗九首;第 17 卷:忏庵诗词约 540 首、中文信函 386 通(其中致函 345 通、收函 41 通);第 18 卷:外文信函涉及 12 个国家(美国、英国、德国、奥地利、法国、瑞典、印度、日本、爱尔兰、瑞士、荷兰及苏联)的 51 位外国人及 4 位中国人,总共 743 封(其中去函 366 封,收函 377 封);第 19 卷:附录 · 索引。9 个附录:胡先骕遗失作品存目、校审著作目录、胡先骕发表的植物新类群、胡先骕采集的模式标本、纪念胡先骕的生物类群、简明年表、世系图、胡先骕曾祖父胡家玉的自订年谱以及截至 2019 年的有关胡先骕研究的各类学术文献;5 个索引:著作、文章、诗词、信函、人名索引。

《全集》9年编撰可谓十分不易，不仅有收集资料的困难，还有其他无法预料的各种困惑，一路走来，真的很庆幸！感谢9年间海内外同仁与朋友的各种各样的帮助，感谢编研团队的通力合作，感谢江西人民出版社领导以及全体编辑人员的辛苦付出！特别感谢《全集》的策划者、已故的北京大学胡德焜教授，《全集》主编、北京师范大学胡晓江博士，还有编撰《全集》的幕后支持与赞助者胡欢女士，以及胡老后人们，为中国植物学做出的奉献！

1933年胡老领衔19位植物学家发起成立中国植物学会，2003年是中国植物学会成立90周年，《胡先骕全集》的出版发行无疑是最好的纪念礼物！

参考文献

贺然，魏钰，马金双，2021. 二十一世纪的园林之母[C]//中国植物学会植物园分会编辑委员会. 中国植物园第二十四期. 北京：中国林业出版社：186-194.

马金双，2003. 水杉未解之谜的初探[J]. 云南植物研究，25(2)：155-172.

马金双，2006. 水杉的未尽事宜[J]. 云南植物研究，28(5)：492-504.

马金双，2008. 新书介绍：《胡先骕先生年谱长篇》[J]. 植物分类学报，46 (5)：793-794.

马金双，2020. 世界主要科研型植物园简介[J]，中国植物园，23：19-24.

马金双，2022a. 植物园与植物分类学[C]//中国植物学会植物园分会编辑委员会. 中国植物园第二十五期. 北京：中国林业出版社：40-45.

马金双，2022b. 柏科水杉——"活化石"[M]//马金双，贺然，魏钰. 中国——二十一世纪的园林之母：第二卷. 北京：中国林业出版社：1-189.

马金双，2022c. 国家植物园设立为何首选北京？[J]. 生物多样性，30(1)：22013，1-2.

杨炀，2022. 志之所趋，无远弗届 ——胡先骕的"国家植物园"梦想[J]. 国家人文历史，8：114-119.

Hu X J , Ma J S, 2021. RECOLLECTION: The Founder of Plant Taxonomy in China: HU Hsen-Hsu [J], Protain and Cell, doi. org/10.1007/s13238-021-00877-0.

Ma J S, 2000 -. www. metasequoia. org (2000 - 2018), www. metasequoia. net (since 2018) [N/OL].

Ma J S , Barringer K, 2005. Dr. Hsen-Hsu Hu (1894-1968) - a founder of modern plant taxonomy in China [J]. Taxon, 54(2): 559-566.

Ma J S, H Sun, Cao W, 2000. The notes on the collectors and authors as location names related to the Dawn Redwood, *Metasequoia glyptostrobuoides*, after it's been discovered almost sixty years from Central China (1941-2000) [J]. Thaiszia, Journal of Botany, 9(1999): 143-147.

Shao G F, Liu Q J, Qian H, et al, 2000. Zhang WANG (1911-2000) [J]. Taxon ,49(3): 593-601.

进一步阅读资料

胡晓江（中华读书报），20230529，世间曾有胡先骕，https://mp. weixin. qq. com/s/WDxwTYprw16f3plCOZGX8g（2023年6月10日进入）.

胡晓江，马金双，2023. 中国植物学家胡先骕（一、二、三）[J]. 生物学教学（https://kns. cnki. net/kcms2/detail/31. 1009. G4. 20230605. 1518. 002. html、https://kns. cnki. net/kcms2/detail/31. 1009. G4. 20230601. 1343. 002. html、https://kns. cnki. net/kcms2/detail/31. 1009. g4. 20230601. 1343. 004. html，2023年6月10日进入）.

江西人民出版社（公众号），20230525，《胡先骕全集》新书发布会在京举办[N/OL]，https://mp. weixin. qq. com/s/3NkVuexVurvIcQWI-7m16g（2023年6月26日进入）.

上海书评（公众号），20230618，胡晓江谈祖父胡先骕的生平与学术[N/OL]，https://mp. weixin.

qq. com/s/yNf1IgyiMLEPS _ nB7vWpgA (2023 年 6 月 26 日进入).

生物学通报(公众号),20230524,活动 | 《胡先骕全集》新书发布会暨胡先骕科学成就研讨会[N/OL], https://mp. weixin. qq. com/s/cAVDgQjU4V8uFtNQHlBG3w(2023 年 6 月 26 日进入).

孙怡(每日人物,公众号),20230606,寻找胡先骕[N/OL], https://mp. weixin. qq. com/s/5wmAZcgnjZnbQcTugMlzaQ(2023 年 6 月 26 日进入).

徐自豪(知识分子,公众号),20220716,胡先骕的最后二十年[N/OL],https://mp. weixin. qq. com/s/Rah1tkRjucUYgDi3IQFdSA (2023 年 6 月 26 日进入).

杨炀(国家人文历史),20220420,"国家植物园"正式揭牌! 有个人不能不提[N/OL],https://mp. weixin. qq. com/s/ubOVhXnpQ - vNrt-pOE15Wmg? from = singlemessage&scene = 1&subscene = 10000&sessionid = 1688703599&clicktime = 1688719000&enterid = 1688719000&ascene = 1&realreporttime = 1688719000490&forceh5 = 1(2023 年 6 月 26 日进入).

袁一雪(中国科学报,公众号),20190924,胡先骕:中国植物学界"老祖宗" | 寻找新中国科学奠基人[N/OL]. https://mp. weixin. qq. com/s/8mGp48AsLXbnYtHhKQhVVw(2023 年 6 月 26 日进入).

张菲菲(南方网),20220711. 全国第二家! 华南国家植物园在穗正式揭牌[N/OL]. https://news. southcn. com/node _ 54a44f01a2/67481633bf. shtml(202306023 进入).

张璐(新京报,公众号),20230524,"水杉之父"的璀璨人生,《胡先骕全集》新书发布[N/OL], https://m. bjnews. com. cn/detail/168490324514231. html(2023 年 6 月 26 日进入).

直接的自然体验活动对参与者自然联结及环境热情建成的影响

Effects of Direct Nature Experience Activities on Participants' Nature Connectedness and Environmental Passion Construction

张泽坤[1,2]　彭丽芳[1,2]　夏汉平[1,2]

（1. 中国科学院华南植物园，广东广州，510650；2. 鼎湖山国家级自然保护区管理局，广东肇庆，526000）

ZHANG Zekun[1,2]　PENG Lifang[1,2]　XIA Hanping[1,2]

（1. *China Botanical Garden*, *Chinese Academy of Sciences*, *Guangzhou*, 510650, *Guangdong*, *China*;
2. *Dinghushan National Nature Reserve*, *Zhaoqing*, 526000, *Guangdong*, *China*）

摘要：有经验证据表明，在自然界的直接体验与人们的亲环境主义存在积极的联系。本文调查了直接的自然体验活动对自然联结及环境热情的影响。结果表明：直接的自然体验活动可以帮助拓宽参与者的知识面，同时对自然联结及环境热情产生积极的影响。

关键词：自然体验；自然联结；环境热情；生物多样性保护

Abstract: There is empirical evidence of a positive association between direct experiences in nature and people's pro-environmentalism. This paper investigates the effects of direct nature experience activities on nature connectedness and environmental passion. The results show that direct nature experiences broaden participants' knowledge and have a positive impact on nature connectedness and environmental passion.

Keywords: Nature experience; Nature connectedness; Environmental passion; Biodiversity conservation

引言

人类与自然的关系是由人类对自我的认识以及在物种层面上人类如何融入更广泛的自然环境所引导的。早期工业化社会中所持有的人类中心主义观点在加速人们与自然分离的同时，也导致越来越多的人减少与自然界的直接接触，进而导致对生态环境及生物多样性缺乏关注，从而对环境不友好行为，形成恶性循环（Soga and Gaston，2016）。因此，重新激发人们对自然环境的热情且将人类与自然重新联系起来已经成为人与自然关系研究中一个越来越大的焦点问题。

与自然联结水平被描述为个人在情感上与自然界相连的特质水平，它与个人对其与自然界关系的主观感觉有关（Martin and Czellar，2016）。对自然联结的研究强调了与自然的直接体验，这种体验会导致情感或认知关系的形成（Beery and Wolf-Watz，2014）。当与自然接触时，所选择的活动类型可能对是否积极感知自然以及是否与自然形成联系至关重要。幸福感作为一种强调个人体验愉悦性的主观感受，常被用来探讨与自然联结之间的关系。分析表明，与自然界有更多联系的人往往有更高的幸福感与更多的亲环境行为（Capaldi et al.，2014；Mackay and Schmitt，2019；

Whitburn et al., 2020)。

环境热情是一种影响人投入到亲环境行为当中去的积极情绪(Robertson and Barling, 2013; Afsar et al., 2016; De Bernardi and Pedrini 2020),其在一定程度上导致了亲环境主义动机的产生(Vallerand et al., 2007)。具有环境热情的人能够阐明环境可持续性的重要性,从而唤起他人对环境保护的情感与激情(Dasborough and Ashkanasy; Cardon, 2002, 2008)。

体验是指亲自处于某种环境中而产生的认识及从中获取知识或技能的过程(Clayton, 2012),在美观的环境中通过多感官的运用而直接和有意地与自然接触被认为是人们与自然联系的最佳体验方式(Giusti et al., 2017; Lumber et al., 2017)。与视频等间接接触自然的方式相比,直接的自然体验更能促进人与自然之间的联结(Mayer et al., 2009)。有经验证据表明,直接的自然体验与人们的环境态度和行为之间存在积极的联系,这也促使研究人员鼓励人们更频繁地与自然接触,以此来提高亲环境主义水平(Rosa and Collado, 2019)。据此,我们提出以下2个研究假设:

假设1:直接的自然体验能够促进提高个人与自然之间的联结程度;

假设2:直接的自然体验能够提升个人对环境的热情。

本研究旨在考察直接的自然体验和与自然联结及环境热情之间的关系及其心理机制。并据此提出假说,即直接的自然体验可以促进个人的自然联结水平与环境热情水平。研究通过使用问卷调查和准实验设计的研究范式来验证所提假说。

1 研究方法

为了验证上述2个假设,我们利用准实验设计的研究方法对鼎湖山国家级自然保护区在2022年9月24~25日举办的一场自然体验活动进行了评估,目的是检验短期的自然体验活动对参与者个人与自然的联结及环境热情的影响。自然体验活动安排如下(表1):

表1 户外自然体验课程安排

Table 1 Outdoor nature experience course schedule

日期	时间	活动内容
2022年9月24日	9:00-11:00	讲解野外样地调查方式和注意事项
	11:00-12:30	午餐及休息
	12:30-17:00	在大样地记录胸径为1cm以上的植物
2022年9月25日	9:30-10:00	野外底栖生物课程的开展及问题提出
	10:00-11:00	分组进行底栖生物的调查与记录
	11:00-12:00	分组讨论并展示调查结果及回答课程问题
	12:00-13:00	户外野餐
	13:00-16:30	保护区内野外巡山体验

1.1 研究对象

参加鼎湖山国家级自然保护区户外自然体验课程的学生共45人,以大一及大二的学生为主,同时还有部分预科班的学生参与其中。在遵循个人意愿的基础上最终完成前后测问卷调查的学生共有35人,其中,男生23人,女生12人。60%的学生来自大城市,91%的学生从未来过鼎湖山,一半以上的学生在此前就参加过类似的自然体验活动。其社会人口学信息如下(表2):

表2 社会人口学变量资料

Table 2 Sociodemographic variables information

变量	类别	频次	占比(%)
性别	男	23	66
	女	12	34
年级	大一	16	46
	大二	11	31
	预科班	8	23

（续）

变量	类别	频次	占比(%)
家庭所在地	农村	1	3
	小城镇	8	23
	中等城市	5	14
	大城市	21	60
是否来过鼎湖山	是	3	9
	否	32	91
是否经历过类似的自然体验活动	是	19	55
	否	16	45

1.2 研究工具

目前，研究中关于自然联结常用量表有 Connectedness to Nature Scale（Mayer and Frantz，2004）、Nature Relatedness Scale（Nisbet et al.，2008）以及 Inclusion of Nature with Self Scale（Schultz，2002）。尽管这些测量方法在测量对自然的情感、经验或认知联系的程度上有所不同，但从本质上而言，所有的概念均涉及如何解释个体与自然之间的关系，且这三个量表的设计均呈现了相似的测量方法（Tam，2013）。故在本文中，我们结合研究背景采用了 Mayer 和 Frantz 所提出的自然联结量表，该量表具有良好的跨文化一致性（Olivos et al.，2011），且在我国文化背景中已得到检验（李娜，2016）。

环境热情量表改编自绿色组织行为的一项研究（Robertson and Barling，2013），目的是检验并衡量个人本身及影响他人参与到亲环境行为当中去的积极情绪。

自然联结量表（14 道题，经检验后删去其中 3 道降低量表信度的反向题，剩余 11 题）与环境热情量表（10 道题）均采用 Likert 五点计分法，即“1 = 非常不同意”，“2 = 不同意”，“3 = 不确定”，“4 = 同意”，“5 = 非常同意”，从 1～5 分别计分。

1.3 数据分析

信度是指测验结果的一致性（Consistency）和可靠性（Stability）。在实际研究中，一般使用 Cronbach's Alpha 系数来衡量量表同一潜变量下各问项答案的一致性程度，α 大于 0.7 即可被认为可信度较高，大于 0.6 是在可接受范围内。KMO 值则是做主成分分析的效度检验指标之一。通常来说，KMO 在 0.9 以上，非常合适做因子分析；在 0.8～0.9 之间，很适合；在 0.7～0.8 之间，适合；在 0.6～0.7 之间，尚可；在 0.5～0.6 之间，表示很差；在 0.5 以下应该放弃。通过利用 SPSS25 及 R 语言等分析软件对所使用量表进行信效度检验，采用配对样本 T 检验的方法对所收集数据进行探析，同时利用 Nvivo 软件，采用质性访谈的方式随机对参与活动的 5 名学生进行了一对一的半结构式访谈，以期获得对研究的全面理解。

2 研究结果

2.1 描述性统计分析

表 3 变量的描述性统计分析

Table 3 Descriptive statistical analysis of variables

变量		样本量	题数	均值	标准差	Cronbach's α	KMO 值
自然联结	Pre-test	35	11	4.04	0.65	0.92	0.82
	Post-test	35	11	4.34	0.73		
环境热情	Pre-test	35	10	4.02	0.72	0.96	0.87
	Post-test	35	10	4.35	0.69		
有效个案		35					

经检验，自然联结与环境热情变量的 Cronbach's α 值分别为 0.92 与 0.96，均大于 0.6，KMO 值分别为 0.82 和 0.87，均大于 0.6，故判断自然联结量表与环境热情量表均拥有良好的信效度(表3)。在量表得分方面，两个量表的前后测得分均大于 4(表4)，表明参与调查活动的学生均拥有较高的自然联结水平和环境热情水平。

2.2　自然联结与环境热情在活动前后的变化

采用配对样本 T 检验的方法对数据进行检验分析，结果显示自然联结和环境热情在活动前后均表现出一定程度的增长，且环境热情(T=1.96，P=0.05)在统计学意义上表现出较为显著的正向增长，而与自然联结 T 值、P 值(T= 1.86，P=0.07)虽在活动前后有正向增长表现，但其 T 检验的 P 值大于 0.05，在统计学意义上并未表现出显著。在参加完自然体验活动课程后，两个变量均表现出一定程度的增长，这可能是在积极参加活动之后所带来的正向反馈，这也在一定程度上验证了我们的假设 1 和假设 2(表4)。

表 4　自然联结及环境热情配对样本 T 检验结果

Table 4　Connectedness Nature and environmental passion T-test results

变量	Pre-test 均值±标准差	Post-test 均值±标准差	T	P
自然联结	4.04±0.65	4.34±0.72	1.86	0.07
环境热情	4.02±0.69	4.35±0.72	1.96	0.05

注：$*P<0.05$；$**P<0.01$；$***P<0.001$；有效个案 N=35。

2.3　质性分析

2.3.1　知识面的拓展与增长

在访谈过程中，受访的五位同学均提到有关知识层面内容的增长的内容，如对于底栖生物的认知变化，底栖生物与水质之间的关系等。受访者陈述如下：

受访者 A：之前我觉得生活在水里的动物有海胆、海星，还有珊瑚这种比较大一点的生物，但是参加完活动之后就会发现还是有很多小小的浮游生物，比如水蜘蛛，甚至是一些毛毛虫也生活在水里，感觉挺稀奇的，就拓宽了我的知识面。

受访者 B：在这次活动中，我了解到了很多生态学野外调查抽样的方法，还有一些关于水质的评判标准，在一个分值范围之内，哪些水是哪一种状态的水，还有将一些指标综合加起来就能判断出水的质量是怎么样的。

2.3.2　对生物多样性及其保护的认知改变

经过此次活动，同学们对生物多样性及其保护的认知有了较大的变化，涉及对生物多样性概念理论联系实际的深刻理解，对生物多样性保护方法认知的改变，对生物多样性保护与人类关系的理解与认知的改变，以及未来个人在生物多样性保护中可以做的事情等。受访者陈述如下：

受访者 C：通过参加这个活动，我意识到，其实我们做的每一件小事都会影响生态环境，从而会影响到生物多样性。而且我也意识到生物多样性是一个系统性的概念，它不只涉及物种与基因，还包括生态环境等。同时我也意识到生物多样性的保护最根本的还是应该从环境入手，而非是把动物圈养起来。

受访者 D：通过参加这个活动，我对生物多样性的理解更加深刻，会让我对大自然更加有感情，想要出力去保护它。通过切身实际的体验，我发现生态环境与人类之间的联系，也让我懂得了爱护环境与保护生态的重要性。

受访者 E：如果以后有机会参加关于生物多样性保护的活动，我会积极参加且同时思考一下这方面的一些明文确定保护举措，更加专注生态保护上的严谨性，在日常生活中出行到野生森林的话，也会去更好地保护好森林。

2.3.3 对自然的热爱

在此次活动中，通过借助一些科学探究工具(如显微镜、放大镜等)让参与者从不同的角度进一步认识被自己忽略的自然环境，从而让参与者体会到自然蓬勃的生命力，由此唤醒参与者内心的亲生物性，从而更加地亲近自然、爱护自然。

受访者 A：参加活动也的确让我感受到在网上看生物图片和直接体验是不太一样的，自己动手去接触这些生物会感觉更亲近自然。如就底栖生物，能真实地看到这些生物，就会给我带来生命力的那种感觉。

受访者 B：在活动中看到这么美丽的风景，都会让人不舍得去破坏，就会产生一种保护的欲望。我们去采标本的时候，其实就是在亲近自然，在和大自然对话的一个过程。

3 讨论与结论

广泛的自然体验对于个人发展作为自然世界一部分的个体的自我意识或环境认同感非常重要，直接的自然体验活动可能会增强或唤醒参与者在情感方面与自然的联结水平，并激发个体的环境热情(Rosa and Collado，2019)，而自然联结水平的提高则会进一步促进亲环境行为的发生(Whitburn et al.，2020)。此外，在社会层面，自然体验(即使是负面的体验)也会促进社会关系和共同价值观的塑造，而这则是可持续行为的重要预测因素。

通过此次直接的自然体验活动，参与者个体的自然联结和环境热情在一定程度上得到了提升，这也与以往的多个研究结果相似。这在一定程度上说明了直接的自然体验活动，进一步唤醒了人们对自然的热爱之情，并且加强了个人在情感上与大自然的联结。遗憾的是，我们无法更加准确地说明自然体验和自然联结及环境热情之间的因果关系，这需要在以后的研究中通过构建模型来做出进一步的探究与说明。

参考文献

李娜，2016. 自然联结量表的修订及信效度[J]. 中国健康心理学杂志，24：1347-1350.

Afsar B，Badir Y，Kiani U S，2016. Linking spiritual leadership and employee pro-environmental behavior：The influence of workplace spirituality，intrinsic motivation，and environmental passion[J]. Journal of Environmental Psychology，45：79-88.

Beery T H，Wolf-Watz D，2014. Nature to place：Rethinking the environmental connectedness perspective[J]. Journal of Environmental Psychology，40：198-205.

Capaldi C A，Dopko R L，Zelenski J M，2014. The relationship between nature connectedness and happiness：a meta-analysis[J]. Frontiers in Psychology，5：976.

Cardon M S，2008. Is passion contagious? The transference of entrepreneurial passion to employees[J]. Human Resource Management Review，18：77-86.

Clayton S D，2012. Environment and Identity. The Oxford handbook of environmental and conservation psychology[J]. Endronment and Idenraity，164-180.

Dasborough M T，Ashkanasy N M，2002. Emotion and attribution of intentionality in leader-member relationships[J]. The Leadership Quarterly，13：615-634.

De Bernardi C, Pedrini M, 2020. Entrepreneurial behaviour: Getting eco-drunk by feeling environmental passion[J]. Journal of Cleaner Production, 256: 120367.

Giusti M, Svane U, Raymond C M, et al, 2017. A framework to assess where and how children connect to nature[J]. Frontiers in Psychology, 8: 2283.

Lumber R, Richardson M, Sheffield D, 2017. Beyond knowing nature: Contact, emotion, compassion, meaning, and beauty are pathways to nature connection[J]. PLoS One, 12: e0177186.

Mackay C M L, Schmitt M T, 2019. Do people who feel connected to nature do more to protect it? A meta-analysis[J]. Journal of Environmental Psychology, 65, 101323.

Martin C, Czellar S, 2016. The extended inclusion of nature in self scale[J]. Journal of environmental psychology, 47: 181-194.

Mayer F S, Frantz C M, 2004. The connectedness to nature scale: A measure of individuals' feeling in community with nature[J]. Journal of Environmental Psychology, 24: 503-515.

Mayer F S, Frantz C M, Bruehlman-Senecal E, et al, 2009. Why is nature beneficial? The role of connectedness to nature[J]. Environment and Behavior, 41: 607-643.

Nisbet E K, Zelenski J M, Murphy S A, 2008. The Nature relatedness scale[J]. Environment and Behavior, 41: 715-740.

Olivos P, Aragonés J I, Amérigo M, 2011. The connectedness to nature scale and its relationship with environmental beliefs and identity[J]. International Journal of Hispanic Psychology, 4: 5-19.

Robertson J L, Barling J, 2013. Greening organizations through leaders 'influence on employees' pro-environmental behaviors[J]. Journal of Organizational Behavior, 34: 176-194.

Rosa C D, Collado S, 2019. Experiences in nature and environmental attitudes and behaviors: Setting the ground for future research[J]. Frontiers in psychology, 10: 763.

Schultz P, 2002. Inclusion with nature: The psychology of human-nature relations. Psychology of Sustainable Development[M]. Boston, MA: Springer US: 61-78.

Soga M, Gaston K, J, 2016. Extinction of experience: the loss of human-nature interactions[J]. Frontiers in Ecology and the Environment, 14: 94-101.

Tam K P, 2013. Concepts and measures related to connection to nature: Similarities and differences[J]. Journal of Environmental Psychology, 34: 64-78.

Vallerand R J, Salvy S J, Mageau G A, et al., 2007. On the role of passion in performance[J]. Journal of Personality, 75: 505-533.

Whitburn J, Linklater W, Abrahamse W, 2020. Meta-analysis of human connection to nature and proenvironmental behavior[J]. Conservation Biology, 34: 180-193.

世界遗产植物园的传承与发展

——以帕多瓦(Padova)植物园为例

Strategies for the Inheritance and Development of Botanical Gardens

——Taking Padova Botanical Gardens as An Example

张德顺[1]　陈莹莹[1]　Linda Migliavacca[1,2]　奉树成[3]　王本耀[3]　姚鳗卿[1]　孙明洋[1,4*]

（1. 同济大学建筑与城市规划学院，高密度人居环境生态与节能教育部重点实验室，上海，200092；2. 意大利帕维亚大学，帕维亚，27100；3. 上海市绿化管理指导站，上海，200020；4. 重庆交通大学，重庆，400074）

ZHANG Deshun[1]　CHEN Yingying[1]　MIGLIAVACCA Linda[1,2]　FENG Shucheng[3]　WANG Benyao[3]　YAO Manqing[1]　SUN Mingyang[1,4*]

（1. *College of Architecture and Urban Planning*, *Tongji University/Key Laboratory of Ecology and Energy-Saving of Dense Habitats*, *Ministry of Education*, *Shanghai*, 200092, *China*; 2. *University of Pavia*, *Pavia*, 27100, *Italy*; 3. *Shanghai Greening Management and Guidance Station*, *Shanghai*, 200020, *China*; 4. *Chongqing Jiaotong University*, *Chongqing*, 400074, *China*）

摘要：植物园的发展历来与人类命运的发展息息相关，在全球气候变化背景下，现代大学植物园承载着植物种质资源保护、科研教育、休闲游憩的综合功能，科学长远的规划设计是可持续发展的基础。本文基于史料综述，以世界上尚存于原址的最早植物园—帕多瓦植物园为例，回顾了该植物园近500年的发展轨迹，阐述了其历史发展过程中的动态更新设计、遗产保护和创新发展的经验，期待帕多瓦植物园的历史演替对当今中国国家植物园的建设有一定借鉴意义。

关键词：帕多瓦植物园；保护；更新与发展；借鉴价值

Abstract: The development of botanical gardens has always been closely related to the fate of human development. In the context of global climate change, modern university botanical gardens have the characteristics of comprehensive functions such as plant germplasm resource conservation, scientific research and education, visiting and recreation, the rational planning and design and sustainable development have certain research value. Based on the research of historical documents, this paper focuses on Padova Botanical Garden, the earliest botanical garden in the world that still remains on its original site. Its strategies of planning, design, conservation and development of the old and new areas were introduced and summarized after reviewing the development and changes of Padova Botanical Garden in the past 500 years. And the contemporary significance and reference value was also further

---

基金项目：国家自然科学基金项目(华东滨海地区抗风园林树种的选择机制研究；编号：32071824)；上海城市树木生态应用工程技术研究中心项目(项目号：17DZ2252000)。

第一作者简介：张德顺(1964—)，男，博士，教授，博士生导师，研究方向为园林植物与风景园林规划设计。E-mail：zds@tongji.edu.cn。

通讯作者：孙明洋(1999—)，男，硕士在读，邮箱：2452192743@qq.com，从事园林植物抗性研究。

expounded for the future Chinese National Botanical Gardens development.

Keywords: Padova Botanical Gardens; Conservation; Renewal and development; Reference value

在全球气候变化的背景下，植物园的研究对于地球生物多样性、城市生态、社会经济发展等方面的重要性日益凸显，世界各地植物园蓬勃发展，被赋予全球生态系统的修复、促经济可持续发展的重要使命(Wyse Jackson P. S. & Sutherland L. A.; 张德顺 等，2016)。根据国际植物园保护联盟(BGCI，Botanical Gardens Conservation International)的检索数据，可知目前，全球已经建成数量超过3500个的植物园和树木园，其中，欧洲植物园数量占比最多，北美洲次之，亚洲紧随其后(Smith P，2019；任海 等，2022)。我国现代植物园发展相比欧美国家较晚，20世纪30年代才创建了第一个现代意义上的植物园——庐山森林植物园和南京总理陵园植物园。经历近百年发展，我国已有植物园200余个，其中有121个植物园被列入BGCI名录(唐肖彬和韩枫，2022)。

欧洲是现代植物园的发源地，发展历史悠久，其数量和影响力都处于国际领先地位，积累了丰富的规划设计、建设管理和管理运行的经验。在原址保存了至今最古老的植物园——帕多瓦(Padova)植物园，建于1545年，历经五百年发展，始终适应人们对现代植物园的需求，保持了极强的生命力和影响力。帕多瓦植物园在解决如何发挥植物园在自然教学中的独特功能，如何突出特色、守正创新，探索历史植物园与城市融合的可持续之路等世界植物园共同面临的问题中做出了卓著成就。

本文以帕多瓦(Padova)植物园为例，结合史料文献综述，诠释帕多瓦植物园平衡保护与更新、科学研究与公众宣传等的经验，从风景园林的角度探讨植物园动态更新策略。

1 意大利帕多瓦植物园历史演变

帕多瓦植物园建于1545年，位于意大利北部城市帕多瓦，是附属帕多瓦大学的植物园，总面积2.2hm^2。由于其在园林布局设计、植物资源收集、世界植物研究、学术交流中的卓越贡献，它于1997年被联合国教科文组织作为文化遗产列入《世界遗产名录》。

史料记载，帕多瓦植物园是由弗兰西斯科·博纳弗德(Francesco Bonafede)提议修建的，作为师生药用植物学的实习基地(蔡邦平，2005)。尽管多数人认为帕多瓦植物园是由建筑师安德里亚·莫罗尼(Andrea Moroni)设计的(Hallett S.，2006)，经考证，帕多瓦植物园的园林设计是由丹尼尔·巴勃罗(Daniele Barbaro)完成的(Turner J.，2000)。在帕多瓦的周边用地控制中，丹尼尔·巴勃罗采用圆形的布局实现了对空间的最大化利用，平面布局了内接圆与正方形体系，构成了严谨的几何数理逻辑下的初始布局结构(Terwen Dionisius E. M.，1994)。

经史料分析证实，帕多瓦植物园培养的众多医药学家，将其严谨的数理逻辑指导下的造园手法、被称为“简单展示(Ostensio simplicium)”的教学与园林结合的方式推广应用至欧洲各地。在帕鲁多努斯(Paludanus)等学子的宣传与推广下，帕多瓦植物园的设计理念与组织管理方式影响了后来荷兰的莱顿植物园、意大利各地乃至欧洲的植物园设计(Cappelletti E. M. & Savoia A. U.，2011)。

由于年代久远，帕多瓦植物园最早的平面图来源于莱顿(Leiden)收藏的一幅16世纪的印刷图纸。最初的帕多瓦植物园是一个内接正方形的圆形花坛，尽管岁月变迁，原始的空间格局基本保持不变。中心是圆形花园，早期被称为“Horti simplicium”（简单花园）。中心的圆形花园象征着世界，被一圈水包围，水代表海洋。中心花园再被南北向的园路分为四象限，形成四块圃地，成为帕多瓦植物园的基本分区。四块圃地区域被称作“quarti”“spalti”，它们比周边路径高出 70 cm，又被细分为图案精美的魔纹花坛，形成不同植物种植的苗床。四个分区既按照药用植物的用途被排列，又考虑了其作为公共花园的游览特性与赏美序列（Cappelletti E. M. & Savoia A. U.，2011）。

帕多瓦植物园在使用中经历了多次修改和完善。1552 年，为了解决珍稀药用植物被盗的问题，在花园外围修建了圆形围墙，因此该花园又被称为“Hortus sphaericus”“Hortus cinctus”。18 世纪初，围墙四个大入口建成，增加了雕塑、精美绝伦的大门。南北向大道的交汇处，每个“quarti”的中心都置入了喷泉（图 1）。18 世纪上半叶，圆形围墙被改造成一圈白色石柱的栏杆，石柱上向心放置重要人物的半身像雕塑。19 世纪上半叶，布设了三个日晷，并建造了砖石的温室，有一个可容纳一百名学生的半圆形教室，被称为植物剧院，至今仍被应用于举办讲座和会议。

图 1　历史区域的“quarti”

Fig. 1　The “quarti” of the historic area

2　帕多瓦植物园的更新发展

更新发展是所有植物园经久不衰、保持活力的必经之路。帕多瓦植物园主要通过突出历史区域的特色植物展览，以及新建植物园区来提高植物园对大众的吸引力。2002 年，帕多瓦植物园在南部扩建了 1.5hm^2 的用地，在 2014 年通过发起国际设计竞赛新建了一个生物多样性花园和温室。

2.1　特色植物分区

经过多年演变，帕多瓦植物园在植物收集方面已经摆脱了药用植物园的单一功能，而发展出具有鲜明特色的功能分区和植物布局模式，包括古树名木、食虫植物、有毒植物、盲人植物等专类园。

古树名木是帕多瓦大学植物园文化遗产价值的重要载体和象征。每一株古树名木都有专用标签标注其学名、科属、定植年份等信息。例如，园中有一株棕榈树（*Trachycarpus fortunei*）曾是德国著名作家歌德（1749—1832）创作《我的植物学研究史》（*Geschichte meines botanisches Studiums*）的灵感来源（Hallett S.，2006）。此外，还有一株可以追溯到 18 世纪的银杏（*Ginkgo biloba*）和木兰（*Magnolia liliflora*），以及种植于 1680 年的悬铃木（*Platanus orientalis*）均老当益壮、生机勃勃（Forbes S. J.，2016）。

帕多瓦植物园在分区规划和展览设计中极为重视其科普宣教功能，通过不同主题特色植物园分区，并结合展板设计、电影和多维互动展览来体现人类与植物具有共同的历史与未来。温室外还建造了可食植物园、食虫植物园、珍稀植物园、芳香植物园等。值得一提的是，帕多瓦植物园通过芳香植物、多刺植物等其他特殊植物的种植与针对性展览设计，营造了一个独具人文关怀的盲人植物园（Perini C. & Tornadore N., 2004)。此外，帕多瓦植物园还建立了兰花温室、仙人掌与多浆植物园、淡水植物生境、岩石园以及引种驯化植物园等分区。

2.2 生物多样性花园

2014 年，帕多瓦大学发起了国际竞赛项目，要求在保护原场地肌理的基础上扩建 1.5ha 的新园，由生物多样性花园和温室建筑构成。最终新建区域的扩建工程由卡隆水疗中心(Carron spa)公司中标，温室由建筑师乔治·斯特帕松(Giorgio Strappazzon)带领 VS 工作室设计。

首先，设计方精心调查和分析了植物园与周边的关系。基于对花园周边环境和视线关系的分析，利用透视理论，在植物空间和新建筑设计中，充分保留古建筑的景观立面，创建一个“透视望远镜”，即观看开拓植物园内部与南面圣朱斯蒂娜大教堂(Santa Giustina)和北面圣安东尼奥大教堂(Sant'Antonio)两大教堂古迹的视线，创造良好的视域关系(图 2)。除此之外，长 110m，高 18m，宽 30m 的温室被布置在新建区域的东侧，预留了场地西部边界向外拓展的弹性，保留未来场地空间完整性。

图 2 新建筑与古教堂交相辉映

Fig. 2 The new building complements the old church

其次，在植物园设计概念上，基于欧盟植物园行动计划的指导思想(余树勋，2002)，乔治·斯特帕松提出了生物多样性花园的概念。生物多样性花园由五个新温室构成，从南到北分别展示了热带气候型、亚热带气候型、温带和地中海气候型和干旱气候型等的生态系统的植被特征，代表沿陆地本初子午线行进的旅程，使其成为地球的缩影，引导游客在新的植物园中完成从赤道到两极的理想之旅。设计师充分考虑到不同生态系统之间的过渡性，因此，对陆地生物群系中的生态习性相近的生态系统相邻布置，充分呈现出空间体验中自然的流动性。在游线组织方面，花园借助灌渠、玻璃和钢制画廊分隔空间、引导视线，突出展示各个地理区域中代表性的植物。用于教学和游览的线路与空间则布置在花园的两侧。

花园设计中，水作为重要的元素，不仅体现了对历史的乡土景观要素的呼应，还充分结合自然降水管理和太阳能能源等技术，用低碳节能的方式创造了别具一格的温室景观(图 3)。水系统的设计概念暗示该场地历史发展过程的连续性，展现了从农田灌溉渠、鱼塘，再到 19 世纪切奇尼-帕基罗蒂公园(Cecchini-Pacchierotti)的湖泊的历史脉络。在空间上，温室建筑通过利用斜屋顶进行雨水收集，汇入南侧的景观水体中，再通过管线输送灌溉温室植物，像古代的灌溉渠一样分隔五大温室区域，同时，构建成极具吸引力的水生植物展示园。除了雨水收集系统外，热带植物园的水生植物区的用水取自地下 300m 的地热水，以模拟热带植物的水环境。

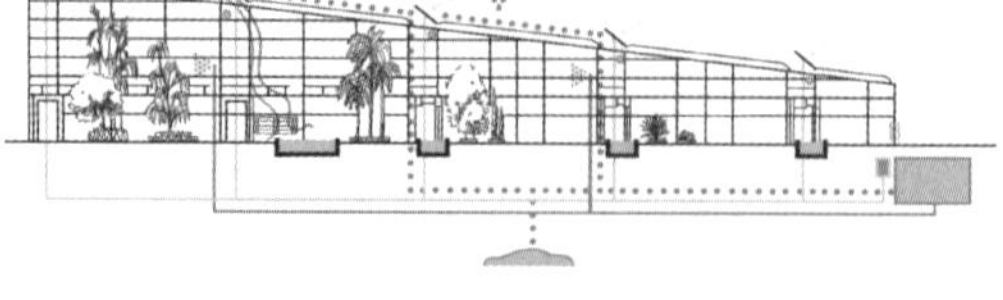

图 3 新建温室的功能性建筑与环境分析

Fig. 3 Functional architecture and environmental analysis of new greenhouses

3 帕多瓦植物园更新的借鉴价值

帕多瓦植物园历久弥新，新区发展与历史区域保护密切结合，其守正创新之道值得许多同类植物园人员的学习参考。在中国国家植物园建设的征程上，求以“古为今用，洋为中用”。

3.1 科研科普的基本功能

帕多瓦植物园的发展与世界的需求密切结合，并且它不断改进，呼应了 BGCI 提出的植物园基本使命，尤其是在对物种多样性的保护与植物科研的支持上。16 世纪建成之初，仅收藏了 1500 余种植物，而到 19 世纪，已经收集了 16000 种植物，包含了许多珍稀濒危植物。帕多瓦植物园桃李遍天下，促进了欧洲和世界的植物学研究和教育，是第一个具备完整教研体系的先驱。如今，帕多瓦植物园也致力于对于植物标本馆的信息开展数字化转型，以促进植物信息的传输与交流。

无论是新温室的建立，还是对植物标本的信息化升级，植物园作为植物收集、珍稀濒危植物保育、生物多样性保护的载体，与时俱进地提高植物园的科教水平，不断提升和完善植物园在植物保护与研究方面的能力，是植物园的初心、使命与职责。

3.2 与时俱进的分区规划

帕多瓦植物园在管理中，创造了适合科普教育与游览的分区，充分考虑了普通大众的多样化游览需求与体验。在植物分区上，从早期的侧重于科研和教学的药用植物分区到如今根据不同生态环境下的植物分区，以及设置特色植物分区。植物分区方式上除旧布新，适应不同时期的特征和功能需求，逐渐演变得更为多元全面，游览性更强。盲人植物园的设计彰显了植物园的人文关怀和社会公平。有毒植物与食肉植物等特色植物分区，有助于推广自然教育，提高植物园游览的趣味性与参与性。

3.3 地域文脉的巧妙融合

帕多瓦植物园位于市中心的高价值区域，不仅在长期的城市发展中未经易址，甚至帕多瓦还能在城市中心进行植物园的扩建，这是学校、政府、社会力量等多方共同努力和保护的结果。帕多瓦植物园的保护与扩建，不仅需要城市在建设用地上无私奉献，还需要限制周边一定范围内城市建筑的高度与规模，以保护园区与周边的视景关系。最终，帕多瓦植物园经过了精心的处理与设计，采用漏景、透景和借景的手法实现了园内外新老建筑的和谐统一。除此之外，在新建筑建设过程中，引入乡土的概念设计，结合太阳能、雨水管理等生态技术，体现当地的农田灌溉、运河神韵等乡土元素，注入区域的图示语言，展示了植物园与城市的城园融合、和谐共生。

帕多瓦植物园更新发展的可贵之处，不仅在于它体现了当地人对帕多瓦植物园等历史古迹的高度尊重，更诠释了帕多瓦植物园与区域发展休戚相关、唇齿相依的互动关系，这一成功案例对植物园和世界历史文化遗产保护都具有借鉴意义。

4 结论

为了满足植物园日益增加的科研要求，提升植物园的科普与游憩服务水平，提高植物园的生物多样性的保护能力，植物园需要在功能布局、设施充实、运营管理等各方面保持更新和发展。帕多瓦植物园作为世界上原址不变、最古老的植物园，在近 500 年的历史中，与城市共同生长，持续创新。大学给予了植物园生长的土壤，大学校园与植物园的联合建设成为生态校园进化的一种经典途径，植物园构成了城市绿地系统重要的组成部分，既满足了校园的科研、教学功能需要，也为在植物教学中，为学生提供优良的自然教育的硬件进行了支撑。城市中的植物园、大学植物园如何与周边建设环境和谐共存，如何在生态发展的背景下，创造更为合理高效的植物园体系，形成理想的植物园分区，是值得全世界植物园共同探讨的问题。

参考文献

蔡邦平，2005. 植物园的发展及其社会意义．北京林业大学学报(社会科学版)(3)：69-72.

任海，文香英，廖景平，等，2022. 试论植物园功能变迁与中国国家植物园体系建设[J]. 生物多样性，30(4)：197-207.

唐肖彬，韩枫，2022. 国家植物园体系建设初探[J]. 湖南林业科技，49(4)：93-100.

余树勋，2002.《欧盟植物园行动计划》简介[C]//中国植物学会植物园分会编辑委员会．中国植物园，中国林业出版社：4.

张德顺，王维霞，刘红权，等，2016. 植物园规划创新模式探索[J]. 风景园林(12)：113-120.

Cappelletti E M, Savoia A U, 2011. Didactics in a Botanic Garden. Garden Plans and Botanical Education in the 'horto medicinale' of Padova in the 16th Century. A Passion for Plants. Materia Medica and Botany in Scientific Networks from the 16th to the 18th Centuries, Quellen und Studien zur Geschichte der Pharmazie, 95: 79-92.

Forbes S J, 2016. Collections and knowledge: constancy and flux in a sixteenth-century botanic garden[J]. Studies in the History of Gardens & Designed Landscape, 36 (4) : 245-260.

Hallett S, 2006. World´s first botanical garden has roots in medicine. CMAJ, 175(2): 177.

Perini C, Tornadore N, 2004. The Italian Botanical Society and Botanic Gardens in service to raise awareness of plant diversity conservation.

Smith P, 2019. The challenge for botanic garden science[J]. Plants People Planet, 1(1): 38-43.

Terwen-Dionisius E M, 1994. Date and design of the botanical garden in Padua[J]. The Journal of Garden History, 14(4): 213-235.

Turner J, 2000. Encyclopedia ofitalian renaissance & mannerist art[M]. Oxford: Oxford University Press.

Wyse Jackson P S, Sutherland L A, 2000. International agenda for botanic gardens in conservation [D]. Suthernland: Botanic Gardens Conservation International.

植物大课堂项目对“植物园+学校”科普教育模式的探索

The Exploration of the“Botanical Garden + School” Popular Science Education model in the Plant Classroom Project

杨天　徐铭遥

（北京教学植物园，北京，100061）

YANG Tian　XU Mingyao

（*Beijing Teaching Botanical Garden*，*Beijing*，100061）

摘要：随着我国植物园科普教育内容、形式的不断丰富和多样化，加强青少年的科普教育显得至关重要。本文以北京教学植物园植物大课堂项目为例，探索出“植物园+学校”的科普教育模式，以期为植物园类科普场馆提供一些实践经验和参考价值。

关键词：植物园+学校；科普教育；模式

Abstract：With the continuous enrichment and diversification of the content and form of popular science education in botanical gardens，it is very important to strengthen the popular science education for adolescents. This paper takes Beijing Teaching Botanical Garden as an example to explore the " botanical garden + school" popular science education model，hoping to provide some practical experience and reference value for botanical garden science popularization venues.

Keywords：Botanical garden + school；Popular science education；Model

引言

在科普教育的受众中，青少年是至关重要的一类群体。我国青少年人口众多，青少年是祖国的未来，其科学素养的提升是实现全民科学素质提升的关键（高瞻，2013）。因此，加强青少年的科普教育，不仅仅是学校和家庭的责任，更是全社会的责任（王鹏等，2021）。当前，学校是青少年教育的主阵地，植物园类科普场馆作为学校教育的有益补充地，许多科普活动上存在受众群体不一致、与校内教育脱节等问题，这导致一些科普活动无法充分满足学校教育的需求，无法有效地与学校教学内容衔接。因此，探索新的实践经验和方法，为植物园类科普场馆提供更多有益的参考价值，变得尤为重要。

作为全国科普教育基地、首都生态文明宣传教育示范基地，北京教学植物园大胆尝试，依托丰富的园区资源，针对学校团体开发了“植物大课堂课程”项目。通过这一项目的实施，教学植物园逐渐探索出“植物园+学校”的科普教育模式，充分发挥了植物园的科普教育功能。

第一作者简介：杨天（1989—），女，中教二级，电话：13611051041，邮箱：467044653@qq.com，自然教育。

1 探索“植物园+学校”科普教育模式的优势

1.1 硬件资源优势

北京教学植物园成立于1957年，是全国唯一一所主要面向中小学生开展生态文明教育的专类植物园，隶属于北京市教委。北京教学植物园在园区设计上按植物园形式建设，园区建有树木分类区、水生植物区与人工模拟湿地、草本植物区、农作物展示区等8个标本展示教学园区，拥有2000多种植物活体标本。在功能上更强调教育性，拥有5个可同时容纳30多名学生的教室，同时配备基本的实验仪器。其“植物园+教育”的双重身份，为“植物园+学校”模式的创新提供了丰富的硬件资源。

1.2 师资队伍优势

教学植物园拥有一支优秀的教师团队，涵盖教育学、农学、环境科学、园艺学等多个与植物相关专业背景。他们长期从事植物科普教学工作，熟悉园区各类植物。共计团队专职教师17名，其中，博士研究生2名、硕士研究生10名，硕博比例达70%。年龄在20~39岁的教师10人，占教师总人数的59%，结构呈现高学历、年轻化的特点。优质的教师团队是保证科普教育顺利开展的必要条件。

2 “植物园+学校”科普教育活动的探索与实践

2.1 “植物大课堂课程”的特色

依托园区丰富的软硬件资源，北京教学植物园开发出“植物大课堂课程”，旨在充分发挥园区资源优势，改变传统课堂模式，突出植物园特色，力求呈现与众不同的自然课堂。采用这种独特的教学模式为学校提供了丰富的教学资源和师资课程，助力课堂教学的创新与发展。

2.1.1 对接课标，促进学生全面发展

教学植物园教师团队对接教育部颁布的《生物学课程标准》和《科学课程标准》中的学科目标与核心素养，将其中与植物相关的内容纳入课程设计，并结合学生的特点，选择有趣的点开发“植物大课堂课程”。课程内容紧密对接学校的教学需求，但并不与学校教学完全相同，而是作为校内教学内容的有益补充和支持，从而实现校内外资源的有效衔接。

由于空间和场地的限制，学校教学以室内教学为主，这使得许多知识只停留在书本上，缺乏实践体验。而教学植物园依托园区丰富的资源，打破传统课堂的束缚，开发出“户外—室内”相结合的植物大课堂课程。户外自然观察环节教学围绕植物的根、茎、叶、花、果实、种子六大器官展开，在不同的季节分设对应的主题，比如春季主题“春的萌芽”与“春花赏识”、夏季主题“叶叶各不同”、秋季主题“果果总动员”等；室内动手体验环节，配合户外自然观察环节内容设计，通过动手体验让学生更加深入地了解植物，在活动中锻炼能力。通过植物大课堂课程，学生知科学家精神、学植物学知识、在户外强健筋骨、品植物之美、动手劳动，在实践、体验、探索、劳动中健康成长和全面发展，以贯彻落实“五育并举”综合素质教育。

2.1.2 突出实践性与体验性，践行实践育人

为落实核心素养培养的目标，新课标指出变革育人方式、突出实践的原则，在教学活动中加强知行合一、学思结合，倡导“做中学”“用中学”“创中学”。对接新课标，植物大课堂课程教育采用体验式模式，课程突出体验性与实践性。

体验式教学模式是教师根据学生的认知规律，依据理论基础和教学目标，通过设置真实或者虚拟的教学情境，引导学生

积极参与并亲身体验教学内容，从而真实感知、领悟学习过程，并在实践中应用所学知识(刘书艳，2015)。学生在真实的植物园中观察、学习，探索、实践，可以弥补学校教育脱离生活实践的弊病，增强学习动机和学习互动(庞维国，2011)。同时辅以室内动手体验，教学摒弃了听讲、阅读等教师主导性强的形式，以学生活动为主，更强调学生的体验性与实践性。

2.1.3　创设真实情境，植物园与学校协同

植物园是我们生活中的一部分，本身可以看成一个真实的情境，学生进入植物园即步入了情境之中，远比在课堂中对着书本真实、生动。学校作为教育的主阵地，课程的开展主要依靠正规的课堂教学，在植物园里，将课堂上、书本中的知识搬到校外，将学习与生活紧密地联系起来，让学生在真实的世界中感受，探究知识，解决现实问题(王树宏，2022)。

例如，小学低年级学生在学习认识花朵基本结构时，先在园区这一真实的情境中发现美丽的花朵，通过观察、触摸等方式，认识花的基本结构、了解花的多样性(图1)；随后在植物粘贴画的实践体验中，用干制花材完成一幅作品，加深对花朵结构及多样性的认知(图2)。通过植物园实践活动课程学习，学生能够将校内所学的花朵结构知识与真实情景相结合，实现知识的融会贯通并应用于实际生活，进而促进知识的转化和技能的提高，这是建设植物大课堂课程的初衷，亦是植物园与学校协同育人的重要目标(曾素林，2022)。

图1　春花赏识：园区观察花朵结构

Fig. 1　Appreciating spring flowers: Observing floral structures in the botanical garden

图2　动手体验：植物粘贴画

Fig. 2　Hands-on experience: Plant stick-on artwork

2.2　构建螺旋式框架，提供菜单式课程

布鲁纳认为，螺旋式课程应在课程主体上保持与学生思维及心理发展相符，并将课程框架作为课程的顶层设计，构建出随着学生年级及学段升高而不断拓宽加深的课程内容，使课程整体上呈现螺旋上升的趋势(布鲁纳，1982)。

在植物大课堂课程中，根据学生不同的认知特点，针对同一主题设置不同年级学生需要达成的目标，通过逐步增加课程难度和复杂性的方式，呈现螺旋式上升的态势，从而不断巩固学生的知识框架(颜雅雯，2023)。同时，紧密对接校内教学需求，提高学校参与校外实践课程教学的积极性。

例如，在设计秋季主题为“果果总动员”的课程菜单时，根据学段要求明确该主题的户外自然观察目标与室内动手体验的活动内容，使该主题的学习逐渐深化，

见下表。

“果果总动员”主题螺旋式课程框架表

Spiraling curriculum framework for “fruit fiesta” theme

主题名称	果果总动员		
	一二年级	三四年级	五六年级
户外自然观察课程目标	观察3种果实，初步感受果实形态多样性，感受植物之美	观察5种果实，知道果实基本构成，了解果实的常见类型	观察3种果实类型，知道果实是被子植物特有的繁殖器官，理解果实的形成过程
室内动手体验课程目标	硕果累累用陶泥捏制果实，体会手工创作的乐趣	比比谁更甜：通过使用实验的方法测试几种水果的含糖量，并记录数据进行比较，体会科学探究的乐趣	种子称量大比拼：使用托盘天平称量不同种子的千粒重，发现称量法在农业生产中判断种子质量方面的应用价值

2.3 制定面向学校的课程预约机制

植物大课堂课程项目主要面向北京市中小学校团体开展，为了更好地服务学校和学生，教师团队制定了一套完备的课程预约机制，以确保能够覆盖更多的学校和受益更多的学生。该项目是通过网站、微信群、公众号多种网络渠道发布课程预约通知，每学年春季学期初和秋季学期初各发布一次。家、校、社会共同参与，三种网络渠道使用殊途同归，最终面向学校团体，扩大了植物大课堂的影响力。具体课程预约流程如图3所示。

作为北京市中小学生社会大课堂资源单位，北京教学植物园将“植物大课堂课程”列为接待学校集体出行参加的社会大课堂常态化活动课程，发布在北京市中小学生社会大课堂网站，以服务学校选择社会实践单位，开展社会大课堂教育教学活动。另外，经过北京市中小学生植物栽培

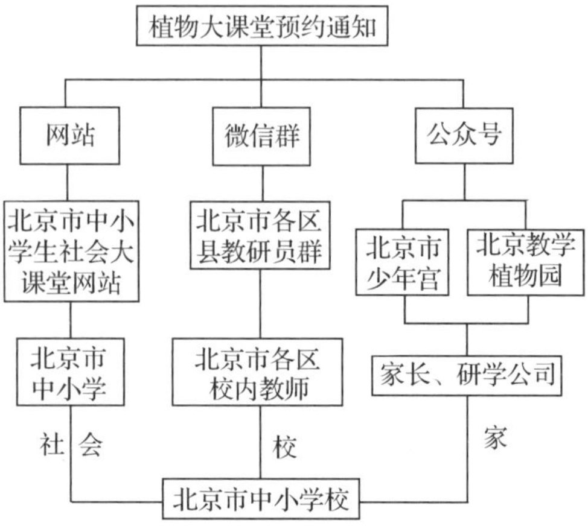

图3 植物大课堂预约流程

Fig.3 Reservation process for botanical garden popular science education

大赛活动经验的多年积累，教学植物园与校内形成了紧密联系，建立了北京市各区教研员群。课程预约通知撰写完成后，发布至此群内，再经由各区教研员分别通知到各学校教师；同时，利用北京市少年宫、北京教学植物园的品牌效应，在两个公众号同时发布课程预约通知，吸引感兴趣的家长、研学公司咨询，经由他们与学校联系。

2.4 与学校教学衔接，制定“每课一研”教研制度

学校预约完成后，教师团队会提前与学校沟通，与校内教师一起制定好室内、外教学内容，安全预案。根据学校需求，制作符合学生年龄段特点的户外自然观察活动单、室内教学PPT，确保学生有优质的学习效果。由于每次预约课程的学校不同，涉及的班级数量和年级情况也会有所差异，因此教师们需要根据具体情况教授相应的课程内容。针对这种情况，教学植物园制定了“每课一研”的教研制度。课前一周安排教师集体教研，由课程开发者带领教师学习活动理念、内容以及动手体验环节的操作步骤。教师们也会积极参与讨论，提出课程改进的意见和建议。通过这种能达到互帮互助、互相促进的教研制

度，确保预约学校拥有同等的课程内容与课堂质量。

3 "植物园+学校"科普教育模式的成效

3.1 服务学生数量多

2016—2018年期间，每年累计接待青少年群体10000余人。受疫情影响，2019年起，服务学生数量有所减少；2023年，增设了幼儿园团体服务，拓宽了服务对象的范围。

3.2 社会影响力较大

植物大课堂课程项目受到了学生和教师的一致认可。在北京市少年宫、北京教学植物园公众号上发表宣传文稿百余篇，吸引了广大师生的关注和参与。此外，北京校外教育网、现代教育报、中国环境报等多家媒体也报道了植物大课堂课程情况，反响强烈。

3.3 课程成果显著

植物大课堂课程中的动手体验活动课程，如植物敲拓染和花儿为什么这样红等成为经典课程，它们不仅在学校内广泛开展，还融入了科技周、科技节等校园活动中，丰富了学校的课程特色，惠及了千余名学生。同时，基于"植物大课堂课程"项目，出版了《植物四季课堂》书籍，其中包含课程活动案例27篇，为更多的教师和学生提供了宝贵的教学参考。

4 经验和反思

通过植物大课堂课程项目的实施，我们初步探索了"植物园+学校"的科普教育模式，虽然积累了一些经验，但仍然面临着一些困难，比如随着植物大课堂课程影响力增加，预约的学校数量在不断增长，而教师团队力量有限，如何满足学校的需求、完成项目的批量转化，服务更多的学生成为亟待解决的问题。若想实现突破，需要寻求与第三方的合作，将完善的植物大课堂课程通过公司转化，从而扩大学生服务范围，并节省教师团队的力量用于新课程的研发工作。

另外，参加植物大课堂课程的学生人数众多，保障学生的安全至关重要。但是，目前学生安全保障机制的建立尚不完备，需要保障保卫等相关部门、学校共同参与建设。

总之，"植物园+学校"的科普教育实践仍然面临一系列的机遇和挑战，教学植物园将带着这些思考继续前行。希望我们的尝试能为植物园类科普场馆提供一些实践经验和参考价值。

参考文献

布鲁纳，1982. 教育过程[M]. 邵瑞珍，译. 北京：文化教育出版社.

高瞻，谭远军，陈丽丽，等，2013. 植物园科普功能建设与青少年科学素质提升[J]. 农业科技与信息(现代园林)，10(8)：16-20.

刘书艳，2015. 体验式教学模式研究[J]. 教育理论与实践，35(34)：57-60.

庞维国，2011. 论体验式学习[J]. 全球教育展望(6)：9-15.

王鹏，赵志清，2021. 机械昆虫：植物园科普教育的新探索[C]//中国植物学会，中国公园协会，中国生物多样性保护与绿色发展基金会. 2021年中国植物园学术年会论文集. 中国林业出版社：153-158. DOI：10.26914/c.cnkihy.2021.069283.

王树宏，2022. 跨学科课程整合校内外协同育人实践[J]. 小学教学研究(5)：23-26.

颜雅雯，2023. 新课标背景下基于核心素养视角的小学综合实践活动课程实施路径探究[J]. 教育界(5)：35-37.

曾素林，张琴，许慧，2022. 国外中小学校内外协同育人的模式、特点及启示[J]. 赣南师范大学学报，43(4)：73-77. DOI：10.13698/j.cnki.cn36-1346/c.2022.04.013.

石家庄市植物园新发展对策的思考

Thoughts on Development of Shijiazhuang Botanical Garden

张琛　胡文芳　刘子朋　刘荣芬

（石家庄市植物园，河北石家庄，050073）

ZHANG Chen　HU Wenfang　LIU Zipeng　LIU Rongfen

（*Shijiazhuang Botanical Garden*, *Shijiazhuang*, *Hebei*, 050073, *China*）

摘要：本文对石家庄市植物园存在的公园化倾向、活植物收集不够、活植物信息管理缺失、科学研究不足等问题进行了分析，提出了根据当前形势调整工作重心和发展方向，制定植物引种规划、加强分类园建设、建立活植物管理系统、深化科研合作、改革人才培养机制等对策。

关键词：专类园；科学研究；活植物管理；石家庄市植物园

Abstract: This paper analyzes the problems of Shijiazhuang Botanical Garden such as the park-like-tendency, insufficient living plants collections, the lack of living plant management system and scientific research, and puts forward some countermeasures such as adjusting the focus of work and development direction according to the current situation, formulating plant introduction planning, strengthening the construction of classified garden, establishing living plant management system, deepening scientific research cooperation and reforming the personnel cultureing mechanism.

Keywords: Special categorized plants garden; Scientific research; Living plant management; Shijiazhuang Botanical Garden

随着国家植物园与华南国家植物园的设立，国家植物园体系建设不断推进，为地方植物园发展带来了前所未有的机遇和挑战。在国家植物园体系中如何找准定位和发展特色，各地的植物园都在积极探索，谋求适合自身发展的道路。本文分析了石家庄市植物园作为地方植物园，目前存在的问题，并提出相应的对策。

1　发展历程与现状分析

石家庄市植物园于 1998 年开园，经过二十多年的发展，历经二期建设，人们秉承着建成高标准、高质量和高水平的一流综合性植物园的理念，最终从一个普通苗圃转变为一座集科研、科普、示范、观光为一体的现代化植物园。

石家庄市植物园是河北省首座植物园，建成之后即成为当地的热门景点，带来了良好的经济收益，同时对改善市区的生态环境质量起到了良好的作用。石家庄市植物园作为省会的名片和窗口单位成为举办各类大型活动、接待外宾的重要场所，受到了各界一致好评。

随着时代的发展，石家庄市园林建设

第一作者简介：张琛（1982—），女，副高级工程师，联系电话：15833996332，E-mail：52301590@qq.com，研究领域：科普教育，植物展览温室管理。

飞速发展，滹沱河生态廊道、龙泉湖湿地公园、环城水系等的一大批开放性绿地建成，截至 2021 年，石家庄市建成区园林绿地面积达 9905hm^2，绿地率 39.3%，绿化覆盖率 42.93%，人均公园绿地面积为 14.62m^2，石家庄市植物园作为休闲绿地的功能逐渐被取代。同时，由于人们出行方式的改变，可选择的旅游范围不断扩大，而石家庄市植物园凭借着奇花异草和各类花展的吸引力与一些大型植物园如国家植物园、太原植物园的相比较低，客流量逐年下降，影响力也逐渐降低。经济效益和社会效益的下滑最终给植物园的运营带来压力和困难，从而影响了植物园的建设和发展。

2 存在问题

石家庄市植物园属于城建系统植物园，经过二十多年的建设与发展，已经具备了植物园的基本功能，但总的来说，石家庄市植物园以植物展示、科普教育和休闲游憩的功能为主，而在种质资源保存、活植物信息管理、科学研究等方面实力较弱，对照国内外一流综合性植物园还存在很大的差距，主要有以下几个方面。

2.1 园区缺乏特色，存在公园化倾向

专类园是植物园的核心部分，是进行科普教育、展现物种多样性的重要场所，是植物园开展科学研究、引种生产、种质保存的基地，其科学性是区别于一般公园绿地重要性质之一。虽然在建设之初，石家庄市植物园就规划并建成了十五个专类园，但近些年，园区以花展景观为营建重点，专类园的发展缓慢，存在着规模小、数量少；引种驯化不够、植物种类少；栽培环境欠缺、景观设计不足；亮点不突出、特色不明显；布局散乱、缺乏整体规划等问题。专类园建设的薄弱大大削弱了石家庄市植物园作为一个植物园的属性，提升专类园的建设水平迫在眉睫。

2.2 活植物收集与其信息管理缺乏科学性

在活植物收集和迁地保育管理方面明显不足。主要是活植物收集和信息记录不全，缺乏植物引种收集和迁地保育管理规范，对活植物的引种收集、维护监测、信息记录与数据管理、保护遗传学在植物迁地保育中的应用、珍稀濒危植物保护和野外回归等方面存在明显缺失。由于对植物资源重要性的意识不足和科研水平的限制，石家庄市植物园大多收集展示具有观赏价值的植物，缺乏对地方植物资源的收集；在植物园二期建设完成后，植物种类达到一千余种，经过二十年的发展，依然没有突破两千种的数量，活植物收集和保存工作进展缓慢；由于缺乏长期的科学引种规划，虽然近些年也引进了一批如牡丹、月季、矾根、秋海棠等这样的新优植物品种，但没有形成某一类或某一属性活植物收集的特色。

2.3 科学研究实力较弱，与植物园功能结合不紧密

石家庄市植物园下属有石家庄市园林科研所，成立至今，开展科研课题研究 20 余项，为省会园林绿化建设在新优植物品种和应用形式上的改变提供了助力，与北京市园林绿化科学研究院等科研机构进行了合作，在古树基因保存、低能耗植物筛选、草花应用等方面取得了一些科研成果。但多以应用研究为主，缺乏科研深度和特色，在植物园普遍开展的植物分类学、保护生物学、植物资源开发利用等方面较为薄弱。

2.4 公众科普教育深度不够，缺乏亮点

石家庄市植物园在科普工作方面一直不断进行努力和尝试，也取得了不错的成绩，受到了社会的肯定，获得了国家级、省市科普教育基地等称号和荣誉，建有专

业的科普场馆，并配有科普团队，但与国内外一流植物园相比，科普工作的形式和内容存在着单一和深度不够的问题，缺乏具有社会影响力的品牌活动及科普专家。主要是经费及人员不足，造成科普设施维护困难，一些大型或者特色科普活动无法开展；缺乏横向合作，如与学校、社团、机构组织等联系还不够密切，停留在使用简单宣传合作模式阶段；科普及研学活动中没有形成特色体系，品牌效应不足；宣传模式单一、创新力不足，没有打造出知名的科普专家或网红达人等致使石家庄市植物园科普工作稳定有余、亮点不足。

3 未来发展对策

河北省现有植物园 12 个，石家庄市植物园作为最早建立的且规模最大的植物园，又地处省会城市，首先应当起到示范引领作用，应以建设成为省内一流植物园为目标；其次要考虑到与周边的大型综合植物园如国家植物园、太原植物园等相比，如何在规模小和资源少的条件下体现自身特色和地域风格。自 2022 年 7 月 1 日起，石家庄市植物园的票价由 40 元降为 5 元，开始实行惠民措施，同时获得政府财政的补贴，代表着石家庄市植物园不再以营收为目标和任务，将充分发挥公益服务为主的各项职能，承担更多功能如科研、科普、生态等功能。

同时，随着京津冀协同发展的逐步推进，石家庄市植物园也有了前所未有的机遇与挑战。在习近平总书记考察河北之后，2023 年 6 月召开的石家庄市委十一届五次全会中指出“要深化科研合作，为高质量发展赋能；推进互联互通、共建共享，为高质量发展助力，努力在对接服务京津中加快发展自己。”石家庄市植物园能否融入京津冀协同发展大局，借助京津力量为自身的高质量发展增势、赋能、助力，决定着它未来发展的高度。

综上所述，石家庄市植物园正处在历史转型的最佳时机，应立即调整工作重点，重新梳理工作思路，制定园区发展规划，确定未来工作方向。

3.1 加强引种规划，提高种质资源保有量

为响应中央《关于进一步加强生物多样性保护的意见》，着力开展生物多样性保护的推进工作，建立濒危植物扩繁和迁地保护中心，重点加强对太行山中南段的珍稀植物资源进行迁地保护，带动河北省生物多样性保护工作的快速发展。加强园林植物种质资源的引种、驯化工作，为城乡人居环境建设的高质量发展做好资源储备，全面提升专类植物的种质资源收集和展示水平，重点推进月季园、牡丹芍药园、樱花园、丁香园等专类园的建设工作，并优先引种驯化适用于城市更新行动的园林植物新优品种。根据以上方向制定五年及长期的引种计划，力争全园植物种类五年达到两千种，十年达到五千种。

通过接入华南国家植物园活植物管理系统，建立自己的活植物信息管理及植物档案，出版石家庄植物园植物名录，成立专门的植物信息管理团队，就植物引种、迁地保护、活植物信息管理等实行全园统一管理，提高活植物信息及迁地保护等方面的管理的科学性。

3.2 建立国家级专类园，打造特色园区

根据气候地理因素、现有基础条件，以及对国内植物园专类园特色的分析，石家庄市植物园计划建立一个国家级丁香属植物收集示范展示区，打造一个以特色丁香景观、香花文化主题游赏为核心的融科研、科普、园艺、展览、休闲为一体的高品质丁香专类园。此外，依据现有植物资源优势，重点打造月季、牡丹芍药、丁香、樱花植物专类园，逐渐形成在省内甚

至国内一流的专类园景观并开展相关科研工作，将成果作为自身特色内容进行科普宣传。

专类园建设中，要将物种收集的科学性放在首位，要兼顾野生种与栽培品种，不能过于注重植物的观赏性和猎奇性而忽略了对乡土植物的收集和展示，盲目引用新奇特植物品种。同时，专类园建设也要体现艺术美和文化内涵，注重植物群落的组合，使其与园区的地形、水体、建筑和小型装饰品等要素相协调，打造具有文化特色的植物景观。对重点打造的专类园樱花园、海棠园、牡丹园等进行重新规划设计，梳理现有布局，整理现有植物，提升专类园景观效果。如海棠园与瀑布景观结合，打造“海棠飞瀑”景观；樱花园方面，在现有中日友好樱花园的基础上，突出日式特色景观；牡丹芍药园打造结合现有中式传统建筑风格，突出牡丹国韵风采。

3.3 加强合作，发展科研科普

植物园与其他公园、绿地等的主要区别在于是否有植物学研究，植物园的研究又与农、林、园艺的等学科不同，植物园是植物多样性科学研究的中心（张佐双，2023）。如何将植物园功能与科学研究结合，如何基于自身条件开展特色研究，如何借助力量提升科研水平是石家庄市植物园下一步研究工作需要考虑的重点问题。基于在技术人才力量上的相对薄弱，石家庄市植物园应积极与大学、科研机构、企业、社团组织等建立伙伴关系，特别是响应京津冀协同发展国家战略，借助优势力量发展科研科普工作。目前可进行合作的机构有北京林业大学园林学院、北京市园林绿化科学研究院、国家植物园、河北师范大学生命科学院、河北中医药大学、河北省林科院、万科集团等。这些单位已经与之形成了初步的合作意向，有的已经开展了一些课题项目的研究，但合作深度还不够，建议在专类园建设、植物种类收集、迁地保护、科普活动等方面进一步深化合作，可以使用人才交流培训、共建园区、科研项目合作、科普活动联动等方式开展，从人才、资金、机制等方面寻求植物园全面发展。

3.4 突出专业能力，改革人才培养机制

打破现有人员管理机制，突出专业人才培养。改变以往管理为主、技术为辅、培养全能人才的模式，通过固定专班、专人的办法，在温室管理、花展设计、植物信息管理、引种与繁育、植物保护、科普教育，以及几个重点专类园如月季、樱花、牡丹、丁香等建设方面建立技术团队，通过交流培训、绩效评估、树立典型等方式激发技术人员对专业工作的热情及创造力，培养专家型人才，增加植物园的竞争力。

4 结语

陈封怀教授曾提出“科学的内容，艺术的外貌”的建园理念，随着时代的发展，这个理念更加丰富。贺善安在2010年提出，21世纪植物园发展进入了新阶段，在发展中要重视植物园的科学性和基础研究，需要有计划有重点地对植物进行迁地保护和信息管理；要开展有特色的科普和旅游活动；要加强经济植物的开发利用；要注重植物园的多方面产出，植物园多元化的功能和效益在很大程度上提升着城市的软实力（贺善安，张佐双，2010）。2010年，许再富提出与时俱进的植物园规划理念，主要内容包括：多样的植物种类、丰富的科学内涵、优美的园林景观和传统的文化展示（许再富，2010）。洪德元在2016年提出植物园的三个使命：保护和利用植物多样性造福人类；普及植物学知识，营造人与自然的和谐关系；为大众创造心旷神怡的休闲环境（洪德元，2016）。2017

年，洪德元又对此进行了补充，指出那些不具备相应科研水平的植物园应慎重引种濒危植物，以免反倒损害植物多样性(洪德元，2017)。对于一个地方植物园来说，要积极思考避免同质化、公园化现象产生，应理清自己的优劣势，客观地分析各项条件，通过调整工作思路和改进工作措施，实践和贯彻植物园的建园理念，建设一个具有自身特色、功能完备的植物园，在国家植物园体系中成为有效补充，为国家生态文明建设贡献力量。

参考文献

贺善安，张佐双，2010. 21 世纪的中国植物园[C]//中国植物学会植物园分会编辑委员会. 中国植物园(第十三期). 北京：中国林业出版社：1-5.

洪德元，2016. 三个“哪些”：植物园的使命[J]. 生物多样性，24(6)：728.

洪德元，2017. “三个‘哪些’：植物园的使命”的补充发言[J]. 生物多样性，25(9)：917.

许再富，2010. 与时俱进的植物园建园理念[C]//中国植物学会植物园分会编辑委员会. 中国植物园(第十三期). 北京：中国林业出版社：14-20.

张佐双，2023. 守正创新——高质量建设植物园[J]. 风景园林，30(2)：6-7.

赤霉素 GA_3 对空气凤梨 *Tillandsia ionantha* 生长及开花的影响

Effects of GA_3 on Growth and Blooming of *Tillandsia ionantha*

陈伯毅[1]　夏晓晶[1]　毕师杰[1]　郭迟鸣[2]　梁育勤[1]　丁友芳[1*]

（1. 厦门市园林植物园，福建厦门，361005；2. 福建省亚热带植物研究所，福建厦门，361015）

CHEN Boyi[1]　XIA Xiaojing[1]　BI Shijie[1]　GUO Chiming[2]

LIANG Yuqin[1]　DING Youfang[1*]

(1. *Xiamen Botanical Garden*, *Xiamen*, *Fujian*, 361005, *China*;

2. *Fujian Institute of Subtropical Botany*, *Xiamen*, *Fujian*, 361015, *China*)

摘要：空气凤梨由营养生长转为生殖生长后，便会停止生长并开花，过早开花常常导致花序发育不佳，影响观赏。为寻找合适方法延长空气凤梨营养生长周期，延后开花时间，本文以精灵铁兰(*Tillandsia ionantha*)为试验材料，喷施不同浓度的外源 GA_3，测定22周后不同处理 *T. ionantha* 的催花时间、开花率、小花数、干/鲜重、叶绿素含量、可溶性总糖和可溶性总蛋白含量。结果表明：定期施用1/2 Hoagland's营养液有利于 *T. ionantha* 干重、鲜重的增加，出现花期显著性后移，但不影响开花率，叶绿素a/b比值降低；外源 GA_3 影响 *T. ionantha* 开花率，GA_3 浓度越高，精灵铁兰开花率越低；用100mg/L GA_3 处理时，植株叶片可溶性糖和可溶性蛋白含量保持稳定，叶绿素a/b比值较对照组的有显著提升，提高了植株鲜重，促进了干物质量的累积；高浓度 GA_3 能降低植株叶片可溶性糖和可溶性蛋白含量，降低叶绿素a/b比值。综上所述，应用 GA_3 促进 *T. ionantha* 营养生长，延迟开花的最佳浓度为100mg/L。

关键词：赤霉素；精灵铁兰；空气凤梨；开花性状；营养生长

Abstract: Tillandsia would stop growing and bloom when they transitioned from vegetative growth to reproductive growth, which caused malformed inflorescence and poor viewing. To find a methods to extend the time for vegetative growth of Tillandsia and delay flowerrng time, effects of GA_3 on growth and blooming of *Tillandsia ionantha* was studied. Four different concentrations of GA_3 treatments were set, to test the flowering time, flowering rate, number of florets, dry weight, fresh weight, chlorophyll content, total soluble sugar and total soluble protein. The result shaws that the applicationis of 1/2 Hoagland's was beneficial to the growth of the dry weight and fresh weight of *T. ionantha*, caused lower chlorophyll a/ chlorophyll b and late flowering. GA_3 could inhibit bloming and late flowering of *T. ionantha*. The applicationis of 100mg/L GA_3 could alleviate the decrease of chlorophyll a/ chloro-

---

基金项目：2019年度厦门市社会科技指导性项目(3502Z20199004)。

第一作者简介：陈伯毅(1985—)，男，博士，助理研究员，主要从事植物生理生态及引种驯化方面研究，E-mail：cboyi85@163.com。

通讯作者：丁友芳(1984—)，男，博士，副研究员，主要从事药用植物学及植物引种驯化方面研究，E-mail：yfding2008@163.com。

phyll b in the leave of *T. ionantha*, helped plants to grow, while the content of soluble sugar and soluble protein in leaves remained stable. Application of 400mg/L GA_3 decreased chlorophyll a/ chlorophyll b and the contents of soluble protein and soluble sugar, which was bad for the vegetative growth of *T. ionantha*. The best concentration of GA_3 to promote vegetative growth and defer flowering of *T. ionantha* is 100mg/L.

Keywords: GA_3; *Tillandsia ionantha*; Air plants; Blooming; Vegetative growth

引言

铁兰属(*Tillandsia*)是凤梨科(Bromeliaceae)最大的一个属，因其气生的特性又被称为空气凤梨[1-3]。该属植物养护简单，花期时，中心叶片有色彩变化，有较高的观赏价值，是近年来国内花卉市场中的新宠[3-4]。精灵铁兰(*Tillandsia ionantha*)又名小精灵空气凤梨，是铁兰属中常见的气生种，广泛分布于美洲热带、亚热带地区，以精灵铁兰为亲本而培育出的园艺品种众多，是花卉市场上非常受欢迎的种类[1-4]。

铁兰属植物大多属于合轴型植物，一株一生中仅存在一个生长点，生长点由营养生长转为生殖生长后，便会停止生长并开花，以基部的吸芽代替母株而生长[1-2]。空气凤梨若过早开花，会因营养供给不足导致植株过小，花序畸形，观赏效果不佳。寻找合适方法延长铁兰属植物营养生长时间是景观设计工作者及部分园艺爱好者的需求。

铁兰属植物的催花方面已有较多研究[1-4]。乙烯利是铁兰属植物催花的主要外源性植物生长调节物质，叶面喷施400mg/L的乙烯利可有效促进伯格铁兰(*T. bergeri*)、多国花铁兰(*T. stricta*)、山地铁兰(*T. montana*)开花[5]。赤霉素(Gibberellin)是常用的植物激素之一，可促进细胞伸长、增加细胞数目从而促进植物生长发育[6-8]，且在花期调控中起重要作用[9-10]。已有研究显示，不同浓度的赤霉素 GA_3 处理无法促进伯格铁兰、多国花铁兰、山地铁兰开花[5]，而400mg/L乙烯利处理后，伯格铁兰叶片内源赤霉素在花芽分化期含量下降，暗示外源赤霉素可能会促进铁兰属植物的营养生长[11]。施加外源 GA_3 能否有效延长铁兰属植物营养生长，推迟开花，目前仍未见报道。本研究选用精灵铁兰为试验材料，施加外源 GA_3，测定精灵铁兰开花及生长的相关指标并分析 GA_3 的影响，以期为今后苗木生产中的花期调控提供一定的理论依据。

1 材料与方法

1.1 试验材料

精灵铁兰于2022年5月从国内的空气凤梨供应商购得，所有植株均为分株6个月的侧芽苗，未开花且未经过任何处理。试验在厦门市园林植物园的大棚内进行，棚内设有负压风机、水帘、遮阳网，棚内温度15~30℃，光照强度10000~20000lx，空气湿度60%~95%。

本试验中使用的Hoagland's营养液购于山东拓普生物工程有限公司(M9035B，M9035B-1)，赤霉素 GA_3 购于上海源叶生物科技有限公司(S18001)。

1.2 试验方法

精灵铁兰在大棚内适应1个月后，选取长势相同、大小相似的植株540株，随机分为6组，每组精灵铁兰90株。CK为完全空白对照组；T_1 ~ T_4 为 GA_3 处理组，T_0 为处理组的对照组。处理液配方详见表1。

表 1 不同处理组的浸泡处理液配方

Table 1 Composition of treatment solution from different groups

处理液配方/Solutions	CK	T_0	T_1	T_2	T_3	T_4
$\rho(GA_3)/(mg/L)$	0	0	50	100	200	400
1/2 Hoagland's 营养液	无	有	有	有	有	有

试验开始时，将精灵铁兰浸泡在处理液中 30min。浸泡结束后，捞出沥干 3h，测定每株精灵铁兰的初始鲜重。之后进行正常养护，每 3d 用去离子水喷湿，每次浇水直至叶片完全湿润并滴水为止，每周用 1/2 Hoagland's 营养液施肥一次(CK 组不施肥，每周用同等量的去离子水喷施一次)，观察到叶心开始出现变色时，开始每天记录开花状况。精灵铁兰隶属于铁兰属铁兰亚属，小花的花瓣会抱合成桶状，开花时雌雄蕊会伸出管状小花，明显长于花瓣，能被清楚地观察到。因此，以精灵铁兰小花的雌雄蕊伸出小花为标准，记为开花。记录至不再有新植株开花后一周，结束试验。

开花率(%)= 组内开花植株数量/组内所有受试植株数量×100%

试验总周期为 22 周，试验结束后将所有精灵铁兰浸泡于去离子水中 30min，捞出沥干 3h，并测定试验结束时每株精灵铁兰的鲜重、侧芽数量，统计开花率、小花数和催花天数。摘取每株植株外侧第 3、4 片叶片(处理组内混合均匀后，取出作为生物学重复)，测定叶绿素含量(5 个重复)。因经费有限，可溶性总蛋白含量及可溶性总糖含量测定的样品取样与叶绿素含量测定的相同，但仅测定 3 个重复。生理指标测试取样结束后，每组随机选取 15 株苗，放入 105℃烘箱中，杀青 30min，之后以 50℃恒温烘干直至恒重，测定每株精灵铁兰的干重。

1.3 测定方法

叶绿素含量测定采用分光光度计法[12]。取 0.5g 鲜样，液氮研磨后，加入 4mL 冰箱预冷过的 80%丙酮，涡旋振荡 1min 后立刻放入离心机，4000r/min 离心 20min。离心结束后，取上清液 3mL，放入 3mL 的石英比色皿中，测定其在 470nm、646nm、663nm 处吸光度(A470、A646、A663)，并按以下公式分别计算叶绿素 a、叶绿素 b 的浓度以及叶绿素 a/b 比值(C_a、C_b、C_a/C_b)：

$$C_a = 12.21 \times A_{663} - 2.81 \times A_{646}$$

$$C_b = 20.13 \times A_{646} - 5.03 \times A_{663}$$

可溶性糖采用 Solarbio 公司的 100T/96S 植物可溶性糖含量检测试剂盒进行测定；可溶性蛋白采用 Solarbio 公司的 100T (2000 微孔) Bradford 蛋白浓度测定试剂盒进行测定。

1.4 数据处理与分析

本文数据是利用 Excel 和 SPSS 18.0 进行处理，采用二项检验(Binomial test)、单因素方差分析(One-way ANOVA)和最小显著差异法(LSD)，对测定结果进行差异显著性检验，$P<0.05$ 表示差异显著。

2 结果与分析

2.1 GA_3 对精灵铁兰开花性状的影响

如表 2 所示：未施加外源性植物生长物质的 CK 组和 T_0 组，开花率均为 100%；单独施加赤霉素 GA_3 后，开花率丌始下降，且随着 GA_3 浓度的增加，开花率持续降低(表 2)。

表 2 不同处理组的开花率

Table 2 Flowering rate of different treatment groups

组别(Groups)	CK	T_0	T_1	T_2	T_3	T_4
开花率(Blooming rate,%)	100	100	70*	40*	26.67*	5.56*

注：* 代表与 CK 组相比，差异达显著水平(P<0.05)。Note：* indicates significant difference (P<0.05)。

进而观测未施肥 CK 组的与施肥处理的所有精灵铁兰催花时间(从处理开始到第一朵花开放的时间)，结果显示：定期施肥的精灵铁兰(T_0)，开花时间较未施肥 CK 组的有显著性后移；而施加外源 GA_3 后，精灵铁兰催花时间显著长于 CK 组和 T_0 组的；当 GA_3 浓度达 400mg/L 时，开花时间显著性晚于两组对照组和 T_1、T_2 组[图 1(a)]。如图 1(b)所示，所有处理组间单株小花数量均无显著性差异。

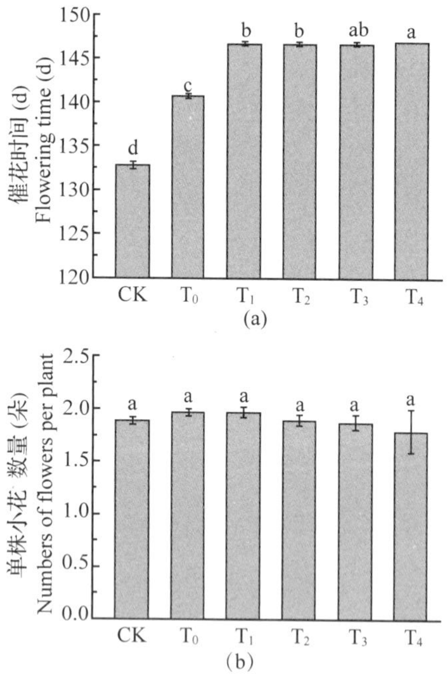

(a)对催花时间的影响；(b)对单株小花数量的影响。不同小写字母代表差异达显著水平(P<0.05)。

图 1 不同浓度 GA_3 对精灵铁兰开花性状的影响

Fig. 1 Effects of GA_3 on flowering characters of *Tillandsia ionantha*

2.2 GA_3 对精灵铁兰单株重量的影响

如图 2 所示：与 CK 组相比，正常施肥处理所有组别的精灵铁兰鲜重都有显著性增加。施加外源 GA_3 后，精灵铁兰鲜重随 GA_3 浓度增加而增加；当 GA_3 浓度达 100mg/L 及以上时(T_2~T_4 组)，精灵铁兰鲜重与对照组 T_0 有显著性差异(图 2)。

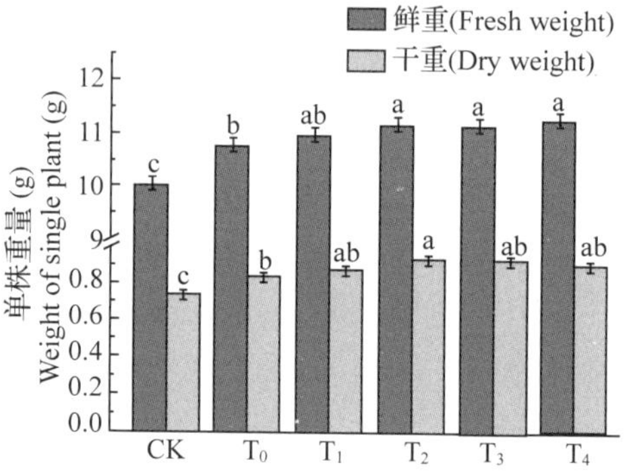

不同小写字母代表不同处理组间差异达显著水平(P<0.05)。

图 2 不同浓度 GA_3 对精灵铁兰单株鲜重、干重的影响

Fig. 2 Effects of GA_3 on fresh and dry weight of *Tillandsia ionantha*

与单株鲜重数据相似，所有施肥处理的精灵铁兰单株干重都显著高于 CK 组的，当 GA_3 浓度达 100mg/L 时(T_2 组)，精灵铁兰单株干重达到最大值，且高于对照 T_0 组。但不同浓度 GA_3 处理组(T_1~T_4)的干重无显著差异。

2.3 GA_3 对精灵铁兰叶绿素含量的影响

所有施肥处理的精灵铁兰总叶绿素含量显著高于 CK 组的[图 3(a)]；但不同浓度 GA_3 处理组(T_1~T_4)与对照组 T_0 相比，无显著差异。

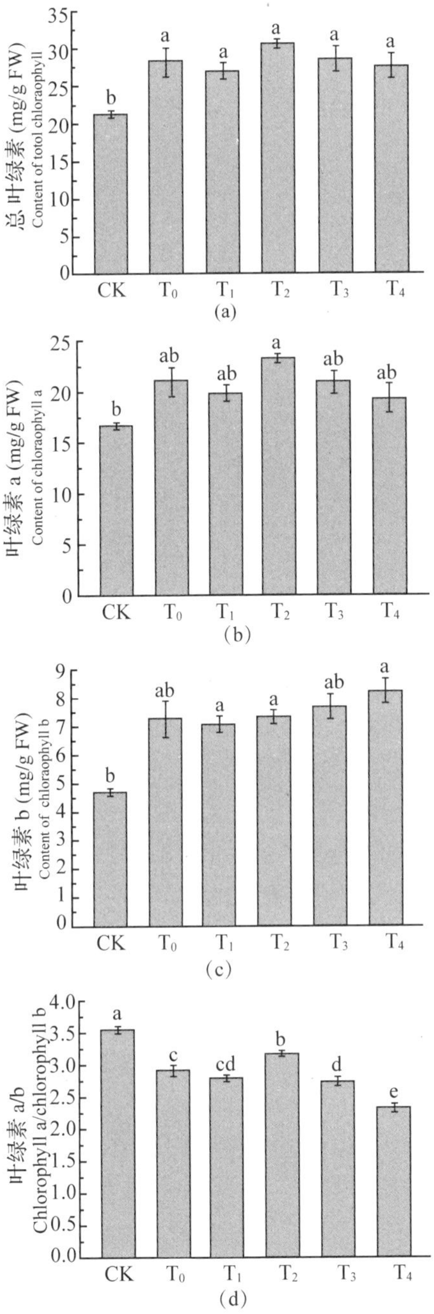

(a)对总叶绿素含量的影响；(b)对叶绿素 a 含量的影响；(c)对叶绿素 b 含量的影响；(d)对叶绿素 a/b 的影响。不同小写字母代表不同处理组间差异达显著水平(P<0.05)。

图 3　不同浓度 GA_3 对精灵铁兰单株叶绿素含量的影响

Fig. 3　Effects of GA_3 on chlorophyll contents of *Tillandsia ionantha*

所有施肥处理的精灵铁兰叶绿素 a 和叶绿素 b 含量均高于 CK 组[图 3(b)]。当 GA_3 浓度达 100mg/L 时(T_2 组)，精灵铁兰叶绿素 a 含量显著高于 CK 组，但与对照组 T_0 无显著性差异；各组精灵铁兰叶绿素 b 含量随外源 GA_3 浓度增加而呈增加趋势，但与 T_0 组相比均无显著差异。

所有施肥处理的精灵铁兰叶绿素 a/b 低于 CK 组[图 3(d)]。施加外源 GA_3 后，精灵铁兰的叶绿素 a/b 比值随 GA_3 浓度的增加出现先下降后增加再下降的变化：当 GA_3 浓度为 100mg/L 时(T_2 组)，精灵铁兰的叶绿素 a/b 比值显著高于对照 T_0 组；当 GA_3 浓度大于 100mg/L 时(T_3~T_4)，精灵铁兰的叶绿素 a/b 比值与对照组 T_0 相比，出现显著性下降。

2.4　GA_3 对精灵铁兰可溶性总糖和可溶性总蛋白的影响

如图 4(a)所示：所有施肥处理的精灵铁兰可溶性总糖与 CK 组相比均无显著性差异；随 GA_3 浓度升高，精灵铁兰可溶性总糖含量出现下降趋势；当 GA_3 浓度达 400mg/L 时(T_4 组)，可溶性总糖含量显著低于对照 T_0 组和 T_2 组。

如图 4(b)所示：精灵铁兰可溶性总蛋白随外源 GA_3 浓度升高而出现先上升后下降的变化；当 GA_3 浓度为 100mg/L 时(T_2 组)，精灵铁兰的可溶性总蛋白含量显著高于 CK 组和 T_4 组，但与对照组 T_0 相比，无显著差异；当 GA_3 浓度达 400mg/L 时(T_4 组)，可溶性总蛋白含量显著低于对照 T_0 组。

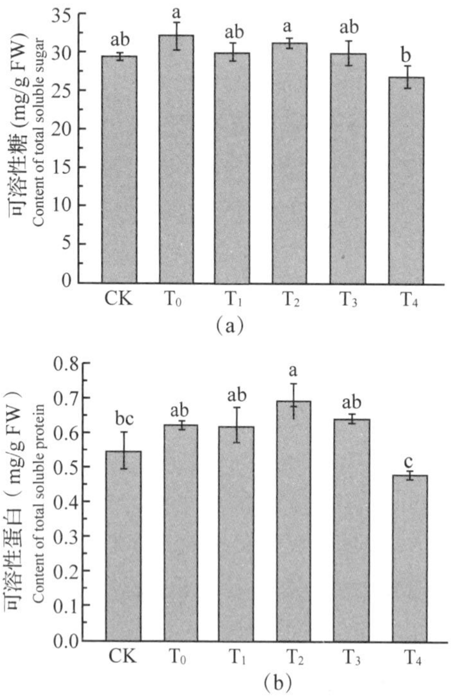

(a)对可溶性总糖含量的影响；(b)对可溶性总蛋白含量的影响。不同小写字母代表不同处理组间差异达显著水平($P < 0.05$)。

图4 不同浓度 GA_3 对精灵铁兰可溶性总糖和可溶性总蛋白含量的影响

Fig. 4 Effect of hormones on soluble sugar and soluble protein of *Tillandsia ionantha*

3 讨论与结论

3.1 GA_3 对精灵铁兰花芽发育的作用

赤霉素可调节植物茎间生长、叶片展开、花芽分化、果实膨大以及种子的萌发[6-8]，外源 GA_3 处理会延后植物的花期[9-10]。王姗等人的研究认为，GA_3 可能会抑制伯格铁兰花芽的诱导[11]。本文中，用 GA_3 处理的精灵铁兰，开花率随 GA_3 浓度增加而出现显著下降(表2)，同样证明各浓度 GA_3(50～400mg/L)对精灵铁兰的开花均有明显的抑制作用。

此次试验中，GA_3 处理引起精灵铁兰开花时间显著性后移，说明 GA_3 可能会抑制精灵铁兰花芽诱导，延长营养生长时间，从而推迟开花时间。该结果与前人在铁兰属催花上的研究结果相似[5, 11, 13]。400mg/LGA_3 处理后，精灵铁兰开花时间显著晚于 T_1 组和 T_2 组，也说明高浓度 GA_3 可能不利于精灵铁兰花芽诱导，从而推迟其开花时间。

文献报道，N肥的缺乏可促进植物提前抽薹开花；过量的N肥则会促进植物营养生长，抑制生殖生长，推迟开花[14]。较高水平的N肥和K肥也会降低多国花铁兰的开花率[15]。施肥处理组开花较晚，可能与 T_0～T_4 组每周一次的施肥处理有关；而无施肥处理的精灵铁兰花期显著早于施肥处理组，或许是因CK组精灵铁兰长期处于缺氮状态，促进其叶芽向花芽分化，提前开花。

各组间精灵铁兰小花数量均无显著变化，说明外源施加 GA_3 不影响精灵铁兰的小花数，对观赏效果无不良影响。

3.2 GA_3 对精灵铁兰营养生长的作用

调节植物茎间生长是赤霉素的典型生理作用[6]。本研究中，施肥处理的精灵铁兰单株鲜重和干重高于未施肥的CK组(图2)，该结果与前人的研究成果相似[15-17]。外源施加100mg/L GA_3 后，精灵铁兰的单株鲜重和干重均高于CK组和 T_0 组，说明 GA_3 可促进精灵铁兰生长，促进干物质量的累积。随着 GA_3 浓度增加(200～400mg/L)，精灵铁兰单株干重略有上升趋势，与 T_0 组无显著差异，该结果暗示 GA_3 对精灵铁兰营养生长的促进存在浓度效应，高浓度 GA_3 无法促进精灵铁兰的营养生长。

光合作用是植物生存的重要生理基础，在一定范围内，叶绿素含量的增加能提升植物光合速率，促进干物质量的累积[18-19]。本文中，T_0～T_4 组精灵铁兰的总叶绿素含量显著高于CK组，说明施肥处理可促进精灵铁兰叶绿素的合成与积累，从而导致其单株鲜重和干重显著高于未施肥的 CK 组。

叶绿素 a/b 比值大小与植物的生长习性相关，阴生植物或植物在遮阴环境下，叶绿素 a/b 比值较低[6]。本文中，施肥处理的精灵铁兰叶绿素 a/b 比值均显著低于 CK 组，说明在养分充足情况下，精灵铁兰更适合在有一定遮阴的环境下生长，对强光利用率可能有所降低。施加外源 GA_3 后，精灵铁兰的叶绿素 a/b 比值随 GA_3 浓度增加出现先增加后降低的显著变化[图 3(d)]，证明 100mg/L GA_3 处理可缓解施肥处理造成的叶绿素 a/b 比值下降，提高精灵铁兰对强光的利用率；高浓度 GA_3 处理后的精灵铁兰叶绿素 a/b 比值较对照 T_0 组又有显著下降，说明其对强光的利用率可能有所下降。精灵铁兰的原生境为光线充足，甚至是阳光直射的树干，为阳生植物[1-4]，过低的叶绿素 a/b 比值可能会影响精灵铁兰对强光的利用。

本文中，施肥处理的精灵铁兰可溶性总糖与 CK 组相比无显著变化[图 4(a)]，说明施肥处理不影响精灵铁兰可溶性总糖；但 T_4 组精灵铁兰的可溶性总糖显著低于对照 T_0 组，说明高浓度 GA_3 不利于精灵铁兰可溶性总糖的累积，从而影响其营养生长。

对照组 T_0 和 CK 组相比，精灵铁兰可溶性总蛋白无显著差异，说明施肥处理不影响精灵铁兰可溶性总蛋白的累积；低浓度 GA_3 处理时($T_1 \sim T_3$)，精灵铁兰可溶性总蛋白与对照组 T_0 相比，无显著性差异，但当 GA_3 浓度达 400mg/L 时，精灵铁兰可溶性总蛋白含量显著低于对照组 T_0，说明高浓度 GA_3 不利于精灵铁兰可溶性总蛋白的累积，可能影响其营养生长。

3.3 结论

综上所述，定期施用 1/2 Hoagland's 营养液有利于精灵铁兰生长，提高精灵铁兰的鲜重和干重，不影响开花率，但会导致花期后移，降低叶绿素 a/b 比值；施加各浓度外源 GA_3 均可有效抑制精灵铁兰开花，推迟开花时间，且随 GA_3 浓度增加，抑制效果越强。100mg/L GA_3 处理可在不降低精灵铁兰可溶性总蛋白和可溶性总糖时，显著提高精灵铁兰的鲜重和干重，促进生长，并在一定程度上缓解施肥后叶绿素 a/b 比值的下降；但当 GA_3 浓度过高时，对精灵铁兰生长的促进效果减弱，可溶性总蛋白、可溶性总糖和叶绿素 a/b 比值下降，营养生长也随之变弱。

因此，抑制精灵铁兰开花的最佳 GA_3 浓度为 100mg/L。铁兰属植物种类众多，各物种的最佳 GA_3 处理浓度的确定仍需今后更有针对性地开展相关研究。

参考文献

[1]胡松华. 观赏凤梨[M]. 北京：中国林业出版社，2003：105-139，242.

[2]Isley P T. *Tillandsia* Ⅱ[M]. California：Botanical Press，2009：78-81.

[3]俞禄生. 空气凤梨[M]. 北京：中国农业出版社，2008：1-14.

[4]梁群健，颜俊宇. 空气凤梨轻松玩[M]. 北京：中国轻工业出版社，2016：16-25.

[5]史清云，王姗，张荣良. 外源乙烯利、萘乙酸和赤霉素对 3 种空气凤梨开花性状的影响[J]. 江苏林业科技，2013，40(2)：11-13，22.

[6]斯蒂芬. 木本植物生理学[M]. 3 版. 尹伟伦，郑彩霞，等，译. 北京：科学出版社，2011：471-473.

[7]牛宋芳，王利娟，刘秉儒. 赤霉素对盐胁迫下红砂种子萌发的影响[J]. 草业学报，2017(6)：89-97.

[8]廖霏霏，刘兴贵，王克秀，等. 赤霉素和叶面肥对马铃薯原种雾化生产的影响[J]. 农学学报，2022，12(4)：18-23，53.

[9]何书奋，罗金环，符洁，等. 外源激素对迷你型蝴蝶兰开花性状的影响[J/OL]. 分子植物育种，2022，1-12[11-02]. http://

kns. cnki. net/kcms/detail/46. 1068. S. 2022 1009. 0921. 008. html.

[10]曾成，邓光宙，娄兵海，等．外源赤霉素和多效唑对西红花农艺性状和生理特性的影响[J/OL]. 分子植物育种，2022，1 - 19 [2022-12-02]. http：//kns. cnki. net/kcms/detail/46. 1068. S. 20221014. 1449. 006. html.

[11]王姗，张荣良，郝霞，等．空气凤梨 *Tillandsia bergeri* 花芽分化时期叶片内源激素含量的变化[J]. 中国农学通报，2013，29(22)：142-146.

[12]陈伯毅．莲草直胸跳甲诱导喜旱莲子草系统抗性研究[D]. 北京：北京林业大学，2016：22-23.

[13]郑凯，丁久玲，俞禄生．不同植物生长调节物质对两种空气凤梨生长的影响[J]. 浙江农业科学，2012，(10)：1416-1419.

[14]王丽云，刘小金，徐大平，等．生长调节剂对降香黄檀营养生长与生殖生长的影响[J]. 华南农业大学学报，2017，38(5)：86-90.

[15]王姗，鲍华鹏，王全智，等．N、P、K 对铁兰属植物 *Tillandsia stricta* 生长与开花的影响[J]. 中国农学通报，2014，30(16)：221-225.

[16]郑凯，丁久玲．空气凤梨 *Tillandsia velutina* 分蘖芽发育过程中内源激素含量变化分析[J]. 浙江农业科学，2016，57(11)：1869-1871，1875.

[17]丁久玲，郑凯，俞禄生．两种专用肥对空气凤梨生长的影响[J]. 中国农学通报，2009，25(23)：318-322.

[18]张重义，尹文佳，李娟，等．地黄连作的生理生态特性[J]. 植物生态学报，2010，34(5)：547-554.

[19]张艳楠，牛建明，张庆，等．植被指数在典型草原生物量遥感估测应用中的问题探讨[J]. 草业学报，2012，21(1)：229-238.

乌鲁木齐市植物园科普新媒体平台使用现状分析及对策

Analysis of the Current Situation of the Use of New Science Popularization Media Platform in Urumqi Botanical Garden and Countermeasures

郭琰嵘[1]　陈叶[1]　曾德[1*]　孙卫[1]　赵静[2]　李荣[1]　刘继海[1]

（1. 乌鲁木齐市植物园，乌鲁木齐，830000；2. 乌鲁木齐市燕儿窝风景区，乌鲁木齐，830000）

GUO Yanrong[1]　CHEN Ye[1]　ZENG De[1*]　SUN Wei[1]　ZHAO Jing[2]　LI Rong[1]　LIU Jihai[1]

（1. *Urumqi Botanical Garden*, *Urumqi*, *XinJiang*, 830000, *China*; 2. *Yanerwo Scenic Area in Urumqi City*, *Urumqi*, *XinJiang*, 830000, *China*）

摘要：以乌鲁木齐市植物园为研究对象，分析科普新媒体平台使用的情况，发现并解析账号运营中存在的问题，结合新媒体发展现状与其自身运营实际情况初步提出系统性解决办法，以期为科普宣传新媒体矩阵建设提供新思路。

关键词：植物园；科普；新媒体平台

Abstract: Taking Urumqi Botanical Garden as the research object, this paper analyzes the use of science popularization new media platform, finds and analyzes the problems in account operation, and initially proposes systematic solutions in combination with the development status of new media and the actual situation of its own operation, with a view to providing new ideas for the construction of science popularization new media matrix.

Keywords: Botanical garden; Popularization of science; New media platforms

新媒体是与传统电视、广播、报刊、户外媒体有所区别，利用数字技术和网络技术，通过互联网、局域网、卫星等渠道，在电脑、手机等数字终端投放，向用户提供信息的一种传播形式（朱丽雅等，2020）。习近平主席提出“两翼理论”，即“科技创新、科学普及是实现创新发展的两翼，要把科学普及放在与科技创新同等重要的位置”，对新时代科普工作提出了更高要求。相对科研工作的专业深入，科普工作涉及的内容及其自身的形式更广泛，因此其传播形式和内容不仅仅不能拘泥于传统，更要与时代的创新相结合。新媒体时代，不论是门户网站、行业垂直平台、社交平台还是视频平台，传播内容更多、传播范围更广、传播速度也更快，非常适合作为科普传播的阵地（汪东芳等，2023）。本文结合乌鲁木齐市植物园科普

第一作者简介：郭琰嵘（1992—），女，助理工程师，主要研究方向：植物栽培繁育及科学普及。E-mail：1964302415@ qq. com。

通讯作者：曾德（1974—），男，高级园林工程师，主要研究方向：植物引种驯化、保育及园林应用研究。E-mail：419124697@ qq. com。

宣传工作，分析研究科普新媒体平台的运营和管理，对于存在的一些问题及解决方法进行初步探讨。

1　乌鲁木齐市植物园及科普工作介绍

1.1　乌鲁木齐市植物园概况

乌鲁木齐市植物园位于新疆首府乌鲁木齐市，成立于1986年，由乌鲁木齐市人民政府建设，是集植物收集保护、科研、科普、园林游憩为一体的国家AAA级综合性植物园。园区总占地面积1280亩，收集保育植物品种110科900余种，年平均接待游客约150万人次，为本地区的居民提供了一个城市中的自然休憩地，深受本地区市民的喜爱。

1.2　乌鲁木齐市植物园科普工作

乌鲁木齐市植物园作为乌鲁木齐地区唯一的植物科普基地，拥有设施完善的乌鲁木齐市“植物园科普馆”、乌鲁木齐市“活体昆虫博物馆”等特色展馆，现有牡丹芍药园、月季园专类园、蜜源植物区、荒漠植物区、药用植物区等十几个植物专类展示园区。近年来先后被授予“乌鲁木齐市青少年科技教育基地”“自治区科普教育基地”“国家林草科普基地”“乌鲁木齐市生态环境教育基地”“乌鲁木齐市社会科学普及基地”等称号。

针对乌鲁木齐市市民开展一系列科普教育活动，如邀请中小学学校组织学生来植物园开展生物实践课堂、“国家林草科技周”、世界地球日、世界动植物日、世界环境日、国家和新疆湿地日等国内国际性环保主题节日科普活动等，园区内设有各类展教设备包括科普标牌、科普大屏、科普宣传展板等，并已开通微信公众号、视频号、抖音号等网络平台账号，进行图文及视频的科普。

2　科普新媒体平台使用情况

2.1　乌鲁木齐市植物园主流新媒体运营概况

目前科普常用到的新媒体时代传播从形式上主要是以视觉因素为主导的，常常选用图文结合、图片流、视频的形式。传播平台也是以微信公众号、微博账号等社交类媒体，视频号、抖音等视频类媒体，知乎、豆瓣行业垂直类媒体为主(图1)。

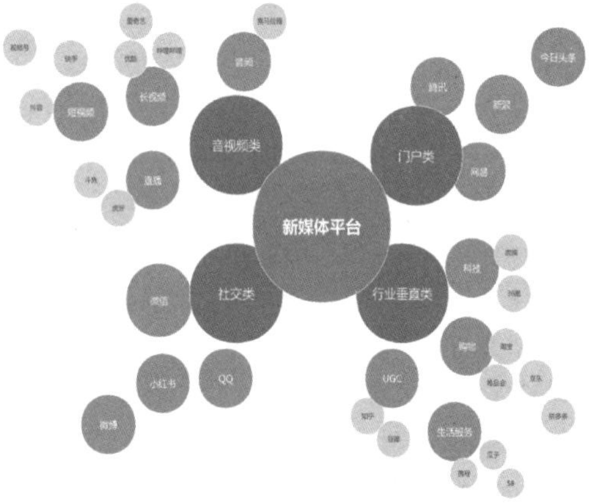

图1　常用新媒体平台简单分类

Fig. 1　Simple classification of commonly used new media platforms

2.1.1　微信公众号

现有微信公众号1个：乌鲁木齐市植物园，对公众号发布的信息大概分为科普宣传、植物主题科普等7类。本次研究数据是选取乌鲁木齐市植物园微信公众号的所有发文，对不同内容类型发文数量、文章平均阅读量、文章平均点赞量进行统计，详见表1。

表 1 乌鲁木齐市植物园微信公众号内容构成

Table 1 Content composition of WeChat official account of Ürümqi Botanical Garden

序号	内容类型	数量/篇	平均阅读量/次	平均点赞量/个
1	科普宣传	15	423.9	7.6
2	植物主题科普	35	759.9	10.3
3	传统文化宣传	19	241.3	5.9
4	国际性环保主题节日科普	4	116.8	1.8
5	活动宣传	23	1997.6	38.9
6	节日宣传	17	651.5	12
7	政策宣传	17	671.9	7.3

注：平均量=总量/数量。

Note：Average Volume=Total Volume/Number.

2.1.2 抖音号

抖音号 2 个；宣传账号为“文藝昕星”，粉丝 323 个、获赞 787 个；科普账号：“乌鲁木齐市植物园科普馆”，粉丝 129 个、获赞 178 个。两个账号在发布内容类型上有交叉，总体分为科普宣传等 8 类。数据选取及统计方法参照 2.1.1，详见表 2。

表 2 乌鲁木齐市植物园抖音账号内容构成

Table 2 Content composition of Tiktok account of Ürümqi Botanical Garden

序号	内容类型	数量/个	平均点赞量/个	平均评论量/条	平均收藏量/个	平均转发量/个
1	科普宣传	4	8.8	0.5	0.3	0.3
2	植物主题科普	16	17.3	1.4	1.6	5.3
3	节庆宣传	3	9.3	0.7	0.0	0.0
4	国际性环保主题节日科普	1	7.0	0.0	0.0	0.0
5	形象宣传	23	9.3	0.7	0.2	1.2
6	活动宣传	4	26.5	10.8	0.8	10.0
7	其他	2	40.0	3.5	4.0	28.0
8	主题党日宣传	1	9.0	0.0	0.0	0.0

注：平均量=总量/数量。

Note：Average Volume=Total Volume/Number.

2.1.3 腾讯视频号

腾讯视频号 2 个；宣传账号为“文藝昕星”，59 人关注；科普账号为“植梦心疆”，22 人关注；对视频号发布的信息进行分类，大概分为科普宣传等 6 类。数据选取及统计方法参照 2.1.1，详见表 3。

表 3 乌鲁木齐市植物园腾讯视频号内容构成

Table 3 Content composition of Tencent video number of Ürümqi Botanical Garden

序号	内容类型	数量/个	平均播放量/次	平均点赞量/个	平均转发量/个	平均收藏量/个	平均评论量/条
1	科普宣传	3	1286.7	13.0	32.3	21.0	1.3
2	植物主题科普	5	1543.4	49	35	36.4	3.2
3	形象宣传	9	1844.4	13.7	34.4	36.3	1.0
4	国际性环保主题节日科普	4	769.3	10	32.8	15.5	0.8
5	活动宣传	5	1286.2	100.4	45.6	20.8	1
6	节日宣传	4	1078.3	13.5	27.5	24	1

注：平均量=总量/数量。

Note：Average Volume=Total Volume/Number.

2.1.4 小红书账号

小红书账号 1 个，为“植物园园丁”，8 个关注，7 个粉丝，13 个获赞与收藏，对该账号发布的信息进行分类，大概分为植物主题科普等 4 类。数据选取及统计方法参照 2.1.1，详见表 4。

表 4 乌鲁木齐市植物园小红书账号内容构成

Table 4 Content composition of Xiaohongshu account of Ürümqi Botanical Garden

序号	内容类型	数量/个	平均点赞量/个	平均收藏量/个	平均评论量/条
1	植物主题科普	1	0	0	0
2	形象宣传	2	1.5	0	0
3	活动宣传	3	2.3	0.0	1.3
4	节日宣传	1	1	0	0

注：平均量=总量/数量。

Note：Average Volume=Total Volume/Number.

2.2 使用情况分析

上述图片分析表明，微信公众号日常发布科普内容较多，但结合阅读量及点赞量(图 2)可以看出观众对主题游乐活动(游园、观花灯、赏冰雪等)、特定节庆主题活动(三八妇女节、情人节、母亲节等)等内容更感兴趣。抖音、视频号、小红书的发布内容多为园区活动及形象宣传，但结合播放、点赞、转发等(图 3、图 4、图 5)，可以看出受众更偏好科普类宣传视频，如植物医院主题科普视频。

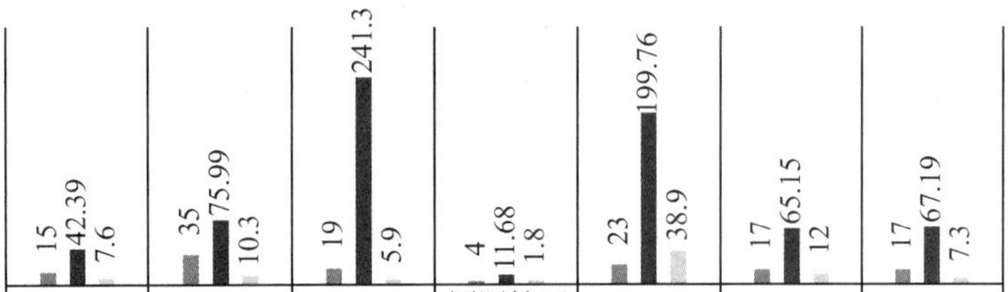

	科普宣传	植物主题科普	传统文化宣传	国际性环保主题节日科普	活动宣传	节日宣传	政策宣传
数量/篇	15	35	19	4	23	17	17
平均阅读量/十次	42.39	75.99	241.3	11.68	199.76	65.15	67.19
平均点赞/个	7.6	10.3	5.9	1.8	38.9	12	7.3

图 2　微信公众号发布内容阅读量及点赞量分析

Fig. 2　Analysis of the amount of reading and liking of the content published on WeChat official account

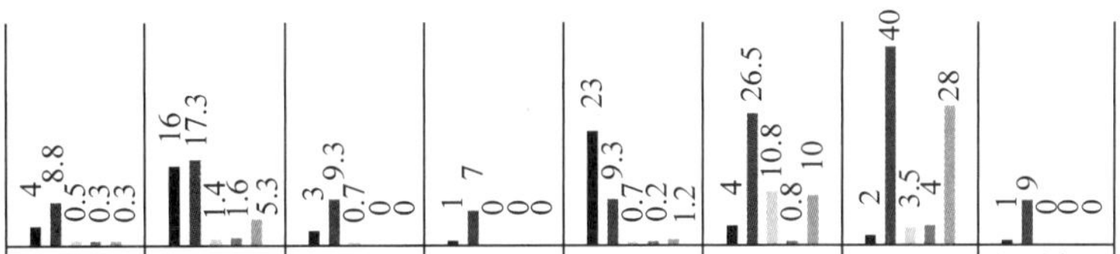

	科普宣传	植物主题科普	节庆宣传	国际性环保主题…	形象宣传	活动宣传	其他	主题党日宣传
数量（个）	4	16	3	1	23	4	2	1
平均点赞量(个)	8.8	17.3	9.3	7	9.3	26.5	40	9
平均评论量(条)	0.5	1.4	0.7	0	0.7	10.8	3.5	0
平均收藏量(个)	0.3	1.6	0	0	0.2	0.8	4	0
平均转发量(个)	0.3	5.3	0	0	1.2	10	28	0

图 3　抖音号发布视频的数量、点赞量等信息分析

Fig. 3　Information analysis on the number and likes of videos released by Tiktok

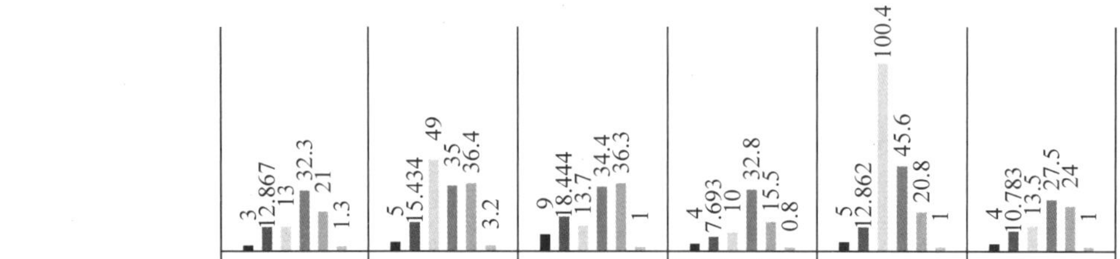

	科普宣传	植物主题科普	形象宣传	国际性环保主题节日科普	活动宣传	节日宣传
■数量(个)	3	5	9	4	5	4
■平均播放量(百个)	12.867	15.434	18.444	7.693	12.862	10.783
■平均点赞量(个)	13	49	13.7	10	100.4	13.5
■平均转发量(个)	32.3	35	34.4	32.8	45.6	27.5
■平均收藏量(个)	21	36.4	36.3	15.5	20.8	24
■平均评论量(条)	1.3	3.2	1	0.8	1	1

图4　腾讯视频号发布视频的数量、点赞量等信息分析

Fig. 4　Information analysis on the number and likes of videos released by Tencent Video ID

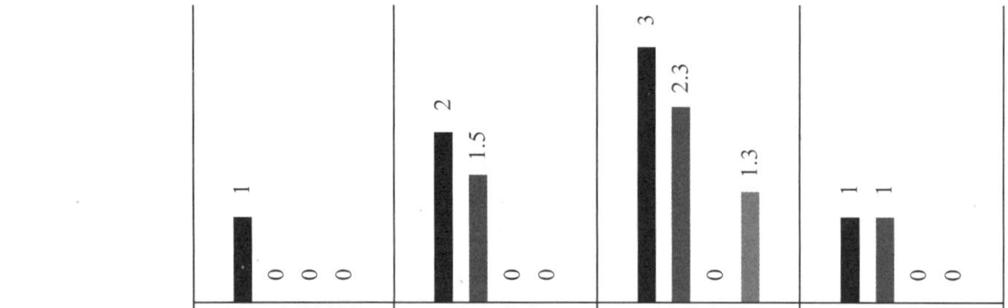

	植物主题科普	形象宣传	活动宣传	节日宣传
■数量(个)	1	2	3	1
■平均点赞量(个)	0	1.5	2.3	1
■平均收藏量(个)	0	0	0	0
■平均评论量(条)	0	0	1.3	0

图5　小红书账号发布视频的数量、点赞量等信息分析

Fig. 5　Analysis of the number and likes of videos posted on Xiaohongshu account

3　乌鲁木齐市植物园科普新媒体平台使用的问题

通过对已有的新媒体平台发布内容及反馈评价进行分析，乌鲁木齐市植物园使用的各类新媒体平台运营情况不佳，存在传播方式定位不明，传播手法单一，传播内容技巧性缺失，传播受众对象未做区分等现状，具体问题分为以下几点。

3.1　平台运营不当导致账号失活

乌鲁木齐市植物园的科普新媒体平台缺乏系统性运营管理及内容规划，更新频率不稳定，没有采取引流的有效手段，即使流量推送后也没有及时转化成为长期流量。在需要增加用户黏性的平台上缺乏互动(如抖音、小红书等)。平台布局有限，只有图文和视频平台，缺乏门户及行业垂直类平台建设。植物园科普 IP 曝光率低，再加上运营状况不佳，导致已有的这些科普新媒体账号基本处于失活状态。

3.2 平台建设不完善导致功能使用效果不佳

平台功能建设不完善，或某些功能开通后使用效果不佳，没有进行调整更新；功能与科普内容结合不紧密，没有发挥公众号及视频平台最大功能。如微信公众号只发布图文信息、游览预约、园区导引，虚拟游览等功能均未设置；抖音等短视频平台上只发布视频，直播、周边橱窗、团购推荐、粉丝群聊等功能均未开通。平台功能建设不完善，导致使用体验不佳。

3.3 平台发布内容繁杂，缺乏技巧

通过分析可以看出，已有的科普新媒体平台账号上发布的内容十分驳杂，除了植物科普、主题节日科普等信息，另穿插发布有许多活动开展通知、园区形象宣传、政策宣传等内容，导致观众不明重点，阅读观看体验感差的同时，科普工作的深度也达不到，科普内容不成体系。同时科普新媒体账号内容传播形式单一，只推送科普文章、发布科普视频，缺少一些具有特色的科普形式，如上海辰山植物园开展的植物医院等。发布的科普视频也多为图片或视频，结合流行音乐节奏卡点播放，同质化的内容也易造成观众审美疲劳。

3.4 平台缺乏管理人才与管理技术

乌鲁木齐市植物园科普新媒体平台的运营由宣传部和科研部工作人员兼职开展，缺乏相关运营专业知识，没有捕捉特点的敏感性。在运营工作中存在推送的内容单调晦涩、栏目设置的随意性较强、内容不经审核就发布等问题。

4 乌鲁木齐市植物园科普新媒体平台使用调整对策

4.1 构建科普新媒体平台矩阵，调整发布内容

除了现有平台再开通微博、知乎、B站、今日头条账号，初步形成门户网站、社交平台、长短视频、行业垂直平台结合的新媒体矩阵。形成不同主题的科普内容，针对不同平台特点分类实施内容创作。微博上注重实时性、综合性的图文短资讯发布；微信公众号、进行深度内容创作；知乎上侧重专业性内容输出；腾讯视频号上侧重生活化的科普内容输出；抖音上以短、快、燃为创作风格进行短视频创作；B 站上针对年轻受众进行专业性较强的长视频输出；小红书上以知识输出和粉丝互动结合进行；今日头条上对以上内容进行引流转发，在行文上考虑中老年受众特点进行调整。

4.2 打造科普宣传品牌，形成示范效应

针对不同受众群体的喜好进行科普品牌的打造，围绕植物知识传播、家庭养花技巧、植物病虫害诊断、园艺爱好者分享、花境专题分享等，结合每年的"国际生物多样性日""世界环境日""全国科普日"等科普重要"公众科学日"，采取线上线下相结合的方式，推出优质的科普系列活动，形成具有影响力的科普品牌。

4.3 完善用户画像分析，进行精准科普

为精准匹配科普受众群体，挖掘科普新媒体品牌的增长点，乌鲁木齐市植物园新媒体平台应当构建自己的标签体系及用户画像，对用户群体进行筛选划分，进而开展针对性的精细运营。除了搭建明确的标签体系，在科普内容方面也要进行多维度的拓展，分年龄、受教育程度、人生阶段、媒介社交偏好等多层级进行用户画像分析。

4.4 完善平台功能，加入技术应用

增加新媒体平台的引导游览、互动体验等专项功能，完善平台互动机制，另结合 5G 技术，为受众提供沉浸式体验，用好 HTML5、VR、MR 等新技术手段，有效增加科普的趣味性和互动性，通过多元化呈现的方式来持续吸引受众关注，增强用户黏性。

4.5 优化科普人才队伍，提升新媒体运营能力

吸纳新媒体运营人才，筛选出具有创作、管理新媒体平台能力的人才，通过系统、流程化的培养方式，打造专业的运营团队。团队建设中，专业包括市场营销、林学等多类，充分发挥各专业专长，集思广益制定科普新媒体传播计划，保证科普新媒体平台的结构不断优化、模式不断更新，持续产出结合时事热点、具备专业性的科普内容。

4.6 加强对外沟通，合力打造科普新媒体共享平台

在资金和协调方面积极寻求地方科技部门、林业部门和行业组织的帮助，加强与其他科普基地的互动交流，积极吸纳本地区优秀的自然科普自媒体人才，共同搭建自然科普新媒体共享平台，建立科普社群，有效提升乌鲁木齐市植物园科普新媒体管理的团队能力，进一步形成更加稳定的专业内容生产团队，扩大自身影响力。

5 结语

科普工作在新媒体时代既迎来了新的发展机遇，也拥有更高的挑战。如果不具备系统性思维，无法明确自身定位，就不能产出优质的科普内容，进而无法持续吸引观众，形成良好的科普氛围。要制定切实可行的科普方案，时刻关注社会的变化，把握观众喜好，打造优质科普平台，建立专业的科普新媒体运营管理团队，让科普新媒体更好地服务大众。

参考文献

汪东芳，崔瑞兰，2023. 新媒体时代地理科普短视频的传播路径探析[J]. 西部广播电视，44(5)：56-58.

朱丽雅，2020. 团属新媒体与青少年思想成长引领策略研究[D]. 上海：华东政法大学.

新疆药用植物资源分析及乌鲁木齐市植物园药用植物专类园建设初步构想

The Analysis of Medicinal Plant Resources in Xinjiang and the Preliminary Conception of the Construction of Specialized Garden of Medicinal Plant Garden in Urumqi Botanical Garden

陈叶　郭琰嵘　曾德*　张超　朱晓宇　高广虎

（乌鲁木齐市植物园，新疆乌鲁木齐，840000）

CHEN Ye　GUO Yanrong　ZENG De*　ZHANG Chao　ZHU Xiaoyu　GAO Guanghu

(*Urumqi Botanical Garden*, *Urumqi*, 840000)

摘要：新疆药用植物资源丰富，本文对新疆药用植物资源进行简要概述，关于乌鲁木齐市植物园建设药用植物专类园，对于设计原则、主题构思、分区规划、栽种措施等方面提出初步建设构想，以期为新疆药用植物的生物多样性保护利用与科普展示提供新思路。

关键词：药用植物专类园；新疆乌鲁木齐市植物园；药用植物资源；建设规划

Abstract: Xinjiang Medicinal Botanical Garden is rich in resources. This article provides a brief overview of the medicinal plant resources in Xinjiang. Regarding the construction of a specialized medicinal plant garden in Urumqi Botanical Garden, preliminary construction ideas are proposed from the aspects of design principles, theme ideas, zoning planning, planting measures, etc., in order to provide new ideas for the biodiversity protection, utilization, and scientific popularization display of medicinal plants in Xinjiang。

Keywords: Medicinal plant garden; Xinjiang Urumqi Botanical Garden; Medicinal plant resources; Construction planning

植物保存着丰富的遗传资源和基因多样性，是社会发展重要的战略资源，植物园作为对活体植物进行收集、管理养护并供观赏游憩的公园绿地，兼具引种驯化、生物多样性保护、植物科普等多项职能。

乌鲁木齐市植物园成立于1986年，隶属于乌鲁木齐市林业和草原局（园林管理局），总占地面积1280亩，收集和保护植物品种110科900余种。园区现有忍冬植物区、牡丹（芍药）专类园、药用植物区、月季专类园等18个植物展示园区，收集珍稀植物40余种，包括新疆野苹果、准噶尔山楂、欧亚圆柏、天山槭、欧洲李等，组建设施较完善的植物科普馆及活体

第一作者简介：陈叶（1988—），女，硕士，高级园林工程师，主要研究方向：植物引种栽培、驯化及繁育。E-mail：282755960@qq.com。

通讯作者：曾德（1974—），男，高级园林工程师，主要研究方向：植物引种驯化、保育及园林应用研究。E-mail：419124697@qq.com。

昆虫博物馆。园区年平均接待游客约150万人次，2023年荣获首批新疆地区唯一“国家林草科普基地”称号和“自治区科普教育基地”命名。

新疆位于我国西北边陲，特殊的地理位置、多样的地形地貌、复杂多变的气候条件使这里孕育了丰富的药用植物资源。营建丰富多彩的新疆乌鲁木齐市植物园药用植物专类园对新疆药用植物资源的合理开发和利用有着重要意义。乌鲁木齐市植物园作为新疆地区特色植物引种栽培、迁地保育、科研科普的重要阵地。药用植物专类园是以收集、保存、展示药用植物多样性为主要工作内容，并以普及特色医药文化科学知识为主题的专类园。它既有科普功能，又是植物种质资源保存和生物多样性保护的重要基地。

1 药用植物园的研究现状

1.1 相关概念界定

药用植物是指根、茎、叶、花、果实等含有特殊成分而可供人类使用，具备治疗疾病、强身保健等相关医疗作用的植物。我国是药用植物资源最丰富的国家之一，种类约有11146种，园林景观中具有较广泛应用价值的药用植物有200多种(谷睿 等，2021)。药用植物专类园指通过园林艺术手法，以药用植物为主要植物造景材料，创造具有科普展示、观赏游览、中医药文化感受等功能的绿地。药用植物园是药用植物资源“迁地保护”的主体实施单位，在我国药用植物种质资源保存、生物多样性保护与利用上发挥了重要作用。现全国各地建有专业药用植物园38座，另35座综合性植物园中均设有药用植物园或草药园等，引种保育的我国本土药用植物约7000余种，约占我国药用植物资源的63%，其中，珍稀濒危物种200多种(李标，2013)。

1.2 发展起源与现状

赵书笛将欧洲药用植物园发展历程分为4个阶段：萌芽阶段以罗马时期出现的以家庭花园种植草药和香料为开始；雏形阶段以修道院药草园的出现最有代表性；发展阶段对应文艺复兴时期，出现大量药用植物应用于医学教学中；繁荣阶段逐渐形成近现代药用植物园(赵书笛，2015)。

2800年前的“神农本草园”和秦朝时期的上林苑是我国药用植物专类园的雏形。魏晋南北朝至唐宋年间，“药园”“药圃”“药畦”等陆续出现。唐高祖年间，京师长安建立了国家药园，面积达20hm^2。植物栽培技术的发展，促进了民间药园的诞生。无数文人墨客托植物言志，白居易《凉夜有怀》中写道：“暗凝无限思，起傍药阑行”。明清、近现代以来，药用植物研究快速发展，我国现代建立最早的药用植物园为民国三十六年的中华民国林业实验所常山种植实验场，为四川药用植物园前身。历史变迁，药用植物资源从仅满足生产到满足观赏需求，再到为医学、科研等服务，药用植物的应用在更好地为人类作出相应的贡献。

1.3 分类及规模

伴随城镇化快速发展，药用植物的使用逐渐成为构建健康中国、生态多样型园林的重要途径之一。近现代，集科研、科普、观赏等功能为一体，服务设施齐全的药用植物园、药草园、中医药文化园的建立标识我国药用植物园的发展进入到繁盛期，根据中华中医药学会团体标准《药用植物园建设规范》，按照规模大小、占地面积、药用植物数量(种)的多少，将药用植物园划分为大型、中型、小型；按照功能定位，分为研究型、教学型、康养型、综合型的药用植物园。

2 新疆丰富的药用植物资源

新疆地理环境及生态条件复杂多样，南北气候差异显著，是典型的干旱、半干旱地区，境内存在冰川、盆地、草原等多种地貌，孕育了丰富而独特的药用植物资源，与国内其他省区相比有着明显的优越性。据统计，新疆传统中药材品种蕴藏量十分丰富，蕴藏量在 10^8kg 以上的有甘草、麻黄、罗布麻；蕴藏量在 10^6kg 以上的则有 8 种，10^5kg 以上的亦有 8 种。新疆丰富的药用植物资源在民族医药资源领域被誉为是镶嵌在祖国西北边疆上的一颗璀璨明珠。

2.1 新疆药用植物分布概况

新疆分布着丰富的地道中药材及其近缘种，尤其是新疆北部阿尔泰山脉及天山山脉。新疆地道的大宗药材有甘草、贝母、红花、紫草、枸杞、肉苁蓉、锁阳等 30 多种特色药材。天山西部的伊犁河谷河流纵横，气候温和，适合多种中药材的生长，主产紫草、羌活、独活、柴胡、延胡索、红花等；天山中部气候湿润，秦艽、麻黄、新疆阿魏、新疆贝母分布于此。喀什地区是全疆冬季最温暖的地区之一，适合植物安全过冬，主产甘草、紫草、罗布麻。位于新疆最北部的阿勒泰地区，主要分布甘草、赤芍、新疆贝母等中药材。准噶尔盆地西部分布的药材品种较多，有如甘草、麻黄、紫草、肉苁蓉等。

2.2 新疆药用植物研究现状

据第三次全国中药资源普查统计，新疆药用植物、动物、矿物及其他药物共 1917 种，1208 味，其中的植物类 151 科，而传统的维吾尔药材品种数量据初步统计为 700 种。维吾尔医药是我国四大民族医药之一，是我国传统医药的重要组成部分。为促进自治区医药产业的发展，2000 年起，新疆快速发展中药材规范化栽培，在伊犁谷地、天山山区和准噶尔盆地、塔里木盆地的沙漠边缘发展建立了相当规模的药材种植基地，特别是甘草、麻黄、肉苁蓉、红花的人工栽培方面已取得突破，建有多处规范化研究与种植试验及示范基地，面积达数万公项。

新疆野生药用植物资源丰富，但由于前期掠夺的和盲目的采挖，使得有些宝贵的药用植物资源濒临灭绝，破坏了生态环境。随着自治区环境保护工作力度的加大，野生药用植物开采步入了法制化、规范化轨道，各级政府的相关部门积极引导农民因地制宜种植药用植物。

乌鲁木齐市植物园作为新疆地区唯一一所综合类植物园，亟须开展新疆地区药用植物资源保育研究与科普展示工作，建设药用植物专类园意义重大，必将为新疆地区药用植物资源生物多样性保护和利用创建出一个新平台，为新疆民族医药和传统医药文化建设树立一个新典范。

3 药用植物专类园建设构思

3.1 设计原则

乌鲁木齐市植物园药用植物专类园为园中园，规划以新疆药用植物资源保存和迁地保护及生物多样性保护与利用为主要目标，以弘扬新疆民族医药文化为主旨，以突出药用植物科普和观赏价值为重点，建立一个集民族医药植物展示、科普教育、康体养生功能为一体的园地。

3.1.1 遵循健康原则、美学原则、生态原则等基本原则

遵循健康、美学原则，并注重植物景观设计上的美学原则，如变化与统一、对比与调和、尺度与比例等。注重植物的生态习性，提前了解植物的生物特性，做好植物的季相搭配，植物层次搭配合理，实现生态效应最大化。

3.1.2 体现民族医药植物特色

在尊重园区自然条件的基础上，突出新疆民族药用植物特色，以迁地保育的方式收集、保存、繁育新疆地域内具有民族代表特色的药用植物。植物分区可以药用植物生境、生活型等为分类原则，重点突出新疆维药植物的民族特色。

3.1.3 创建多种科普内容和形式

为增强游客的体验感，创建丰富的科普教育内容和形式。如结合硬质景观及中医药文化，进行趣味栽植，普及药用植物属性，如植物名、药效、药用价值等；针对中医药文化，如中医药典籍、现代发展成果等内容，利用声像传达手法，通过影像视频、文化展板、知识长廊等方式展示文化内容，传达医药文化精神内涵；将植物介绍与互联网手段结合，建立乌鲁木齐市植物园植物数据库，推出药用植物识别APP，进行科普互动。

3.2 主题构思

3.2.1 营造具有新疆植物群落特色的景观

乌鲁木齐市植物园药用专类园以新疆地区药用植物为主的同时，考虑药用植物生境特点，以其生态习性、观赏特性等属性搭配生境其他乔灌花草等植物，营造出具有新疆植物自然群落特色的植物景观。

3.2.2 结合植物文化内涵配置附属设施

充分考虑药用植物的文化内涵，用科普的手段配置一些具有特色的附属设施，如药用植物雕塑、药性标识系统、植物生境铺装、药用植物生长廊架、药用植物语音讲解系统等。兼具植物科普信息展示的同时，加深参观受众的记忆点。

3.2.3 设置特色分区，打造主题游园

设置植物特色分区，分主题进行游园路线设计，满足观赏、游览、体验、互动、科普一体化，例如设置道地药材区、维药植物区等。丰富药用植物专类园的内容构架，为游客提供更多类型的植物展示科普，让受众从多角度、多层次体验学习了解药用植物的无穷乐趣。

3.3 分区规划

3.3.1 分区布局

根据现状条件，以植物的生境、生活型等作为主要的分区依据，结合药用植物的观赏、生态、文化、保健功效等属性，将专类园划分为以下分区：生境展示区(荒漠区、高原区、河谷区)，生活型展示区(草本区、木本区、藤本区)，特色展示区(道地药材展示区、维药特色区、采摘体验区)。

3.3.2 生境展示区

依据药用植物的生活环境，主要展示荒漠、高原、河谷三个特色生境下的药用植物，搭配不同生境的其他植物营造生境特色植物景观。其中，荒漠区主要选择一支蒿、罗布麻、枸杞、阿魏、麻黄、肉苁蓉、碱蓬等药用植物；高原区主要选择贝母、雪莲、红景天、新疆紫草等药用植物；河谷区主要选择东方泽泻、水葱、水麦冬、海韭菜、水烛香蒲、藨草等药用植物。

3.3.3 生活型展示区

利用花架、花箱、微地形等景观塑造手段，打造具有良好展示效果的生活型药用植物展示区。将适地适生的草本药用植物(薄荷、甘草、红花、曼陀罗等)进行地栽；姿态优美、特殊，药用价值高的草本植物(新疆贝母、肉苁蓉、秦艽等)用花架、花箱等保护性展示器具进行栽种；堆叠微地形打造良好的观赏面，对木本药用植物(黑果枸杞、木贼麻黄、沙拐枣、金露梅、刺槐、胡杨、杜梨等)进行展示；搭设高低廊、攀爬架等对藤本药用植物(甘青铁线莲、戟叶鹅绒藤)进行展示。

3.3.4 特色展示区

对在新疆地区表现优良的道地药材，

如贝母、红花、肉苁蓉、赤芍、锁阳等，进行专类展示，与展教设备(展示牌、互动屏等)结合，突出植物特色，进行可互动的专项科普。设计维药主题，将维药植物按照药效分区，展示植物个体的同时，对其化学成分、利用部位、药性药效等内容进行科普。设置：活血化瘀、清热解毒、舒心养气、散气消肿、抗炎抗瘤、安神助眠、开窍通闭等不同药效的主题分区。采摘体验区主要设置：薄荷、枸杞、甘草等安全性高，能够实时对其进行五感体验的植物以进行互动，增加科普趣味。

3.4 栽种措施

药用植物专类园需根据药用植物生长需求选择对应的栽种基质，在建设初期就规划好栽种区域，对不同种植环境采取不同的栽培养护措施。植物收集过程中科学记录引种信息，野外采集的物种需要将其经纬度、海拔、土壤类型、群落、生境等信息进行详细记录。科学设置种植数量，使收集的植物种群能够自我协调、适应环境达到稳定状态。引种收集工作完成后要加强养护，定期记录药用植物生长状态，采取相应的保障措施促进药用植物成活，对能够适应并完成自我繁殖的药用植物做好种质资源的保存和收集。

4 展望

新疆地区丰富而特有的民族药用植物资源，是中华民族的宝贵遗产。乌鲁木齐市植物园作为新疆首府唯一一座综合性植物园，通过建设完善药用植物专类园，进一步广泛收集、保护、展示新疆特色民族药用植物，并积极开展科普教育，提升全民林草科学素质，对于新疆药用植物的生物多样性保护及开发利用、中国传统文化的弘扬等，具有重要的科学普及及社会意义。

参考文献

谷睿，史艳财，邹蓉，等，2021. 药用植物专类园相关理论研究及历史沿革[J]. 现代园艺，44(23)：15-19，24.

李标，魏建和，王文全，等，2013. 推进国家药用植物园体系建设的思考[J]. 中国现代中药，15(9)：721-726.

赵书笛，2015. 药用植物园规划设计研究[D]. 北京：北京林业大学.

校园植物课堂项目对植物园科普活动的启示

Enlightenment of Campus Plants-based Classroom Project on Organizing Educational Activities in Botanical Gardens

王西敏　寿海洋
（上海辰山植物园，上海，201602）
WANG Ximin　SHOU Haiyang
（*Shanghai Chenshan Botanical Garden*，*Shanghai*，201602）

摘要：传统的植物园科普往往依赖植物园内的植物资源开展，然而校园植物却更贴近学生的日常生活。辰山植物园发起“校园植物课堂”项目，旨在充分利用校园的植物资源，建立学生和自然的联结。通过校园树木的辨识和挂牌、使用种子教具和推广马兜铃种植，辰山植物园不断挖掘校园植物潜力，为教师依托校园植物开展更贴近学生的科普活动助力。
关键词：校园植物课堂；植物园；自然教育
Abstract：Traditionally，botanical gardens’ educational activities often rely on the plant resources in the botanical gardens. However，campus plants are more closely related to students´ daily lives. Shanghai Chenshan Botanical Garden has launched the “Campus Plants-based Classroom” project，aiming to fully utilize the plant resources on campus and establish a connection between students and nature. Through the identification and listing of campus trees，the use of seed teaching aids，and the promotion of Aristolochia planting，Chenshan Botanical Garden continuously explores the potential of campus plants，providing assistance for teachers to carry out educational activities closer to students based on campus plants.
Keywords：Campus plants-based classroom project；Botanical gardens；Nature education

植物园和学校合作进行科普活动一直以来是植物园科普领域的重要内容，也包含了多种活动形式。其中较为普遍的方式是植物园的专家赴中小学开展科普讲座与学校组织学生来植物园进行一日行程的游览和研学，以及挑选部分对植物有特殊兴趣的学生跟随植物园研究人员进行长期的科研课题研究等。研究表明，即使是对植物园短期的访问，也能够促进学生的认知发展。而在对植物园的参访过程中，通过以对话及提问的方式，引导学生主动构建关于植物的知识，将课堂理论知识和日常生活结合，会有助于培养学生对植物及自然环境的情感(翟俊卿，2013)。传统意义上的植物园和学校的合作，主要是依托植物园的资源，由学校组织学生来植物园游览。但是，由于植物园专业的科普工作者数量有限、学校参访学生人数过多等原

基金项目：上海市绿化与市容管理局辰山专项(项目编号：G212414)。
第一作者简介：王西敏，男，1975 年 11 月生，上海辰山植物园科普部，正高级工程师，邮箱：6767146@qq. com。

因，造成学生对植物园游览的效果不佳等问题。

学生的大部分时间是在校园里度过的，随着校园绿化的改善，学生即便是在校园中也能接触到所处区域内的常见植物。尽管有部分学校会在校园中开设种植角等开办和植物相关的活动，但总体来说，由于教师对植物认知的缺乏，利用校园植物开展相关的科普活动仍旧是不够普及，特别是在跨学科的教学中，更是较少出现植物的主题。因此，如何更好地挖掘校园植物资源，让学生从身边的植物开始关注自然，是一个非常值得尝试的领域。上海辰山植物园开展的“校园植物课堂”项目，就是回应对这一问题的关注。

1　校园植物课堂项目简介

校园植物课堂项目由上海辰山植物园2020年8月发起。该项目的初衷，是通过让学生了解校园里的植物，特别是易于通过挂牌辨识的树木，来更好地建立和自然的联结。截至2023年5月，共有长三角地区的900余所中小学校报名参与校园植物课堂项目，项目为150余所中小学及幼儿园挂上了定制的植物铭牌，为400多所学校寄送了种子教具盒，为350多所学校寄送了马兜铃种植套装，前往100余所学校开展植物科普讲座，覆盖线上及线下听众39000余人，组织了4场中小学教师自然教育培训，230余名教师代表参加，取得了阶段性的成果。

2　校园植物课堂项目的创新点

上海辰山植物园在设计和实施“校园植物课堂”项目的过程中，在以下几个方面有所创新，以此和植物园同仁们共享经验。

2.1　是用科普理论指导实践的典型案例

本文作者近年来一直关注“植物盲”(plant blindness)现象以及解决策略(翟俊卿和王西敏，2021)。有研究表明，将植物作为前景的布景与导赏设计，有助于提高公众对植物的关注度(Nyberg et al.，2019)。研究者调查了参观科技馆和植物园温室中模拟热带雨林环境的游客体验。该项研究显示，游客在这两个场所的参观体验描述中都会谈及动物和植物，但是科技馆游客谈及动物的频次是植物园游客的3倍，而植物园游客谈及植物的频次是科技馆的5倍。植物园温室里的植物挂着写有植物名称、分布、用途等信息的标牌，而科技馆的植物上则没有这些标牌。研究者认为，正是植物园温室中静谧的氛围，让游客能够静下心来仔细阅读标牌或观察植物。因此，为了让游客在动物丰富的环境中注意到植物，需要在此类环境和信息的设计中将植物作为前景，并将植物信息清楚地显示给游客。这有助于赋予植物突出地位，并确保它们不只是简单地作为动物的背景而被忽视。

对植物园中的植物进行挂牌是植物园的一项基本职能，也是植物园区别于普通公园的一大特色。尽管目前部分公园也会对植物挂牌，但在对植物挂牌的数量和植物辨识的准确性上，植物园具有不可替代的作用。当前，由于缺乏专业的植物分类人才，各地学校对校园植物挂牌相对较少。而校园是学生每天花费大部分时间待的地方，校园绿化也是校园建设的重要内容，校园里的植物种类也较多。但由于校园植物往往处于校园生活“背景物”的状态，因此被师生所忽略。一旦能够为校园植物挂上牌了，等于是把这些植物提升到“前景物”的状态，可以增加学生对身边植物的关注度。正是有了上述文献的理论支持，增强了我们对开展校园植物挂牌活动的信心，并将其付诸实践，取得了较好的效果，印证了科普理论指导科普实践的重要意义。

2.2 是植物园科普工作者和学校教师合作形式的新尝试

植物园和学校的合作，具体到操作层面，是植物园专职的科普工作者和学校教师的合作。通常来说，学校教师指的是从事自然、科学课的老师，但也有对自然教育感兴趣的其他学科老师的参与。校园植物课堂项目中从以下三个方面对合作进行了有益的探索。

2.2.1 激发教师的合作意愿

校园植物课堂项目，并不是学校层面向老师下达的任务，而是辰山植物园通过微信公众号进行发布，寻找对校园植物课堂项目感兴趣的老师，再由老师推动学校来支持这个项目。这一举措使“由上到下”的模式被改成“由下到上”的模式，确保了参与老师具有主动性和积极性。由于项目在校园里进行，校园植物课堂在设计之初就明确：不支持学生或者感兴趣的家长申请，但欢迎学生和家长把这一项目信息传递给学校老师。正是这种看似“守株待兔”的方式，确保了合作教师具有主动意愿。项目在开始之初并不追求合作学校的数量，但事实上，在保证了合作质量的基础上，合作学校的数量也相当可观。

2.2.2 为教师提供活动支点

校园植物课堂项目并不是在“教”教师们做，而是和教师们一起做，辰山植物园在其中并不是“教导”的角色，而是“支持”的角色。比如，很多学校老师都以为会由辰山植物园派遣工作人员到校园里进行树木种类的调查和挂牌。但项目规定明确校园树木的调查和挂牌工作是由学校老师组织学生来完成，辰山植物园科普工作者负责校园树木的鉴定和植物铭牌的设计、制作和邮寄。借助方便的微信沟通方式，只要老师们把校园树木拍照上传，辰山植物园可以及时地反馈该树木的名称。有了这样的“支点”，教师们可以更自信地组织相应的活动。植物调查、树木挂牌都成为学生参与的活动，还有的学校老师并不使用辰山植物园制作的标牌，而是引导学生自行设计标牌，但在其中使用辰山的树木数据库二维码，这更是激发了学生的参与热情。同时，学校在组织科技月、文化周活动的时候，邀请辰山植物园科普工作者前往参与讲座、授课，成为学校整体活动的一部分，在完成项目的同时，也丰富了学校原有活动的内容。在2022年推出的植物种子教具盒，2023年推出的马兜铃种植套装等，都是为老师在校园里开展活动提供方便。

2.2.3 营造共同交流的氛围

校园植物课堂项目之初聚集了一批参与的学校教师之后，工作人员充分利用微信群的实时反馈功能，把微信群转变成教师之间互助的“学习群”。在微信群中，辰山植物园科普工作者作为微信群的管理者，不仅自己及时回复教师的各种关于植物的问题，也邀请经验丰富的学校老师回答别人的问题。校园植物课堂的微信群始终保持非常活跃的状态，老师们不仅通过微信群交流植物辨识，分享开展各种活动的经验，还涉及校园里出现的昆虫、鸟类辨识，各种自然科普类相关讲座和活动的分享等。为了进一步增强黏性，先后在辰山植物园还组织了4场教师参访活动，老师们参观植物园并线下交流活动心得。而辰山植物园各类科普活动信息，也及时在微信群中传达给老师们，方便老师推荐给学生选择参与。由于参与人数较多，目前校园植物课堂已经有2个微信交流群，集合了教师700余人。

2.3 是体验式学习代替授课型学习的转变

植物园作为非正式教育机构，始终提倡体验式的学习方式。校园植物课堂项目活动在2021年开始初期，工作人员通过对校园树木的实地辨识和挂牌，让学生对身边的植物有初步的认知，而不是单纯地记忆植物特征。到了2022年，受到小学语文课本《植物妈妈有办法》的启发，为学校制作了种子教具包，内含不同传播方式的种子（如苍耳、莲子、香椿、鸡爪槭、羯布罗香等），便于教师在讲授植物种子传播策略的时候，拿出实物供学生体验了解。2023年，植物园向学校提供马兜铃的种子种植套装，供老师指导学生种植，并通过马兜铃吸引红珠凤蝶产卵，让学生不仅了解马兜铃花朵的结构特征、昆虫（蝴蝶）的生活史，同时了解动植物关系的有趣故事。这些活动都包含了学生众多的动手参与内容，使得它更具吸引力。

3 校园植物课堂项目对植物园开展自然教育活动启示

上海辰山植物园开展的校园植物课堂项目在3年时间内吸引超过900余所中小学参与，并于2023年获得了梁希科普奖，其发展模式为植物园进一步深化自然教育活动提供了思路。

3.1 转变角色，从“教育者”到“协助者”

长期以来，植物园的科普教育往往依赖植物园内的专家学者，以其讲座授课以及对参观讲解、带领活动为主要的科普活动内容。这些方式确保了知识传递的准确性，但在参与人数和规模上往往难以扩大。校园植物课堂的项目中，辰山植物园的科普工作者并不扮演“教育者”的角色，而是从“协助者”的角度把教育者功能赋予参与项目的老师们，通过老师再传递给学校的学生，产生了由点到面的扩大效应，让3年内项目触达900余所中小学成为可能。

3.2 借助公民科学思路，深化活动效果

“校园植物课堂”本身并非公民科学项目，但在实施的过程中，通过让更多的公众（中小学生）参与，取得了非常难得的公民科学数据。例如，通过对校园树木的初步统计，我们发现上海中小学校园绿化树木排名前五的树木分别是香樟、紫薇、棕榈、玉兰和银杏。此外，也了解到部分学校有着具有一定栽培历史的古树名木，如上海闵行区颛桥中心小学的大叶榉树、浙江诸暨斯民小学的楸树等。这为后续开展校园植物的优化种植、管理养护提供了良好的数据支持，甚至可以后续开展校园树木碳汇测量，助力“双碳”教育融入校园。

3.3 走出植物园和校园，社会效益倍增

由于校园植物挂牌活动取得了良好的社会反响，校园植物挂牌的活动开始走出植物园和校园，面向更广大的公众。近年来，上海市绿化和市容管理局先后对“上海的母亲河”苏州河沿岸的景观绿化进行了全面整治，改造一新的滨河景观区域为市民提供了良好的滨水休憩空间。辰山植物园为其中部分区域的树木也悬挂了铭牌，此举受到了《解放日报》《上海日报》《新民晚报》以及东方网、上观新闻等多家媒体的宣传报道。辰山植物园和万科、华润置地的合作中，为小区树木挂牌并开展相应的科普教育也成为重要内容，进一步体现了辰山植物园的社会功能。

2022年11月，由上海辰山植物园发起，联合了上海植物园、南京中山植物园、杭州植物园、合肥植物园、宁波植物园和苏州市植物园，共同成立了长三角植物园科普联盟。其中的抓手就是共同推动“校园植物课堂”在长三角中小学铺开。由于校园树木挂牌、种子教具包使用、马兜铃种植等活动便于操作，该项目活动深受中小学师生的欢迎。依托长三角植物园科普联盟这一平台，未来的“校园植物课堂”项目实施将进一步深化，让更多的中小学生受益。

参考文献

翟俊卿, 2013. 英国植物园教育的发展与实践综述[J]. 科普研究, 8(47): 48-53.

翟俊卿, 王西敏, 2021. 植物科学教育的典型问题探讨: 以"植物盲"为例[J]. 科普研究, 16(91): 51-57.

Nyberg E, Hipkiss A M, Sanders D, 2019. Plants to the fore: Noticing plants in designed environments [J]. Plants People Planet, 1 (3): 212-220.

秦岭国家植物园海棠园景观提升研究

Research on Landscape Improvement of Crabapple Garden in Qinling National Botanical Garden

苏齐珍　许静　樊卫东　杨颖　朱琳*

（秦岭国家植物园，陕西西安，710061）

SU Qizhen　XU Jing　FAN Weidong　YANG Ying　ZHU Lin*

（*Qinling National Botanical Garden*, *Xi'an*, 710061）

摘要：国家植物园代表了一个国家植物迁地保护的最高水平，国家植物园应该传承植物园建设发展历史上积累的科学内涵、艺术外貌和文化底蕴。打造独具特色的植物专类园，是国家植物园体系建设的需要，也是秦岭国家植物园自身发展的内在需求。秦岭国家植物园海棠园地理位置优越，今后会不断提高管理水平，对景观进行提升，将自身打造成具有中国特色的、国内一流、国际知名的海棠专类园。

关键词：植物园；专类园；海棠园；景观提升

Abstract: The national botanical garden shows the highest level of ex situ conservation of plants in a country, the national botanical garden should inherit the scientific connotation, artistic appearance and cultural heritage accumulated in the history of botanical garden construction and development. To build a unique specialized garden is the need of the construction of the National Botanical Garden System, and also the internal demand of the development of Qinling National Botanical Garden. The crabapple garden of Qinling National Botanical Garden has a superior geographical location. In the future, the management level will be continuously improved, the landscape will be improved, and the crabapple garden will be built into a first-class domestic and internationally renowned garden with Chinese characteristics.

Keywords: Botanical garden; Specialized garden; Crabapple garden; Landscape improvement

引言

2021年10月12日，习近平总书记在生物多样性公约第十五次缔约方大会领导人峰会上发表主旨讲话时指出："本着统筹就地保护与迁地保护相结合的原则，启动北京、广州等国家植物园体系建设。"2021年12月28日，国务院正式批准建设北京国家植物园，标志着我国国家植物园体系建设进入实质性推进阶段。2022年6月6日，国务院正式批准建设华南国家植物园。

基金项目：陕西林业科技创新重点专项（项目编号：SXLK2022-02-18）。

第一作者简介：苏齐珍（1983—），女，硕士，高级工程师，联系电话：15129235576，E-mail：suqizhen-021@163.com，研究方向：园林景观设计、植物资源开发及利用。

通讯作者：朱琳（1982—）男，博士，高级工程师，联系电话：18291412091，E-mail：45387922@qq.com，研究方向：生物多样性保护、植物营养学。

国家植物园代表了一个国家植物迁地保护的最高水平，国家植物园应该传承植物园建设发展历史上积累的科学内涵、艺术外貌和文化底蕴(陈进，2022)。国家植物园体系以若干国家植物园为主体，以种质资源库、区域综合性植物园和若干特色植物专类园为组成，形成覆盖全国主要气候带与植被类型的植物迁地保护、研究、科普、利用和人才网络。同时建立植物资源保护与发掘利用的联动机制，支撑我国的生物资源发掘利用和生物产业的发展，进而支撑生态文明建设和绿色发展。国家植物园的核心功能是植物迁地保护、科学研究、科学传播、资源开发和利用、公众游憩(任海 等，2022)。

秦岭国家植物园地处秦岭中段，位于西北部中心城市西安市，由陕西省人民政府、国家林业和草原局、中国科学院、西安市人民政府联合共建而成，目前已成为具有秦岭典型植被特征的植物园。打造独具特色的植物专类园，是国家植物园体系建设的需要，也是秦岭国家植物园自身发展的内在需求。秦岭国家植物园现有专类园30个，包括秦巴园、蔷薇园、木兰园、槭树园、杨柳园、海棠园、芳香园、藤本园和蔬菜园等。本文主要探讨海棠专类园景观提升的方向。

1 专类园的作用

植物是人类赖以生存的基础，人类的衣食住行离不开植物，而植物园是人类认识植物、改造植物并利用植物的关键场所(马金双，2022)。植物专类园是植物园进行植物迁地保育、科学研究、科学传播、园艺展示的场所之一。植物专类园是指具有特定的主题内容，以拥有相同类型特质(种类、科属、生态习性、观赏特性、利用价值等)的植物为主要构景元素，并以植物收集、研究、展示为主，兼顾生产的园区(汤钰 等，2005)。

国家植物园应该建设具有国家代表性、科学系统性、社会公益性，既承担生物多样性保护的任务对植物类群进行系统收集和完整保存，又传承、弘扬植物园建设发展的科学内涵、艺术外貌和文化底蕴的专类园。世界著名植物园的专类园都令人流连忘返，如英国邱园的温室群和爱丁堡皇家植物园的岩石园，美国密苏里植物园的玫瑰园等。

2 海棠园现状

2.1 基本情况

海棠园于2014年开始规划建设，2016年建成，占地面积约65亩。海棠园迁地保育蔷薇科苹果属、木瓜海棠属的植物共计50余种(品种)，共860余株。最佳观赏花期为4~5月(图1)，赏果期为8~10月。

图1 海棠园现状

Fig. 1 Current status of crabapple garden

海棠花在古代非常名贵，只有皇家园林才有，遂有“花中神仙”“花贵妃”的美誉，深受人们喜爱，海棠也是重要的温带观花树木。海棠果可直接食用，口感像苹果，可制果脯或酿酒，营养价值可与猕猴桃媲美，以“百益之果”著称，是药食兼用的食品。明代王象晋在《群芳谱》中把西府海棠、垂丝海棠、贴梗海棠和木瓜海棠统称为海棠，习称“海棠四品”。

2.2 地理位置

秦岭国家植物园位于陕西省西安市周至县，地处秦岭北坡、渭河南岸，其东部边界为周至县与鄠邑区区界，西部界线为黑河—王家河—东河—大义河，南部界线为秦岭梁与宁陕县县界，北部终殿路以东以 S107 省道北 100m 为界、终殿路以西以老 S107 省道为界，总面积 639km²。迁地保护区 10km²，为秦岭国家植物园迁地保育的主要场所。海棠园位于迁地保护区大门广场南侧，紧邻园区主干道(图 2)。

图 2 海棠园区位图

Fig. 2 Location map of crabapple garden

2.3 气候

秦岭国家植物园多年平均温度 14.35℃，7 月平均气温 27℃、最高气温 35～40℃，1 月平均气温 0.4℃、最低气温 -6～-12℃。多年平均降水量 800～1100mm，丰水年达到 1100～1300mm，且从北向南逐渐增加。年平均无霜期 230 天，年日照时间 1781 小时，主导风向为西风。

2.4 土壤

主要为塿土。土壤质地上轻下重，具有上虚下实、保水保肥、抗旱耐涝的优点，土层深厚、地面平坦、肥力较高。

2.5 目标物种的迁地保育

海棠园主要迁地保育蔷薇科苹果属、木瓜海棠属的植物共计 54 种(含品种)，详见表 1。

表 1 海棠园迁地保育苹果属、木瓜海棠属物种名录

Table 1 Species list of *Malus*, *Chaenomeles* in *ex situ* conservation of crabapple garden

序 号	中文名	学名	中文属名	备注
1	825 海棠		苹果属	
2	[草莓果冻]海棠	*Malus* ‘Strawberry Parfait’	苹果属	
3	海西府		苹果属	
4	红肉朱砂海棠		苹果属	
5	南植红肉海棠		苹果属	
6	‘西农 797’海棠	*Malus* ‘Xi Nong 797’	苹果属	
7	[白兰地]海棠	*Malus*‘Branzam’	苹果属	
8	[凯旋]苹果	*Malus* × *domestica* TRIUMPH ™	苹果属	
9	大红果		苹果属	
10	朱砂海棠	*Malus* ‘Zhu Sha’	苹果属	
11	[丰花]海棠	*Malus* ‘Profusion’	苹果属	
12	林苑西海棠		苹果属	
13	海里红海棠		苹果属	

(续)

序号	中文名	学名	中文属名	备注
14	晚花西府海棠		苹果属	
15	北西大海棠		苹果属	
16	凤舞海棠		苹果属	
17	园红海棠		苹果属	
18	园黄海棠		苹果属	
19	园绿海棠		苹果属	
20	杨泰红海棠		苹果属	
21	[雪球]海棠	*Malus baccata* 'Snowdrift'	苹果属	
22	楸子	*Malus prunifolia*	苹果属	原始种
23	府山海棠		苹果属	
24	聊红海棠		苹果属	
25	新天地黄果		苹果属	
26	花红	*Malus asiatica*	苹果属	原始种
27	贝斯特海棠		苹果属	
28	垂丝海棠	*Malus halliana*	苹果属	原始种
29	[春雪]海棠	*Malus* 'Spring Snow'	苹果属	
30	[当娜]海棠	*Malus* 'Donald Wyman'	苹果属	
31	[道格]海棠	*Malus* 'Dolgo'	苹果属	
32	冬红果海棠		苹果属	
33	[霍巴]海棠	*Malus* 'Hopa'	苹果属	
34	粉芽海棠	*Malus* 'Pink Spires'	苹果属	
35	[草原之火]海棠	*Malus* 'Prairifire'	苹果属	
36	海红果		苹果属	
37	[红丽]海棠	*Malus* 'Red Splendor'	苹果属	
38	[凯尔斯]海棠	*Malus* 'Kelsey'	苹果属	
39	[路易莎]海棠	*Malus* 'Louisa'	苹果属	
40	[红巴伦]海棠	*Malus* 'Red Barron'	苹果属	
41	[王族]海棠	*Malus* 'Royalty'	苹果属	
42	[舞美]海棠	*Malus* 'Maypole'	苹果属	
43	西府海棠	*Malus* x *spectabilis* 'Riversii'	苹果属	
44	[绚丽]海棠	*Malus* 'Radiant'	苹果属	
45	[亚当斯]海棠	*Malus* 'Adams'	苹果属	
46	[印第安魔力]海棠	*Malus* 'Indian Magic'	苹果属	
47	[钻石]海棠	*Malus* 'Sparkler'	苹果属	
48	河南海棠	*Malus honanensis*	苹果属	原始种
49	湖北海棠	*Malus hupehensis*	苹果属	原始种

（续）

序号	中文名	学名	中文属名	备注
50	花叶海棠	*Malus transitoria*	苹果属	原始种
51	山荆子	*Malus baccata*	苹果属	原始种
52	木瓜	*Chaenomeles sinensis*	木瓜海棠属	原始种
53	皱皮木瓜(贴梗海棠)	*Chaenomeles speciosa*	木瓜海棠属	原始种
54	毛叶木瓜	*Chaenomeles cathayensis*	木瓜海棠属	原始种

3 海棠园景观提升的条件

3.1 技术支撑

海棠园依托《果用与观赏海棠优良品种繁育及栽培技术推广示范》项目建设，通过项目实施及专类园建设，培养了一批专业技术人才。该项目获得陕西省林业技术推广一等奖。项目技术负责人为西北农林科技大学李厚华教授，主编著作《中国海棠》《海棠诗词与文化》《秦岭蔷薇科植物》等，审定陕西省海棠林木良种 7 个。研究团队是专类园物种丰富和景观提升的软实力，同时专类园为研究团队开展科学研究提供场所。

3.2 迁地保育的科学性

植物园是开展野生植物迁地保育、科学研究重要场所，且信息记录完备。植物园迁地保育物种的获得主要有以下几种途径：一是野外采集野生种群种子、小苗或者根茎等繁殖材料培育而来；二是通过植物园之间交换。

4 海棠园景观提升的方向

4.1 提升科学内涵

在现有保育物种的基础上，增加保育物种的数量。有计划、系统性地引进植物的原生种及观赏性较好的品种。制定引种计划，优先引种秦岭地区及全球同纬度地区的原生种。植物野生种都具有良好的基因资源储备，有的苹果属野生种有较强的抗性，如陇东海棠抗旱、湖北海棠抗涝，楸子抗寒(李育农，2001)。同时开展植物资源利用研究，筛选观赏特性较好的种直接应用，培育观赏海棠砧木，培育育种新材料。

4.1.1 苹果属海棠的分布

苹果属植物主要分布在北温带，包括亚洲、非洲和北美洲。根据 *Flora of China* 记载，中国有 25 种，分布于陕西的有 12 种。中国是世界苹果属植物最大的起源中心和多样性中心，许多地方保存着天然的苹果属植物群落。

4.1.2 木瓜海棠属海棠的分布

木瓜海棠属海棠总共有 5 种：皱皮木瓜(贴梗海棠)、毛叶木瓜(木瓜海棠)、木瓜、西藏木瓜和日本木瓜。中国是蔷薇科木瓜海棠属植物的起源中心与分布中心，除了日本木瓜特产于日本，其他 4 种都产于中国。根据 *Flora of China* 记载，陕西分布有木瓜海棠属资源 3 种。

4.1.3 中国引种欧美海棠品种的情况

中国虽然是世界海棠植物资源最丰富的国家，但是由于种质资源的保存和利用方面发展缓慢，阻碍了海棠的运用与发展。19 世纪末 20 世纪初，欧美的植物学家到中国大量采集苹果属植物枝条及种子，并带回去进行繁殖和不断地杂交，培育出 1000 种以上具有较高观赏价值的海棠品种。目前我国从欧美、中国台湾引进的观赏海棠品种数量达到 100 种以上，主要有‘红丽’‘绚丽’‘王族’‘凯尔斯’‘红玉’等。

4.2 提升艺术外貌

近500年来，植物园的规划设计和景观布局经历了渐变和巨变过程，漫步在当今世界任何一个植物园，都有赏心悦目的风景、千姿百态的植物和令人心旷神怡的环境。20世纪以来，植物园的设计与景观艺术中增加了现代艺术和历史与文化的因素使其更符合时代特征(黄宏文，2017)。在满足物种迁地保护、科学研究、科学传播等功能的同时，提升植物资源利用和展示水平，为游客提供良好的游憩空间。在海棠园原有规划基础上，根据品种分区、植物配置、道路、广场以及园林小品等进行综合性分析，对现有景观进行科学改造、提升。

为提高海棠园的观赏性，创造优美的环境，解决海棠园夏季观赏性较差的问题，考虑花境的营造。花境植物选择以地被植物为主，选择耐阴、夏季开花的萱草、玉簪类植物，通过合理的搭配，提升艺术的外貌。

4.3 彰显文化底蕴

中国是海棠的分布中心之一，海棠的栽培历史可以追溯到公元前800年。最早关于海棠的记录《诗经・卫风・木瓜》曰：投我以木瓜，报之以琼琚。匪报也，永以为好也！投我以木桃，报之以琼瑶。匪报也，永以为好也！投我以木李，报之以琼玖。匪报也，永以为好也！据李时珍《本草纲目》考证，木瓜、木桃、木李也是同一属的植物，均属于海棠类。

中华大地幅员辽阔，孕育了丰富的植物资源；中华文化源远流长，具有五千年的深厚底蕴。花卉的色香味能给人以美的享受，文人雅士以花卉为载体寄托情感，出现了以花卉为对象的诗歌、散文、故事、绘画、雕刻等多种丰富的艺术形式。人们对海棠的喜爱不亚于梅花、牡丹。千百年来，海棠花柔美的花姿和娇艳的色泽，吸引了文人墨客的关注，激发了他们的兴趣。

有咏其色者，有赞其姿者，有描其形者，有绘其韵者，有赋其品格者，有喻之美人者；有为之倾倒者，有为之痴迷者；有写含苞待放的海棠，有写悠然自乐的海棠。在文人眼里，雨中、风中、月下、烛下、水畔、窗前、墙角等不同视角下的海棠别有一番风味和审美趣韵，并常常在诗词等文学作品中题咏称赞。

要注重海棠花文化在景观中的应用，将丰富的海棠文化与景观相结合，通过打造海棠诗词景观长廊、景观小品、海棠造型景观铺装、海棠盆景等进行表现。

5 结语

海棠春可赏妖娆花姿，秋可观硕果累累之景，具有几千年的栽培史，有着较强的环境适应性。秦岭国家植物园海棠园自2016年建成至今，景观效果开始显现。与国际知名植物园专类园相比，在景观的精致度、物种丰富度方面有待提高。种质资源保存区域需要加强，增加原生种的保有量；部分区域栽植水平有待提高，成行成列的栽植现状要调整；海棠花文化在景观打造中的应用较少，亟须加强；非目标物种的移出，如快速生长的石楠、红叶石楠，已经影响周边海棠的正常生长。

海棠园位于重要位置，是游客游览园区的必经之地，春、秋季具有较高的观赏价值。希望秦岭国家植物园海棠园今后不断提高管理水平，成为具有中国特色的、国内一流、国际知名的海棠专类园。

参考文献

陈进，2022. 关于我国国家植物园体系建设的一点思考[J]. 生物多样性，30 (1) ：1-4.

黄宏文，2017. “艺术的外貌、科学的内涵、使命的担当”——植物园 500 年来的科研与社会功能变迁(一)：艺术的外貌[J]. 生物多样性，25(9)：924-933.

李育农，2001. 苹果属植物种质资源研究[M]. 北京：中国农业出版社.

马金双，2022. 国家植物园设立为何首选北京[J]. 生物多样性，30(1) ：1-2.

任海，文香英，廖景平，等，2022. 试论植物园功能变迁与中国国家植物园体系建设[J]. 生物多样性，30(4)：1-11.

汤钰，包志毅，2005. 植物专类园的类别和应用[J]. 风景园林，2005：61-64.

不同处理对荷兰鸢尾种球繁殖系数影响的试验研究

Study on Propagation Coefficient of *Iris* × *hollandica* under Different Treatments

王翠梅　肖月娥*　于凤扬

（上海植物园/上海城市植物资源开发应用工程技术研究中心，上海 200231）

WANG Cuimei　XIAO Yuee　YU Fengyang

（*Shanghai Botanical Garden / Shanghai Engineering Research Center of Sustainable Plant Innovation*, *Shanghai*, 200231）

摘要：为探究荷兰鸢尾种球繁殖系数的影响因子，提高繁殖效率，以荷兰鸢尾'朝阳'（*Iris* × *hollandica* 'Rising Sun'）为试验材料，研究不同种类、不同浓度的植物生长调节剂（IBA、NAA、6-BA）、基质配比（泥炭、草炭、园土）和花茎处理方式（开花前、开花当天、花后）对荷兰鸢尾种球繁殖系数的影响，结果发现选用 IBA 150mg/L 浸泡种球，泥炭：草炭=3：1 基质配比，花蕾生长至 1cm 长时剪除花茎的处理方式。荷兰鸢尾种球繁殖系数较高，球茎根系发达，这种处理子球均重和子球直径也优于其他处理，本研究为提高荷兰鸢尾种球繁殖系数以及商业化生产提供了技术支持。

关键词：荷兰鸢尾；繁殖系数；植物生长调节剂

Abstract: In order to explore the influencing factors of *I. hollandica* bulb propagation, *I.* × *hollandica* 'Rising Sun' was used as experiment material to study the effects of different plant growth regulators (IBA, NAA, 6-BA), matrix ratio (peat, turf, garden soil) and flower stem treatment (before flowering, flowering day, after flowering) on the bulb propagation coefficient. The results showed that the treatment of IBA150mg/L soaking balls, peat : turf = 3 : 1 matrix mixture, cutting flower stem when growing to 1cm long had a higher reproduction coefficient of bulbs, developed bulb roots, average weight of bulb and diameter of bulb were better than other treatments. This study provided technical guidance for improving the propagation coefficient of *I.* × *hollandica* bulbs and commercial production.

Keywords: *I.* × *hollandica*; Propagation; Plant growth regulator

引言

荷兰鸢尾（*I.* × *hollandica*）[1]是鸢尾科鸢尾属球根花卉，也是世界著名的花卉之一。主要用于鲜切花、盆栽或花坛花境种植、花海景观营造等[2]。荷兰鸢尾具有花形奇特、花色丰富、株型整齐及花期易于调控等优点，在国际商业鲜切花生产中占有非常重要的位置，在北美和西欧等地区

课题来源：优质夏花型鸢尾新品种选育及规模化生产关键技术研究（2021-02-08-00-12-F00793）。

第一作者简介：王翠梅，工程师，主要从事鸢尾属植物创新利用与推广，邮箱：wangcuimei@ shbg. org。

通讯作者：肖月娥，正高级工程师。主要从事球宿根植物创新利用与推广，邮箱：xiaoyuee@ shbg. org，地址：上海市徐汇区龙吴路 1111 号，邮编：200231。

广泛应用[3-6]。中国从20世纪90年代开始引进荷兰鸢尾种球，主要用于切花生产。

荷兰鸢尾起源于西班牙鸢尾(*I. xiphium*)，荷兰人利用西班牙鸢尾作为基础杂交选育而来的一个园艺栽培类群[7]，之后又融入了丹吉尔鸢尾(*I. tingtana*)与西班牙鸢尾的变种早生鸢尾(*I. xiphium* var. *praecox*)等的基因，经过不断的杂交选育及诱变育种，荷兰鸢尾较西班牙鸢尾抗逆性更强，花更大，色彩也更为丰富，有蓝色系、黄色系、白色系等的品种[8]，有广阔的开发应用前景。

云南是我国荷兰鸢尾规模化生产的主要地区，但是生产规模有限，无法满足市场上对荷兰鸢尾鲜切花的需求。且目前国内种植该种球主要依靠进口，费用高。荷兰鸢尾的球茎容易保存，退化程度较轻，一次引进可以多年种植[7]，所以研究荷兰鸢尾种球繁殖系数的影响因子对荷兰鸢尾种球生产具有重要意义，可以指导鸢尾种球进行商业化生产。

1 材料和方法

1.1 试验材料

试验用荷兰鸢尾种球购买自上海种业(集团)有限公司，品种为'朝阳'(*Iris* × *hollandica* 'Rising Sun')。选择大小一致的种球进行试验研究，研究试验在上海植物园科研中心试验基地进行。

1.2 试验方法

试验采用盆栽的方式，每盆种植一个种球。盆栽容器选择2加仑塑料花盆，规格为21.5cm×16cm×20cm(口径×底直×高度)。基质选择花卉生产中常用的泥炭、草炭，草炭和泥炭来自东北，9月底上盆种植。

试验设计采用随机区组试验，具体试验处理见表1至表3。每处理15个种球，设置3次重复。3种生长调节剂每种设置3个浓度处理，设置清水处理为对照，栽培基质比例园土：草炭=1：1。挑选大小一致的种球浸泡在配制好的生长调节剂溶液中，浸泡30min，取出晾干种植，上盆栽植后进行常规田间水肥管理。

表1 激素处理方法

Table 1 The treatment methods of plant growth regulators

序号	处理方式	处理浓度	栽培基质
1	IBA浸泡30min	50mg/L	草炭：园土=1：1
2	IBA浸泡30min	100mg/L	草炭：园土=1：1
3	IBA浸泡30min	150mg/L	草炭：园土=1：1
4	NAA浸泡30min	50mg/L	草炭：园土=1：1
5	NAA浸泡30min	100mg/L	草炭：园土=1：1
6	NAA浸泡30min	150mg/L	草炭：园土=1：1
7	6BA浸泡30min	50mg/L	草炭：园土=1：1
8	6BA浸泡30min	100mg/L	草炭：园土=1：1
9	6BA浸泡30min	150mg/L	草炭：园土=1：1
对照	清水浸泡	/	草炭：园土=1：1

表2 栽培基质处理方法

Table 2 The treatment methods of cultivation medium

序号	处理方式	基质配比
10	泥炭：草炭	3：1
11	泥炭：园土	3：1
12	草炭：园土	3：1
对照	草炭：园土	1：1

表3 花茎处理方法

Table 3 The treatment methods of scape

序号	处理方式	花茎剪除时间	栽培基质
13	去除花茎	花蕾1cm时去除	草炭：园土=1：1
14	去除花茎	开花当天去除	草炭：园土=1：1
15	去除花茎	花后三天去除	草炭：园土=1：1
对照	保留花茎	/	草炭：园土=1：1

1.3 数据测定及分析

9月底种植，翌年6月中旬待地上部

分枯萎后把全部种球挖出，分别统计各处理方式的平均小球数量、小球均重、小球平均直径。小球直径用游标卡尺测量，小球重量用电子天平测量。使用 SPSS18.0 对各个指标进行方差显著性分析。

2 结果与分析

2.1 不同植物生长调节剂对荷兰鸢尾种球繁殖系数及分生子球质量的影响

植物生长调节剂对植物的生命活动起到抑制或促进的作用。选择的植物生长调节剂不同，荷兰鸢尾‘朝阳’种球的繁殖系数差异较为明显。和对照处理比较，IBA、NAA、6-BA 三种植物生长调节剂均能提高荷兰鸢尾‘朝阳’种球的繁殖系数，但是随着植物生长调节剂浓度的提高，种球繁殖系数呈现出不同的增长趋势，其中，IBA 和 NAA 的作用较为显著。从图 1 中可以看出，繁殖系数最高的是用 IBA 150mg/L 浸泡处理后的种球，繁殖系数达到 5.5，与其他处理相比存在显著性差异。随着 IBA、NAA 浓度的提高，种球繁殖系数也呈现出增长的趋势，且差异显著，说明高浓度的 IBA 溶液有助于促进母球萌发子球。随着 6-BA 浓度的提高，种球的繁殖系数虽然也呈现增长的趋势，但是各处理间差异不显著，说明在该试验条件下，6-BA 处理之下的种球繁殖系数要略逊于 IBA 和 NAA 作用下的种球繁殖系数。

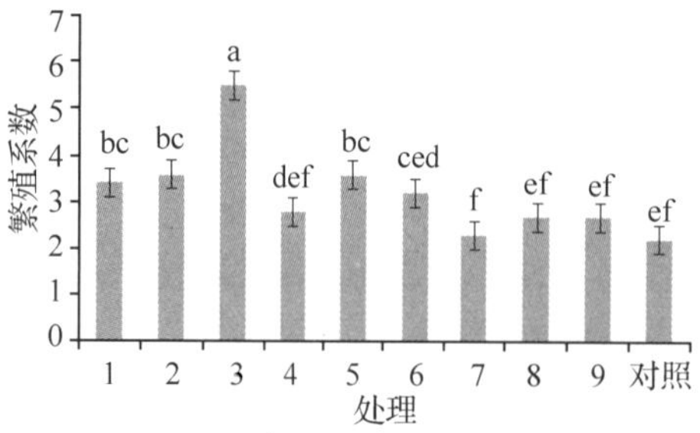

图 1 不同植物生长调节剂对荷兰鸢尾种球繁殖系数的影响

Fig. 1 Effect of different plant growth regulators on propagation coefficient of *Iris × hollandica*

最好是 IBA 150mg/L，高于此浓度的没有设计，实验设计不够完整。在本实验条件下，繁殖系数最高的是 IBA 150mg/L，高于此浓度的效果还需进一步试验探究。

表 4 表示的是不同生长调节剂对分生子球生长情况的影响。从表中可以看出，NAA 各浓度处理下的分生子球重量和直径均显著小于 IBA、6-BA 各浓度的处理，说明 NAA 虽然能促进子球萌生，但是对子球的生长起到了限制作用，子球重量和直径增长缓慢。且在 IBA、NAA 处理下，随着调节剂浓度的提高，分生子球重量和子球直径呈现先增加后下降的趋势，说明随着分生子球数量的增多，分生子球的重量会下降。其中，分生子球重量最大的处理方式为 IBA 100mg/L，显著高于对照处理方式，最小的处理为 NAA 100mg/L，远低于对照处理方式。

表 4 不同生长调节剂对荷兰鸢尾种球分生子球生长状况的影响

Table 4 Effects of different growth regulators on the growth of bulblet

处理	子球重量	子球直径
1	1.23±0.21cde	1.10±0.10bcde
2	1.32±0.14abcde	1.15±0.13abcde
3	1.18±0.16de	1.23±0.20abc
4	0.62±0.08g	1.05±0.21cde
5	0.77±0.12g	1.00±0.13e
6	0.74±0.16g	1.02±0.17de
7	1.28±0.12bcde	1.32±0.28a
8	0.95±0.18f	1.21±0.11abcd
9	1.14±0.13ef	1.07±0.14cde
对照	1.20±0.97de	1.01±0.17de

注：邓肯显著检验，不同小写字母表示差异显著（$P<0.05$）。

2.2 不同栽培基质对荷兰鸢尾种球繁殖系数及分生子球质量的影响

不同的栽培基质因容重、孔隙度、最

大持水量、pH 的不同而影响植物的生长状况，植物生长所需要的有效养分也对植株的生长产生重要影响。从图 2 中可以看出，与对照处理比较，三种配比基质施用均能提高荷兰鸢尾种球的繁殖系数，但影响程度有所不同，处理 10 和处理 12 作用比较明显，处理 11 和对照处理差异不显著。繁殖系数最高的为处理 10，基质配比泥炭：草炭 = 3：1。泥炭、草炭的添加，改善了土壤环境，促进种球萌生子球。

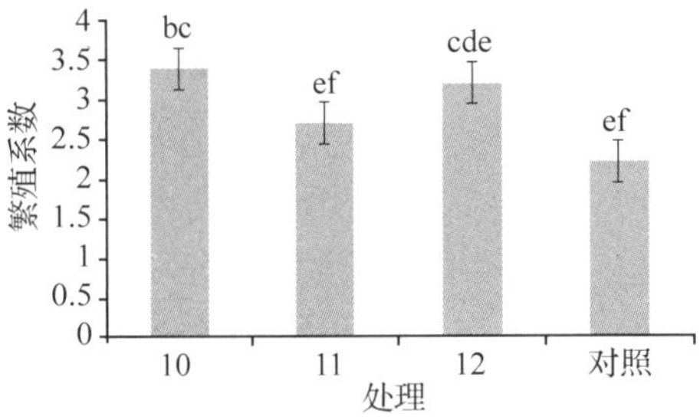

图 2 不同栽培基质对荷兰鸢尾种球繁殖系数的影响

Fig. 2 Effect of different cultivation medium on seedball propagation coefficient of *Iris×hollandica*

表 5 表示的是不同栽培基质对分生子球生长情况的影响。从表中可以看出，除了处理 12 外，其余 2 个处理均使显著提高分生子球的重量显著增加，3 个处理均使分生子球的直径显著增加。其中，处理 10 的分生子球重量和子球直径均最大，显著高于另外 2 个处理。泥炭、草炭的添加，不仅能促进母球分生子球，同时对子球重量和子球直径的提高都有显著作用。

2.3 不同花茎处理对荷兰鸢尾种球繁殖系数及分生子球质量的影响

植物是一个多器官的有机体，各个器官和各个部位之间存在着相互依赖、相互制约的关系，在生长上表现出相关性。植

表 5 不同栽培基质对荷兰鸢尾种球分生子球生长状况的影响

Table 5 Effects of different scape treatments on the growth of bulblet

处理	子球重量	子球直径
10	1.42±0.16ab	1.28±0.11ab
11	1.24±0.13cde	1.14±0.21abcde
12	1.20±0.97de	1.18±0.13abcde
16	1.20±0.97de	1.01±0.17de

注：邓肯显著检验，不同小写字母表示差异显著（$P<0.05$）。

株生殖生长旺盛则会抑制营养生长，因此适当摘除花或花芽有利于地下鳞茎的生长，产生更多子球。从图 3 中可以看出，和对照处理相比，三种花茎处理方式均能提高荷兰鸢尾种球的繁殖系数，且与对照处理相比有显著差异。繁殖系数最高的是处理 10，即花蕾长 1cm 时就剪除花茎，减少了花朵发育对养分的消耗，使更多的营养供给地下鳞茎的生长。对比三个处理的繁殖系数会发现开花后再剪除花茎，种球的繁殖系数要显著低于花蕾期时剪除，说明开花消耗了更多的养分，不利于母球分生子球。

花茎未长出时，切割鳞茎的结果如何？（本试验探究剪除花茎对种球繁殖系数的影响，切割鳞茎是另外一种提高繁殖系数的种球处理方式，需另外试验证明）

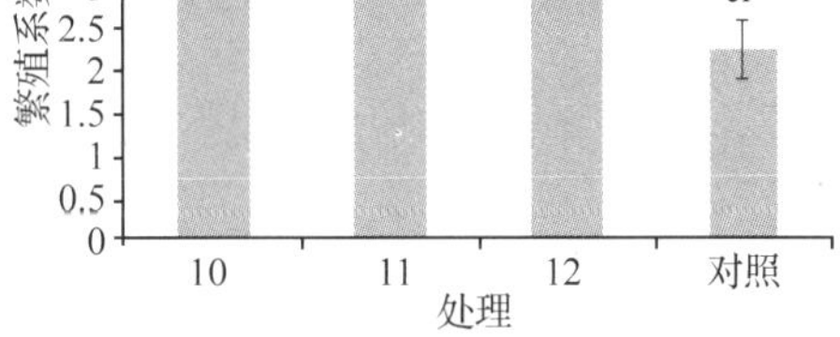

图 3 不同花茎处理对荷兰鸢尾种球繁殖系数的影响

Fig. 3 Effect of different scape treatments on propagation coefficient of *Iris×hollandica*

表 6　不同花茎处理对荷兰鸢尾种球分生子球生长状况的影响

Table 6　Effects of different cultivation medium on the growth of bulblet

处理	子球重量	子球直径
13	1.51±0.20ac	1.25±0.26abcde
14	1.32±0.13abcde	1.13±0.10abcde
15	1.35±0.19abcd	1.13±0.22abcde
16	1.20±0.97de	1.01±0.17de

注：邓肯显著检验，不同小写字母表示差异显著($P<0.05$)。

表 6 表示的是不同花茎处理方式对分生子球生长状况的影响。从表中可以看出，采用剪除花茎的处理方式使子球重量有显著提高。越早剪除，子球积累的质量越大。虽然子球直径各处理结果没有显著差异，但和对照处理相比，是显著提高了的。说明剪除花茎是增大荷兰鸢尾种球繁殖系数的一种有效方法。

3　结论与讨论

3.1　结论

不同的植物生长调节剂、不同栽培基质对母球的增殖能力作用程度不同。在本试验中，用 IBA(浓度 150mg/L)浸泡种球可以有效提高荷兰鸢尾种球的繁殖系数，最适的栽培基质配比为泥炭：草炭=3：1。植株开花是养分消耗的过程，在本试验中，花蕾期剪除花茎的处理获得了较高的种球繁殖系数。

3.2　讨论

荷兰鸢尾在国外有比较成熟的生产体系，可以实现切花的周年生产[9]。而在国内，荷兰鸢尾生产规模比较有限，无法满足市场上对荷兰鸢尾鲜切花的需求。因此，探索一种简单、经济、有效的提高种球繁殖率的方法具有重要意义。

在本试验研究中，三种生长调节剂均能促进种球的繁殖，和有关学者对石蒜、百合等球根类花卉的研究结果一致[10-11]，但不同的生长调节剂对母球的增殖能力作用程度不同，本试验中，6-BA 处理之下的种球繁殖系数要略逊于 IBA 和 NAA 作用之下的种球繁殖系数。随着 IBA 浓度的增加，母球繁殖系数也逐渐增大。本试验中，IBA 的最适浓度为 150mg/L，以后可考虑用高于 150mg/L 浓度的 IBA 浸泡种球，进一步探索最优浓度；而随着 NAA 浓度的增加，母球繁殖系数呈现先升高后略微降低的趋势，说明高浓度的 NAA 不利于提高种球的繁殖系数。种球繁殖中，提高母球的繁殖系数和子球的重量是 2 个关键技术点，而两者之间又往往存在着一定的负相关性。栽培基质是花卉生产的关键因素，直接影响到花卉植株的生长质量。在现代园艺生产上，草炭、泥炭作为花卉植物基质被广泛利用，其中泥炭是世界各国公认的最好的栽培基质之一。草炭、泥炭可以有效改善土壤理化性质，促进植株生长，但是草炭含量过高会导致有效磷元素含量下降，不利于植株的营养生长。本研究中最适的栽培基质配比为泥炭：草炭=3：1。植物开花过程中会消耗大量的养分和水分，影响地下部分物质的积累，因此在开花期剪除花茎减少养分的消耗，有利于地下鳞茎积累养分。在本研究中，花蕾生长至 1cm 时剪除花茎的处理，获得的种球繁殖系数最高。

参考文献

[1] Julian M H S. *Iris×hollandica* (Iridaceae): a valid name for Dutch Iris[J]. British & Irish Botany, 2021, 3(2): 227-231.

[2] 胡银春．荷兰鸢尾的景观应用[J]. 园林, 2018(9): 20-23.

[3] 夏宜平．切花周年生产技术[M]. 北京：中国农业出版社, 2000.

[4] 北京林业大学园林系花卉教研组．花卉学[M]. 北京：中国林业出版社, 1990.

[5] Kim S J, Nam C W, Yoo D L, et al. Effect of pretreatment solution on *Iris hollandica* flower: vase life, anthocyanincontent, and peroxidase activity[J]. Hort Science, 2004, 39(4): 823.

[6] Imanishi H. Cut flower production from bulbs in Japan[J]. Journal of the Korean Society for Horticultural Science, 1996, 37(6): 836-841.

[7] 蔡曾煜．荷兰鸢尾[J]. 中国花卉盆景, 2009(1): 2-5.

[8] Hekstra G, Broertjes C. Mutation breeding in bulbous iris[J]. Euphytica, 1968, 17(1968): 345-351.

[9] Beijer J J. Experiments on the retardation of Dutch irises[J]. Acta Botanica Neerlandica, 1952, 1(2): 268-286.

[10] 谷海燕, 谢孔平, 李世丽, 等．石蒜属植物的无性繁殖研究[J]. 中国林副特产, 2012(2): 32-35.

[11] 袁晓娜, 陈卓, 贾桂霞．生长调节剂对百合不同品种鳞片扦插繁殖及碳水化合物代谢的影响[J]. 西北农业学报, 2013, 22(5): 109-115.

高温胁迫下欧洲云杉的表型变化和光合响应

Phenotypic Change and Photosynthetic Response of *Picea abies* under Thermal Stress

欧阳芳群　孙猛　刘浡洋　邓军育　崔夏　张辉

（国家植物园，北京市花卉园艺工程技术研究中心，城乡生态环境北京实验室，北京，100093）

OUYANG Fangqun　SUN Meng　LIU Boyang　DENG Junyu　CUI Xia　ZHANG Hui

(*China National Botanical Garden*, *Beijing Floriculture Engineering Technology Research Centre*, *Beijing Laboratory of Urban and Rural Ecological Environment*, *Beijing*, 100093)

摘要：以欧洲云杉5年生苗木为试验材料，设定45℃、40℃、35℃和常温25℃(对照)共4种温度处理6h，然后在室外恢复28d，观测其处理后和恢复期表型变化、针叶相对含水量和叶绿素荧光参数的变化，分析欧洲云杉对高温胁迫的表型变化和光合响应。35℃、40℃处理6h和恢复28d时，对欧洲云杉表型基本没有明显影响。尽管40℃处理后，Fv/Fm(0.60)显著低于对照，但是恢复28d时和对照无显著差异。而45℃处理6h后，欧洲云杉当年生枝针叶变黄；至恢复28d时，整株针叶变黄，且伴随针叶相对含水量显著降低(25%)，未能恢复正常生长。其光系统Ⅱ(PSⅡ)也受到光损伤，光化学效率Fv/Fm处理后数据是0.04，恢复期是0.13，显著低于对照(约0.85)。本研究为气候变化下欧洲云杉种质保护与利用提供了重要参考。

关键词：欧洲云杉；耐热；针叶含水量；光系统Ⅱ；Fv/Fm

Abstract: In this study, the 5-year-old seedlings of *Picea abies* were taken as materials treated by 45℃, 40℃, 35℃ and ambient temperature (25℃, CK) for 6 h, and then recovered outdoors for 28d. The phenotypic changes, needle water content and the change chlorophyll fluorescence parameters were observed to analyse the phenotypic change the response to heat stress. The phenotype of *Picea abies* had basically no significant effect after treatment of 35℃ and 40℃ for 6h and recovery for 28d. Although Fv/Fm (0.60) was significantly lower than those of the control after treatment at 40℃, there was no significant difference with the control after recovery of 28 days. While the needles of one-year-old turned yellow after treated by 45℃ for 6 h, and by 28 days of recovery, the whole needles turned yellow. And those seedlings failed to resume normal growth accompanying the relative water content of the needles decreased 25%. Its photosystem Ⅱ (PSⅡ) was also photodamaged. Specifically, the photochemical efficiency (Fv/Fm) was 0.04 after treatment, and the figure in the recovery period was 0.13, which was significantly lower than that of the control (about 0.85). This study provides an important reference for the conservation and utilization of germplasm of picea abies under climate change.

Keywords: *Picea abies*; Heat resistance; Needle water content; Photosystem Ⅱ; Fv/Fm

---

项目来源：北京市公园管理中心科技课题"云杉属树种引种、抗高温评价与新优种质高效繁育"(编号：ZX2021012)。

第一作者简介：欧阳芳群(1982—)，女，高级工程师，主要研究方向为园林植物栽培生理和育种研究，邮箱：fangqun163@163.com。

欧洲云杉观赏价值高，是优良的园林景观树种。但欧洲云杉不耐高温干热，在全球持续暖化和降水量减少的背景下，其在观赏园艺中的利用将受到影响(Kunert，2020)。2014年，北京市植物园引种了15种云杉属树种，每种10株(许兴等，2016)，现仅保存6种共11株，欧洲云杉未能存活下来。从中国林业科学研究院引种云杉情况方面看，受夏季高温影响，大部分云杉树种包括欧洲云杉叶片发黄、脱落。即便当年存活，第二年萌动和生长异常而未能存活。可见欧洲云杉难以在北京推广的主要限制因素是夏季高温以及高温带来的干旱、高光影响。光合作用对高温胁迫高度敏感，通常在其他细胞功能受损之前受到抑制(Mathur et al.，2014)。欧洲云杉在遭受了44℃短时热激下，Fv/Fm没有明显变化，而52℃短时热激下，Fv/Fm降为对照组的63%，PSⅡ的功能已明显被抑制(贾子瑞等，2020)。但目前对欧洲云杉长时间的高温胁迫的响应和适应机制尚待揭示。因此，阐明欧洲云杉的耐热生长和光合响应，对其保护和利用具有积极的指导意义。本研究以欧洲云杉为对象，通过模拟高温环境研究其在高温胁迫6h下的形态变化和针叶相对含水量响应差异以及荧光参数的热胁迫响应，为欧洲云杉在景观生态等领域的引种和适热性遗传改良提供理论参考。

1 材料方法

供试的欧洲云杉苗木是来自甘肃省小陇山林业实验局林业科学研究所的自育播种苗。用恒温恒湿实验箱(HS-408)设定3个温度(35℃、40℃、45℃)和常温对照(CK)处理。每温度条件下进行4个生物学重复(固定一株拍照)，处理时间6h，处理结束后(0d)和恢复28d时统计欧洲云杉叶色变化、落叶情况等。恒温恒湿实验箱空气相对湿度为70%。盆栽苗处理前后实行正常水分管理。

分别测定每株苗木的一年生枝条中段2cm内叶比重(0.1g)。计算叶片相对含水量：相对含水量=(鲜质量-干质量)/鲜质量×100%。每温度处理欧洲云杉选3株苗木测定，每株选择1枝条，3次重复。

每株苗木选择1份(5~6个)完全展开成熟叶(并排用胶带粘好)，用HandPEA仪器测定光系统Ⅱ的参数(表1)。每处理欧洲云杉，进行3个生物学重复。苗木暗适应20min后开始测定。

表1 光系统Ⅱ荧光参数

Table 1 Fluorescence parameters of photosystem Ⅱ

参数计算公式 (Parameters calculation formula)	参数意义 (Parameter meaning)
$Fv/Fm = (Fm-Fo)/Fm$	PSⅡ的最大量子产量，反映了植物的潜在最大光合能力(光合效率) PSⅡ maximum light energy conversion efficiency
$Vj = (Fj - Fo)/(Fm - Fo)$	在J点的相对可变荧光 The relative variable fluorescence at J step
$Vi = (Fi - Fo)/(Fm - Fo)$	在I点的相对可变荧光 The relative variable fluorescence at I step
$\varphi Po = TR_O/ABS = (1-F_O/F_M)$	最大光化学效率(在$t=0$时) The maximum quantum yield of primary photochemistry

(续)

参数计算公式 (Parameters calculation formula)	参数意义 (Parameter meaning)
$\varphi Eo = ET_0/ABS = (1-F_0/F_M) \cdot \psi_0$	用于电子传递的量子产额(在 t=0 时) The maximum quantum yield of electron transport between PSⅡ and PSⅠ
$\psi Eo = ETo/TRo = 1-Vj$	t=0 时，由活性反应中心捕获的单个激子驱动除 QA 外的电子传递的效率 The efficieray (at time 0) that a trapped exciton moves an electron into the electron transport chain beyond QA^-

采用 SAS9.1 软件 GLM 模块进行方差分析、多重比较和 Pearson 相关分析。方差分析线性模型：

$$X_{ij}=\mu+T_i+e_{ij}$$

式中：X_{ij} 表示观测值；μ 表示试验均值；T_i 表示温度效应(固定)，表示物种与温度互作效应(固定)；e_{ij} 表示误差。用 R 软件作图。

2 结果分析

2.1 欧洲云杉的热胁迫表型效应响应

欧洲云杉经 40℃、35℃ 处理 6 h 后和恢复期中的表型没有明显变化，但是 45℃ 处理后表型有显著变化，主要是当年生枝针叶失水、变黄，2 年生枝和叶变化较小。该处理恢复 28 d 时，欧洲云杉整株针叶变黄，一、二年生针叶有脱落伴随有新芽萌动(图 1)。第二年夏天 45℃处理 6 h 的欧洲云杉全部没有存活下来。

图 1 欧洲云杉高温处理 6h(左)、恢复 28d(右)时的表型变化，每幅图从左到右的温度依次是 CK、35℃、40℃和 45℃

Fig. 1 Phenotypic changes in *Picea abies* with high temperature treatment for 6 hours (left), recovery for 28 days (right). The temperature order of each graph from left to right is CK, 35℃, 40℃ and 45℃

2.2 针叶相对含水量的热胁迫响应差异

方差分析表明，针叶相对含水量不同温度处理结果差异极显著($P<0.01$)。欧洲云杉 45℃处理后和恢复 28d 时的相对含水量显著低于 40℃、35℃处理。处理后，相对含水量为 61%，比 40℃、35℃和 CK 的低 3%~5%；恢复 28d 时相对含水量约为 48%，比 40℃、35℃和 CK 的低 22%~25%。40℃和 35℃处理后和对照处理结果无显著差异(图 2)。

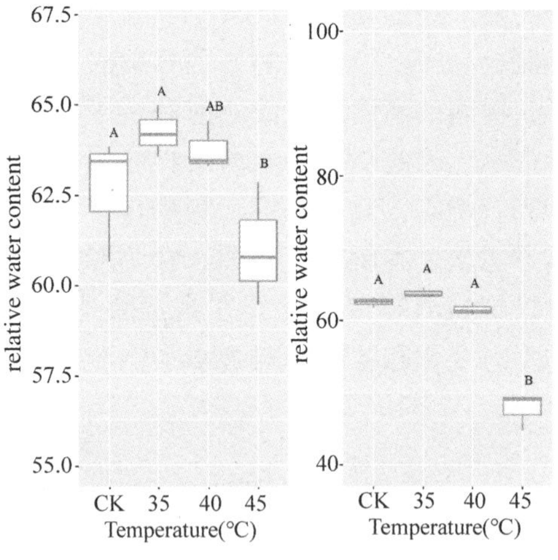

图 2 欧洲云杉针叶相对含水量在不同温度处理后 6 h(左)和恢复 28 d(右)时的多重比较，大写字母代表邓肯分析结果

Fig. 2 DUNCAN comparation of the relative needle water content of *Picea abies* under different temperature treatments for 6 hours (left), recovery for 28 days (right), and the capital letters represented the DUNCAN analysis results

2.3 荧光参数的热胁迫响应差异

不同温度显著影响了荧光参数 Fv/Fm、Vj、Vi、φPo、φEo 和 ψEo（$P < 0.05$）。35℃处理 6 h 后 Fv/Fm 和对照处理的无显著差异，约为 0.85，显著高于 40℃处理的(0.60)和 45℃处理的(0.04)。恢复 28d 时，40℃处理的 Fv/Fm 值恢复正常，约为 0.84，而 45℃处理之下欧洲云杉的 Fv/Fm 值为 0.13，未恢复正常。φPo、φEo 和 ψEo 在不同温度下的多重比较结果与 Fv/Fm 呈现基本相同的趋势，而 Vj 和 Vi 在不同温度下的多重比较结果与 Fv/Fm 呈现基本相反的趋势，不同温度处理后和恢复期以 45℃处理方式下的欧洲云杉的值最大(图 3)。

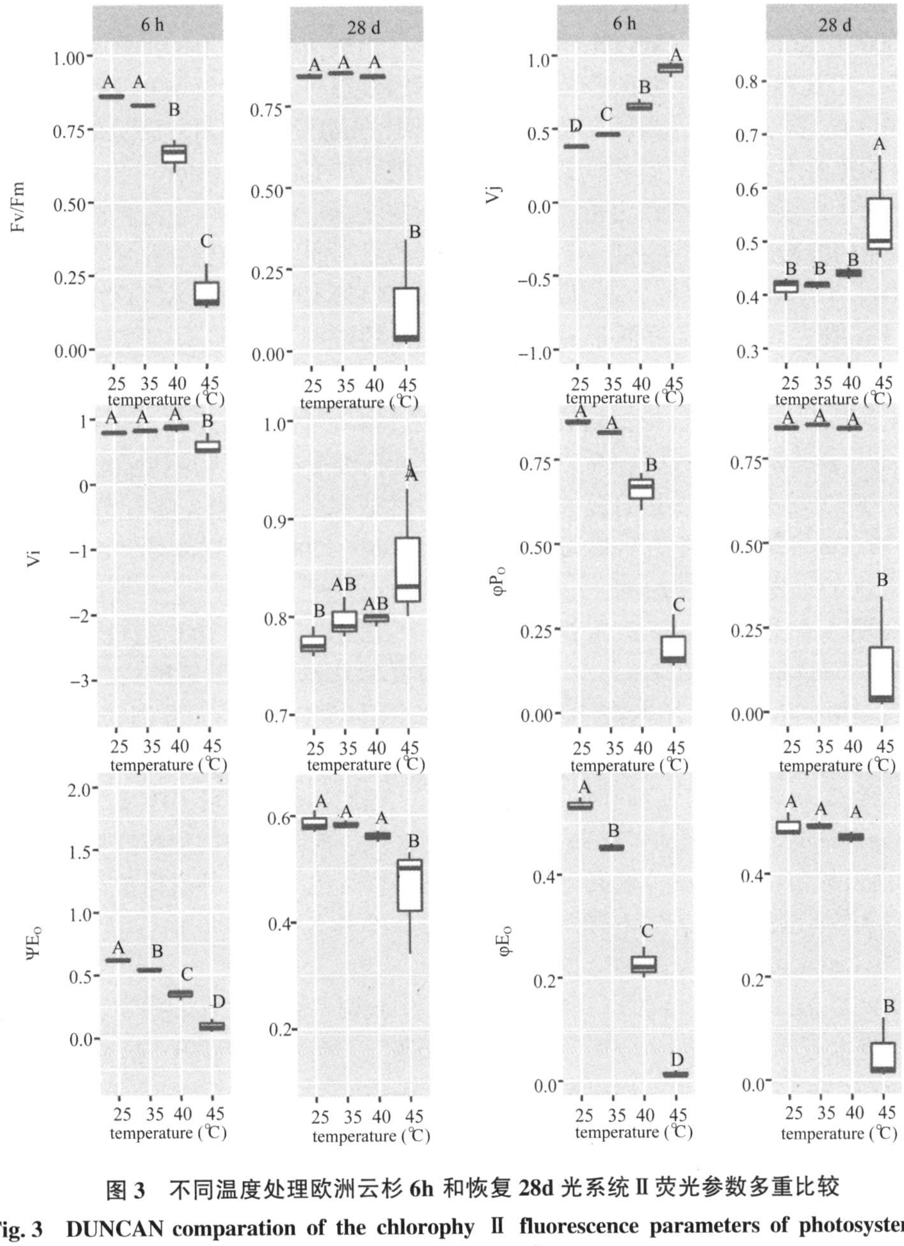

图 3 不同温度处理欧洲云杉 6h 和恢复 28d 光系统Ⅱ荧光参数多重比较

Fig. 3 DUNCAN comparation of the chlorophy Ⅱ fluorescence parameters of photosystem Ⅱ (PS Ⅱ) under CK, 35℃, 40℃ and 45℃ for 6 h of *Picea abies*, and the capital letters represented the DUNCAN analysis results

3 讨论与结论

夏季温度对云杉生长有负面影响(Altman et al., 2017)。本研究中，相对于40℃和35℃处理，45℃处理6小时后欧洲云杉失水严重，落叶且未能恢复正常生长。杨毅发现9种云杉属植物半致死温度在45~50℃(杨毅，2017)。也由有研究表明35℃就超过了适宜云杉生长的最佳温度(Day, 2000)。众所周知，光合作用对热应激敏感，尤其对PSⅡ高度敏感(Mathur et al., 2014)。Fv/Fm比值是研究植物对逆境响应的重要生理指标，它用来度量PSⅡ原初光能转换效率，常被作为植物是否发生光抑制的标准之一(Maxwell and Johnson, 2000)。45℃处理后恢复28d，欧洲云杉的Fv/Fm值为0.13，显著低于对照处理，表明欧洲云杉的PSⅡ反应中心可能发生了不可逆失活，或光合机构受到破坏或损伤(Krause and Weis, 1991)。高温42~50℃处理白云杉30min，PSⅡ的最大光化学效率(Fv/Fm)随胁迫温度升高而降低(Bigras, 2000)。青杆(*Picea wilsonii*)经高温35℃处理4个月后，Fv/Fm显著低于25℃处理 (Zhang et al., 2017)。

通常，热胁迫和干旱是连在一起的，干旱似乎是云杉生长的最大限制因素。当水势下降到-2.0~-3.0MP之间时，黑云杉(*Picea mariana*)、西加云杉(*Picea sitchenrsis*)和白云杉(*Picea glauca*)气孔迅速关闭，净光合速率也会随水势的下降而降到光补偿点(Patterson et al., 1997; Fan et al., 1998)。Tabbush(1986)的研究提到，西加云杉苗木晾晒3小时18分后，两年后的优树保存率下降到68%，同时苗木高生长也受到影响。本研究中45℃处理欧洲云杉后相对含水量显著降低，且PSⅡ受到了不可逆损伤。最近的一项研究证实了欧洲云杉的PSⅡ热稳定性和水分利用效率在8月达到峰值，这是对生长季节性的自然适应反应(Petrik et al., 2023)。PSⅡ对低海拔的生态型山地欧洲云杉具有高度适应潜力(Tomášková et al., 2021)，而由于干旱下脱落酸(ABA)合成量较高，低海拔的欧洲云杉幼苗显示出有效的保水策略(Jamnická et al., 2019)。

当然，高温胁迫的形式有多种，有短期的极端高温、持续的夏季高温等。苗木组织的成熟度不同对热胁迫的适应能力也不同。如Karen等(1993) 发现，不同成熟度的花旗松和北美山地云杉苗木对52℃高温的忍耐能力从弱到强排序为嫩针叶、已成熟但未木质化的苗木、已木质化并停止生长的苗木。因此，本研究的结论是基于已经木质化的三种云杉得出的实验结果。在极端高温胁迫出现时，温室可以通过降低叶面温度保护植物不被高温损伤。比如适时通风、外遮阳、喷雾降温、增湿等(Adams, 2009)，以降低和减少胁迫程度和胁迫时间。

总之，35℃、40℃处理欧洲云杉6h对表型基本没有明显影响，能够恢复生长，而45℃处理后，欧洲云杉针叶变黄，PSⅡ受到不可逆光损伤，不能恢复正常生长。因此，水分含量、PSⅡ的光合活性能很好地反应云杉的高温响应情况，本研究为气候变化下优良种质保护与利用提供了重要参考。

致谢：感谢北京市公园管理中心科技课题“云杉属树种引种、抗高温评价与新优种质高效繁育”(ZX2021012)资助！感谢林木遗传育种国家重点实验室科研仪器平台。

参考文献

贾子瑞, 王亚, 马建伟, 等, 2020. 欧洲云杉 PSⅡ 的热稳定性对温度升高的响应[J]. 林业科学, 56(7): 11.

许兴, 陈燕, 王广勇, 等, 2016. 运用 Logistic 方程确定几种云杉属植物的耐热性[J]. 中国植物园年会论文集, 19: 191-196.

杨毅, 2017. 中国云杉属主要物种光系统Ⅱ热稳定性研究[D]. 兰州: 兰州大学.

Adams H D, Guardiola-Claramonte M, Barron-Gafford G A, et al., 2009. Temperature sensitivity of drought-induced tree mortality portends increased regional die-off under global-change-type drought[J]. Proceedings of the National Academy of Sciences of the United States of America, 106(17): 7063-7066. doi: 10.1073/pnas.0901438106.

Altman J, Fibich P, Santruckova H, et al, 2017. Environmental factors exert strong control over the climate-growth relationships of *Picea abies* in Central Europe[J]. Science of the Total Environment, 609(dec. 31): 506-516.

Bigras F J, 2000. Selection of white spruce families in the context of climate change: heat tolerance [J]. Tree Physiology, 20(18): 1227-1234. doi: 10.1093/treephys/20.18.1227.

Day M E, 2000. Influence of temperature and leaf-to-air vapor pressure deficit on net photosynthesis and stomatal conductance in red spruce (*Picea rubens*)[J]. Tree Physiology, 20: 57-63.

Fan S, Grossnickle S C, 1998. Comparisons of gas exchange parameters and shoot water relations of interior spruce (*Picea glauca* (Moench) Voss × *Picea engelmannii* Parry ex Engelm.) clones under repeated soil drought[J]. Canadian Journal of Forest Research, 28(6): 820-830.

Karen E, Burr, et al, 1993. Heat tolerance, cold hardiness, and bud dormancy relationships in seedlings of selected conifers[J]. Journal of the American Society for Horticultural Science, 118(6): 840-844.

Kunert N, 2020. Preliminary indications for diverging heat and drought sensitivities in Norway spruce and Scots pine in Central Europe[J]. iForest, 13: 89-91. doi: 10.3832/ifor3216-012.

Mathur S, Agrawal D, Jajoo A, 2014. Photosynthesis: Response to high temperature stress[J]. Journal of Photochemistry and Photobiology B: Biology, 137: 116-126.

Maxwell K, Johnson G N, 2000. Chlorophy ll fluorescence—a practical guide[J]. Journal of experimental botany, 51(345): 659.

Jamnická G, Fleischer P, Konôpková A, et al, 2019. Norway spruce (*Picea abies* L.) provenances use diferent physiological strategies to cope with water defcit[J]. Forests, 10: 651. 引用日期 https: //doi.org/10.3390/ f10080651.

Patterson T B, Guy R D, Dang Q L, 1997. Whole-plant nitrogen and water-relations traits, and their associated trade-offs, in adjacent muskeg and upland boreal spruce species[J]. Oecologia, 110: 160-168.

Petrik P, Petek-Petrik A, Konôpková A, et al, 2023. Seasonality of PSⅡ thermostability and water use efficiency of in situ mountainous Norway spruce (*Picea abies*)[J]. Journal of Forestry Research (Harbin), 34: 197-208. [引用日期]https: //doi.org/10.1007/s11676-022-01476-3.

Tabbush P M, 1986. Rough handling, soil temperature, and root development in outplanted Sitka spruce and douglas-fir[J]. Canadian Journal of Forest Research, 16(6): 1385-1388.

Tomášková I, Pastierovic F, Krejzková A, et al, 2021. Norway spruce ecotypes distinguished by chlorophy ll a fuorescence kinetics[J]. Acta Physiol Plant, 43: 24. https: //doi.org/10.1007/s11738-020-03190-1.

Zhang X, Chen L, Wang J, et al, 2017. Photosynthetic acclimation to long-term high temperature and soil drought stress in two spruce species (*Picea crassifolia* and *P. wilsonii*) used for afforestation[J]. Journal of Forestry Research (Harbin), 29: 363-372.

粉花姬岩垂草在郑州的园林绿化应用思考

Introduction Performance and Landscape Application of *Phyla canescens* in Zhengzhou

李翰书
（郑州植物园，河南郑州，450007）
LI Hanshu
（*Zhengzhou Botanical Garden*，*Zhengzhou*，*Henan*，450007，*China*）

摘要：为丰富绿化地被种类，筛选观赏价值和生态价值高、可提升绿地公益服务属性、低维护成本的地被植物，对粉花姬岩垂草在郑州地区的引种表现及园林应用进行了观测研究，以期为其在郑州城市绿化中的应用提供理论依据。

关键词：粉花姬岩垂草；引种；园林应用

Abstract：In order to enrich the types of green ground cover，screen ground cover plants with high ornamental and ecological value，enhance the public welfare service attributes of green spaces，and reduce maintenance costs，the introduction performance and garden application of the *Phyla canescens* in Zhengzhou area were observed and studied，in order to provide a theoretical basis for its application in urban greening in Zhengzhou.

Keywords：*Phyla canescens*；Introduction；Landscape applications

姬岩垂草（*Phyla canescens*）是马鞭草科过江藤属多年生草本，原产自美洲，作为园艺观赏植物广泛引种至欧美及日本。园艺学家改良培育出了一系列不结籽的园艺品种，2001年中国农业大学赵梁军教授将其中三个品种——岩垂草（淡紫粉花）、粉花姬岩垂草、白花姬岩垂草从日本引进国内（蔡汉 等，2004）。

粉花姬岩垂草株高3~5cm，匍匐性强。茎长可达1m，茎节间长3~5cm，分枝能力强，接地茎节处可形成不定根，分枝层层重叠，能迅速形成毯状结构。幼茎嫩绿色或略带褐色，老茎变灰绿色，并轻微木质化。单叶对生，长卵形，边缘具疏锯齿。花序从叶腋处抽生，花梗长3~5cm，头状花序，花序直径约为0.9cm，花色为粉红色，花朵密集（银征 等，2021）。

粉花姬岩垂草耐贫瘠、耐盐碱、耐干热、耐干旱、较耐低温，抗病虫害能力强，具有显著的“五耐一抗”特性。耐踩踏，高强度踩踏后节间变短，叶片变得饱满细小。喜光，较耐阴，生长速度快，交织成密实的毯状结构后具有较强的抑制杂草的能力（倪琳琳 等，2020）。粉花姬岩垂草不耐水涝，适宜排水良好的土壤。可应用于低维护度的观花草坪、河堤、坡地绿化等。粉花姬岩垂草在郑州地区的引种表现及园林应用研究，对丰富城市绿化地

作者简介：李翰书（1990—），女，工程师，电话：15838372057，邮箱：951306323@qq. com，从事园林植物研究。

被种类，筛选观赏价值和生态价值高、可提升绿地公益服务属性、日常维护成本较低的园林植物有积极意义。

1 引种地概况

郑州地处中原腹地，位于河南省中北部，东经112°42′~114°14′，北纬34°16′~34°58′，北临黄河，-西依嵩山，东南方向可见黄淮平原。该区属北温带大陆性气候，冷暖气团交替频繁，四季分明，年平均气温约15.6℃。其中，8月最热，月平均气温25.9℃；1月最冷，月平均气温为2.15℃。2022—2023年，年最低温度为-8℃，最高温度为41℃。年平均降水量约542.15mm，降水表现出汛期集中、季节性分布不均的特点，夏季6~8月降水量最多，冬季12月至翌年3月降水量最少(曹丽琴，2006)。无霜期209d，年日照时间约1869.7h。

2 引种表现

郑州植物园栽植的粉花姬岩垂草2021年11月引种于河南省获嘉县，引种时为无性繁殖的一年生植株。

2.1 生长特性

11月中旬至翌年3月中下旬为枯黄期。11月中旬开始停止生长，3月中下旬开始返绿，5月开花，花期可持续至10月。

图1 成坪的粉花姬岩垂草

Fig. 1 Turf establishment of *Phyla canescens*

图2 粉花姬岩垂草的花

Fig. 2 Flower of *Phyla canescens*

图3 蔓延的茎节

Fig. 3 Spreading of stem node

图4 茎节上的不定根

Fig. 4 Adventitious roots on stem nodes

喜光，在光线较差的地方徒长，花量较少。对土壤要求不高。匍匐生长交织成毯状时有一定的抑制杂草的能力，但仍有马唐、莎草等一年生或多年生杂草。种植的粉花姬岩垂草未见种子，繁殖时需要进行无性繁殖。

2.2 抗性表现

粉花姬岩垂草在郑州室外种植可安全越冬。冬季地上部分干枯，3 月开春后能较快恢复。室外持续一周 40℃ 左右的高温，不影响其生长。可以忍受 40d 无降雨天气，水淹 2~3d 不会造成其死亡。至今未发现明显病虫害。

2.3 耐践踏表现

姬岩垂草耐践踏，图 5 呈现的是种植姬岩垂草前踩踏较多的地方的草坪长势，图 6 展示了 2023 年 7 月 27 日移栽的姬岩垂草生长一个月的情况，可看出姬岩垂草的生长势较好，耐践踏能力较强。但姬岩垂草的耐践踏能力有限，图 7 和图 8 所示的是踩踏非常严重的姬岩垂草生长表现，种植在因踩踏形成的小路上，土壤较为紧实，种植密度不高，周边并未设置保护措施，移栽一个月后的姬岩垂草茎叶匍匐在地面上，生长势与图 6 的差异显著，但仍比原本的草坪生长表现好。

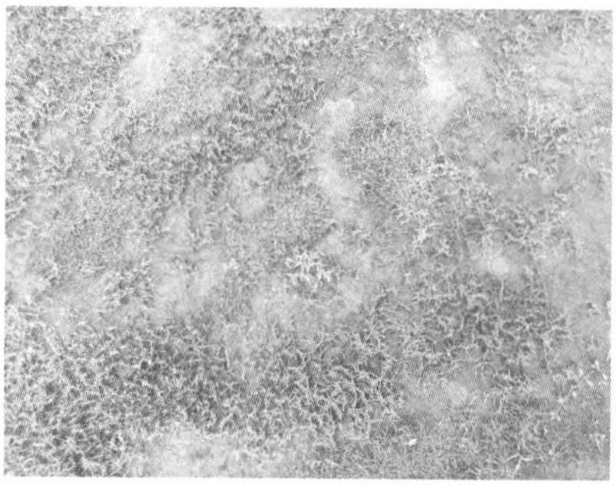

图 5　易践踏区域的草坪

Fig. 5　Lawn on a trampled area

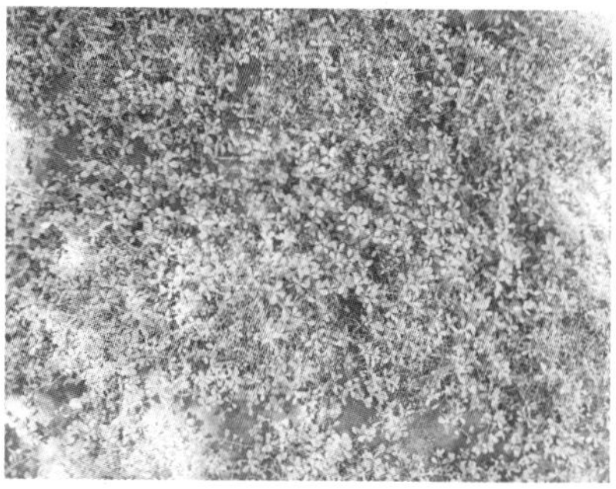

图 6　易践踏区域的粉花姬岩垂草

Fig. 6　*Phyla canescens* on a trampled area

图 7　严重践踏区域的粉花姬岩垂草

Fig. 7　*Phyla canescens* on a heavy trampled area

图 8　严重践踏区域的粉花姬岩垂草

Fig. 8　*Phyla canescens* on a heavy trampled area

3　栽培管理及繁殖

3.1 栽培管理

粉花姬岩垂草属于浅根系植物，不耐水淹，栽植时应注意选择排水良好的土地。疏松的土壤更适宜其茎节生根和根系生长，栽植前应进行翻地整地，翻地深度10~15cm为宜。

粉花姬岩垂草耐贫瘠、干旱，因此对水肥要求不严格。但是适当的水肥管理能够促进其生长，建议扎根后薄施一次高氮复合肥。

对于栽植的粉花姬岩垂草，尚未发现有病虫害侵害，但其栽植初期、未形成毯状结构时，仍需对莎草、马唐等一年生及多年生杂草进行防治，可在移栽30d左右时喷施封闭性除草剂。

3.2 繁殖

粉花姬岩垂草没有发现结籽现象，但它的茎节容易生成不定根，可剪取其茎段进行繁殖。为避免茎节上的不定根扎入土壤，可铺设无纺布进行阻隔。剪取茎段时保持根系完整。剪取茎段长度约为5cm，包括2~4个茎节。剪取的茎段使用80%的多菌灵1000倍稀释液浸泡1h。种植基质按照草炭：珍珠岩：田园土=6：3：1配比。

4 园林应用

4.1 草坪应用

粉花姬岩垂草匍匐生长，能迅速铺满地面，形成绿毯，成坪速度快。成坪后的厚度适中，富有弹性。滚压可以促使其低矮生长，可粗放管理，是典型的低维护地被植物。耐踩踏，可以满足游客在草坪上活动的需求。开花时，花小而繁密，观赏价值极高。其适宜在公共绿地上做观花草坪。

4.2 边坡绿化

由于坡地的地形结构特点，其土壤保水、保肥差，容易发生水土流失，因此边坡绿化植物的选择和配置需要综合考虑植物耐旱、耐贫瘠、防止水土流失等能力(许建新 等，2023)。粉花姬岩垂草植株低矮，生长迅速，匍匐地面生长，分枝能力强，接地茎节生出不定根，形成发达的根系，像一张绿毯覆盖坡面，并且喜强光，耐干旱，耐贫瘠，可以作为边坡绿化植物。应用于城市河堤护坡、桥梁护坡等处，不仅可以保持水土，防止坡面水土流失，还可以美化环境、涵养水源、防止滑坡等。

4.3 屋顶绿化

根据景观类型划分，屋顶绿化可分为草地式屋顶绿化和群落式屋顶绿化，其中，草地式屋顶绿化建设成本和维护成本较低，适合大面积推广。而对于草地式屋顶绿化的土壤及养护环境等，适宜选择低矮、根系浅、地面覆盖能力强、枯叶少、综合抗性较强的植物类型(魏艳 等，2007；赵玉婷 等，2004)。粉花姬岩垂草属于浅根系植物，地面覆盖度高，对水分需求不大，抗病虫害能力强，可广泛应用于屋顶绿化。目前，姬岩垂草在日本屋顶绿化方面有较多的应用(刘良宏 等，2009)。

4.4 观花地被

粉花姬岩垂草花色鲜艳，花量大、花期长，具有很高的观赏价值。其抗性强、耐踩踏，管理较为粗放，养护成本较低，可作为花境中的地被植物使用。

5 讨论

应用研究方面：至今尚未有文献从生理、生态特性方面对粉花姬岩垂草进行系统深入的研究，也未见其在荒坡绿化、屋顶绿化、生态修复等绿化应用方面的技术规程。接下来应加强对粉花姬岩垂草的研究、推广，为城市绿化建设增加新的植物资源。

园林应用方面：粉花姬岩垂草生长迅速，形成草垫后能铺满土壤表层，对其他地被植物生长空间造成一定程度的侵扰，因作为观花地被应用于花境前景等的场景中时，应注意加强管理。粉花姬岩垂草具有一定的耐踩踏特性，但长时间反复踩踏，仍会出现斑秃现象。作为开放草坪应用时，建议制定相关开放制度，为其生长恢复提供修养期，避免过度使用。

杂草控制方面：用于园林应用时，粉花姬岩垂草虽然对杂草生长有一定的抑制作用，但刚栽植时仍需对一年生及多年生杂草进行防治。对于其杂草的化学防治方式，需进行进一步研究。

生物风险防控方面：种植的粉花姬岩垂草没有结籽，理论上不存在种子传播的入侵风险，成为入侵植物的可能性较低。在我国华南、华东、华中、华北、西北和东北等地种植时，也未发现其对当地生态系统造成重大威胁(蔡汉 等，2004)。但是引种时仍应注意生物风险防范及进行相关研究，建立生物风险控制技术规程和标准。建议在现阶段城市园林绿化应用中，在城市建成区公共绿地小范围试用，持续进行风险监测，若发现其存在威胁当地生物多样性趋势，则应及时采取措施，控制其生长蔓延。

参考文献

蔡汉，王珺，赵梁军，2004. 优良的园林地被花卉——姬岩垂草[J]. 北京园林(3)：22-24.

曹丽琴，2006. 郑州市水文特性分析[J]. 河南水利(8)：29-30.

刘良宏，张萍，王玲，等，2009. 姬岩垂草的园林应用与生产繁殖[J]. 中国园艺文摘，25(6)：66-63.

倪琳琳，王珊，陈颖，等，2020. 五种地被植物对杂草的抑草性评价[J]. 现代园艺，43(3)：28-29.

魏艳，赵慧恩，2007. 我国屋顶绿化建设的发展研究——以德国、北京为例对比分析[J]. 林业科学，43(4)：95-101.

许建新，傅卫民，张杰，2023. 华南地区 5 种边坡绿化植物的抗旱性研究[J]. 广东园林(3)：85-89.

银征，杨金财，吴昊天，等，2021. 姬岩垂草在南京地区的引种栽培及园林应用[J]. 现代园艺(2)：24-25.

赵玉婷，胡永红，张启翔，2004. 屋顶绿化植物选择研究进展[J]. 山东林业科技(4)：27-29.

槭树抗旱研究进展

Research Progress on Drought Tolerance of *Acer*

尹焕焕
（郑州植物园，河南郑州，450042）
YIN Huanhuan
（*Zhengzhou Botanical Garden*，*zhengzhou*，*Henan*，450042）

摘要：槭树是一类重要的经济树种，在干旱条件下表现出良好的耐受性。本文旨在通过对槭树抗旱的表型特征、生理响应机制和分子调控机制三方面的研究进行综述，为槭树的筛选评价和抗性育种提供理论依据。

关键词：槭树；抗旱；表型特征；生理响应；分子调控；研究进展

Abstract：*Acer* is an important economic tree that has good tolerance under drought conditions. In this paper，the phenotypic characteristics，physiological response mechanism and molecular regulation mechanism of drought resistance of maple were reviewed in order to provide theoretical basis for screening，evaluation and resistance breeding of maple.

Keywords：*Acer*；Drought resistance；Phenotypic characteristics；Physiological response；Molecular regulation；Research progress

槭树为槭树科（Aceraceae）槭属（*Acer*）树种的泛称，是一大类观赏价值和经济价值兼具的木本植物。槭树树姿优美、叶色丰富且叶形奇特，观赏期持久，常作为色叶类植物广泛应用于园林绿化中。槭树还具有较高的保健效果和医疗功效，其树叶、树皮、果皮、果仁和树根是制食用油、保健茶、保健品、化妆品、医药和化工产品的上等原料（李平，2014）。另外，槭树冠幅宽阔、根系庞大，是防风固沙、水土保持和生物多样性保护的重要荒山绿化树种（孔杨勇，2011）。槭树因观赏性高、药用价值大、适应性强等优点而日益受到重视，其应用和发展前景非常广阔。

干旱是制约植物生长发育的主要因素之一。近年来，极端天气频发，干旱对槭树造成的影响也越来越严重，干旱胁迫已经成为阻碍槭树生长、分布、生产的重要环境性胁迫因素。前人对槭树的干旱胁迫响应也做了大量的研究，但缺乏相关的综述。本文通过对槭树的抗旱研究进行综述，揭示槭树抗旱的相关机理，以期为槭树的筛选评价提供参考，并为下一步的抗性育种奠定理论基础，推动槭树资源的可持续利用和发展。

1 槭树抗旱的表型特征

1.1 生长调节

苗木的生长受多种环境因子综合影响，同时也能反映出苗木对环境的适应。干旱胁迫下，槭树的生长发育受到显著影响。通常表现为槭树的株高和冠幅显著降低和减小，影响干物质的积累，生长速率受到抑制（王佳文，2022）。其大部分生长指标表现出对干旱胁迫的适应表现出一致的趋势。众多研究表明，随着干旱胁迫程度的加深，罗浮槭、长柄槭、五裂槭和元宝枫等多种槭树的苗高、地径和冠幅逐渐降低或减小(莫镇华 等，2009；季华 等，2012；罗竹梅 等，2021)。在干旱胁迫下，槭树的生物量积累和分配也发生了变化。槭树的总生物量、地上生物量和根生物量呈降低发展趋势，各器官生物量向地下根部转移较多，地上生物量分配比例下降(毛永成 等，2016)。

1.2 叶片特征

在各种植物器官中，叶在形态结构上的变异性和可塑性最大，即叶对胁迫的反映最为明显。不同种类槭树的叶片通过不同的方式来响应干旱。随着水分胁迫的强度增加，金叶复叶槭和茶条槭的叶长、叶宽和叶面积显著减少(赵丁冲，2018；沈阳，2018)；栓皮槭栅栏组织加厚，提高光能利用效率(陈吉虎，2006)。在干旱处理下，罗浮槭的叶片蜡质增多，总气孔密度降低，减少水分散失(季华 等，2012)。

干旱胁迫影响光合色素合成。一般来说，叶片叶绿素含量高，植物光合作用旺盛，对不良环境的适应能力就越强。对青竹复叶槭和糖槭的研究表明，叶绿素 a、叶绿素 b、总叶绿素与类胡萝卜素含量均呈现出先升再降的趋势，说明植株具有一定的抗旱性(李雪，2008；王佳文，2022)。此外，叶绿素和花色素苷的比值大小是槭树叶色变化的主要原因。因此，干旱胁迫不仅影响植株的光合作用，还会影响其叶色的变化。

1.3 根系调控

根系是植物吸收水分和养分的主要器官。土壤环境对植物的影响首先在于根，根系感受逆境信号后产生相应的生理变化。根系活力大小直接影响到植株的生长和抗逆能力。莫镇华(2009)研究表明：随着水分梯度的下降，秀丽槭、中华槭、长柄槭和毛脉槭的根系活力出现了较明显的上升，说明它们有一定的抗旱性。此外，根冠比增大，也是植物抗旱的表现特征之一。随着干旱胁迫程度的加深，金叶复叶槭和茶条槭根冠比也显著增大(赵丁冲，2018；沈阳，2018)。王海珍等(2003)研究表明大叶细裂槭的根冠比在重度干旱下可达 2 以上，说明它对干旱的适应性很强，在严重干旱胁迫下也能长期维持生命。

2 槭树抗旱的生理响应机制

2.1 细胞膜系统伤害

细胞膜是细胞与外界环境进行物质交换和信息交流的重要通道，也是细胞感受环境胁迫最敏感的部位。干旱逆境往往首先作用于细胞膜。一方面，破坏其完整性，导致细胞膜选择性吸收能力丧失和细胞内电解质渗漏，从而使组织浸泡液的电导率增大。通过测定外渗液电导率的变化，可以反映出细胞膜受伤害的程度和所测材料抗逆性的大小。另一方面，细胞膜极易由积累的氧自由基引发膜脂过氧化，导致酶蛋白失去活性造成损害。丙二醛(MDA)是膜脂过氧化的最终分解产物，因此，被应用于衡量植物细胞膜受损程度(李久道，2017)。

一般来说，相对电导率和 MDA 的含量与植物抗性强弱呈负相关。莫镇华等(2009)和杨涛等(2022)研究表明，在干旱胁迫下，元宝枫、长柄槭、中华槭和五裂槭的相对电导率和 MDA 均大幅提高和增加，说明槭树的细胞膜系统都受到了不同程度的损坏，且都有一定的抗旱性。随着干旱胁迫时间的延长，鸡爪槭幼苗叶片相对电导率逐渐提升；MDA 前期出现下降，胁迫后期大幅度上升，说明胁迫程度超出鸡爪槭自身的自我调节范围，质膜结构可能出现的破坏已不可逆转(吴静，2014)。

2.2 渗透调节物质积累

植物依靠降低自身渗透势的方式，抵抗干旱胁迫带来的伤害，这类行为叫渗透调节。渗透调节是植物适应干旱胁迫的重要生理机制，最早由 Hsiao(2003)和 Turner(1975)根据其研究结果首次提出。渗透调节物质的主要种类有可溶性糖、可溶性蛋白和脯氨酸(Pro)等。

对于不同树种，所起作用的物质种类存在差异。当槭树处于干旱胁迫状态时，体内的 Pro 水平将明显升高，渗透作用最为有效。这在元宝枫、鸡爪槭和羽毛槭的研究中得到证实(毛永成 等，2016；罗竹梅 等，2021)。李雪(2008)通过研究得出，Pro 含量增幅不大，表明 Pro 不是主要的渗透调节物质，不能作为青竹复叶槭的抗性指标使用；可溶性蛋白质含量呈先升后降的变化趋势，说明在胁迫前期，可溶性蛋白质对减轻干旱胁迫伤害存在一定的作用。吴静(2014)根据研究得到：可溶性蛋白对鸡爪槭不具有渗透调节作用；可溶性糖含量先上升后降低，说明对鸡爪槭幼苗初期干旱胁迫有一定渗透调节作用，随着迫害加强，调节作用能力降低。

2.3 保护酶系统的激活

在干旱胁迫下，植物细胞氧自由基产生和清除的平衡遭到破坏，过剩的氧自由基会伤害细胞膜系统，最终使细胞膜膜脂过氧化。植物体内产生了能够清除活性氧的保护酶系统，其中主要有超氧化物歧化酶(SOD)、过氧化物歧化酶(POD)、过氧化氢酶(CAT)和抗坏血酸过氧化物酶(APX)等，它们协作共同抵御干旱胁迫引起的氧化损伤。因此 SOD、POD、CAT 等的活性与植物的抗逆能力强弱密切相关，其大小可以反映植物对干旱逆境抵御能力的大小(李雪，2008)。

在一般保护酶系统中，SOD 处于关键地位，但其也因植物种类的不同表现出对酶敏感度的差异。随着干旱胁迫浓度的提高和时间的延长，青竹复叶槭保护酶的活性明显增强，SOD 活性表现为“M”形变化曲线；CAT 与 SOD 协同反应，呈现“N”字形的变化趋势；POD 的活性则随着胁迫时间的延长经历了先降后升的变化。3 种保护酶协同作用，有效清除自由基，减轻干旱胁迫对细胞膜的伤害，增加了青竹复叶槭的抗旱性(李雪，2008)。鸡爪槭和羽毛槭叶片 POD 活性先升高后降低，复叶槭 POD 活性持续升高；羽毛槭叶片 SOD 活性呈先升后降的趋势，其他两种的则持续升高(毛永成 等，2016)。栓皮槭保护酶系统 SOD、POD、CAT 及 APX 活性的变化大体呈现先升高后下降的趋势(陈吉虎，2006)。保护酶活性的差异，反映了不同种类槭树的抗逆机制的不同。

3 槭树抗旱的分子调控机制

类黄酮是植物体内重要的次级代谢产物。近年来，人们逐渐意识到类黄酮物质与植物抗旱性之间的关系。Shin 等(2016)将小麦的 R2R3-MYB 型基因 TaPL1(PURPLE PLANT1)转化到模式生物拟南芥中，发现拟南芥中花色素苷相关的基因表达量上调，拟南芥的抗旱能力提高。科学家认为，类黄酮物质可以清除植物体在干旱胁迫下因无法正常代谢而积累的自由基、活性氧，进而减轻干旱胁迫引起的损伤，从而提高植物的抗旱能力(Nakabayashi et al.，2014)。

目前，已经明确 MYB、bHLH 和 WD40 等转录因子参与调控类黄酮的生物合成(凌文华 等，2009)。程亚龙(2020)研究表明，在干旱胁迫下，元宝枫枝条中，类黄酮生物合成代谢最为活跃，其关键基因被 TTG1 依赖的 WD40 转录因子直接调控。朱璐等(2020)通过克隆从鸡爪槭金陵黄枫中得到参与植物胁迫应答调控的关键基因 R2R3-MYB 转录因子基因，经同源比对和生物信息学分析将其命名为“ApMYB306”。通过使用荧光定量 PCR 技术分析了 ApMYB306 在不同胁迫下的反应，发现 ApMYB306 受干旱胁迫时表达量明显上调，暗示 ApMYB306 参与了干旱胁迫响应过程。中国林科院华林中心通过对元宝枫抗旱分子机制的研究鉴定出与干旱最相关的 3 个基因模块(*hub* 基因)，对其中一个关键 *hub* 基因(AtruNAC36)进行了功能研究(Li et al.，2023)。这些结果为深入研究元宝枫、鸡爪槭响应干旱胁迫的转录调控机制提供了依据，并为通过分子育种手段创制林木耐旱新种质提供优质候选基因。

4 小结与展望

槭树在不断适应赖以生存的自然环境的过程中，进化形成了最适宜自身生长发育的方式来抵御或忍耐干旱胁迫的影响。如通过气孔导度的调节、减小叶面积等方式来减少水分向环境中散失；通过渗透调节来保持膨压；通过增强抗氧化酶活性来减轻伤害等。然而下一步需做的工作还有很多。首先，加强槭树耐逆综合响应机制研究。槭树易受到水分以外的高温、高光等多种逆境胁迫的影响，并且胁迫响应间有相互关联，因此研究多种胁迫下槭树的适生性生理机制对今后槭树的生产管理具有重要现实意义。其次，目前对槭树抗旱性研究主要集中在元宝枫、鸡爪槭等园林栽培广泛的树种上，缺乏对中国珍稀濒危植物金钱槭和庙台槭的胁迫研究，应深入开展相关工作。最后，加强槭树耐旱基因的挖掘。利用基因克隆、分子标记、全基因组关联分析等研究手段，从基因水平入手深入探析槭树适应干旱的机理，为充分利用槭树耐旱资源和培育槭树耐旱新品种提供理论技术支撑。

参考文献

陈吉虎，2006. 欧洲银叶椴和栓皮槭苗期抗旱生理生态特性的研究[D]. 北京：北京林业大学.

程亚龙，2020. 元宝枫对干旱胁迫响应的基因调控解析[D]. 杨凌：西北农林科技大学.

季华，傅强，姜德伟，等，2012 . 干旱胁迫下罗浮槭苗期的生理和形态变化[J]. 江西农业学报(1)：1-4.

孔杨勇，2011. 我国槭树属植物种质资源及其园林应用的研究[J]. 北方园艺(14)：83-85.

李平，2014. 槭树属植物研究进展[J]. 现代园艺(7)：16-17.

李雪，2008. 青竹复叶槭抗旱抗盐特性的研究[D]. 郑州：河南农业大学.

李久道，2017. 干热胁迫对元宝枫幼苗光合特性及生理生化指标的影响[D]. 延吉：延边大学.

凌文华，郭红辉，2009. 植物花色素苷[M]. 北京：科学出版社：16-35.

罗竹梅，施智宝，刘东林，等，2021. 元宝枫幼苗耐旱性能及沙地适应性研究[J]. 陕西林业科技(6)：1-4.

毛永成，刘璐，王小德，2016. 干旱胁迫对 3 种槭树科植物生理特性的影响[J]. 浙江农林大学学报，33(1)：60-64.

莫镇华，丰震，尹海燕，等，2009. 3 种槭树幼苗抗旱性研究[J]. 中国农学通报，25(3)：88-92.

莫镇华，2009. 部分引种槭树干旱胁迫下苗期反应特性的研究[D]. 泰安：山东农业大学.

沈阳，2018. 水分胁迫对茶条槭幼苗生长的影响[J]. 林业勘查设计(3)：81-82.

王海珍，韩蕊莲，梁宗锁，等，2003. 土壤干旱对辽东栎、大叶细裂槭幼苗生长及水分利用的影响[J]. 西北植物学报(8)：1377-1382.

王佳文，2022. 两种木本观赏植物对干旱胁迫的生理响应研究[D]. 牡丹江：牡丹江师范学院.

吴静, 2014. 水分胁迫对鸡爪槭幼苗生理生化特性的影响研究[D]. 杭州: 浙江农林大学.

杨涛, 施智宝, 任俊, 等, 2022. 干旱胁迫对元宝枫生理活性的影响[J]. 陕西林业科技(2): 1-4.

赵丁冲, 2018. 金叶复叶槭与金叶接骨木抗旱生理特性研究[D]. 保定: 河北农业大学.

朱璐, 李淑顺, 闻婧, 等, 2020. 鸡爪槭ApMYB306基因克隆及功能分析[J]. 江苏农业学报, 36(6): 1512-1520.

Hsiao T C, 2003. Plant responses to water stress [J]. Annals of Botany, 89(7): 801, 802.

Turner N C, 1975. Concurrent comparisons of stomatal behavior, water status, and evaporation of maize in soil at high or low water potential[J]. Plant Physiology, 55(5): 932-936.

Li J B, 2023. Transcriptional regulation of the *Acer truncatum* B. response to drought and the contribution of AtruNAC36 to drought tolerance[J]. Antioxidants, 12(7): 1339.

Nakabayashi R, Mori T, Saito K, 2014. Alternation of flavonoid accumulation under drought stress in *Arabidopsis thaliana*[J]. Plant Signaling & Behavior, 9: e29518.

Shin D H, Choi M G, Kang C S, et al, 2016. A wheat R2R3-MYB protein PURPLE PLANT1 (TaPL1) functions as a positive regulator of anthocyanin biosynthesis[J]. Biochemical and Biophysical Research Communications, 469(3): 686-691.

郑州市耐阴木本地被植物调查与综合应用评价

Investigation and Comprehensive Application Evaluation of Shade-tolerant Woody Ground Cover Plants in Zhengzhou

付夏楠　郭欢欢　赵建霞

（郑州植物园，河南郑州，450042）

FU Xianan　GUO Huanhuan　ZHAO Jianxia

（*Zhengzhou Botanical Garden*, *Zhengzhou*, *Henan*, 450042）

摘要：为合理应用推广耐阴木本地被植物资源，优化城市园林景观配置，采用实地调研法和层次分析法(AHP)，对郑州市内主要的城市绿地中的耐阴木本地被植物进行实地调查，并构建综合评价体系，对耐阴植物进行综合应用评价。结果表明，郑州城市绿地耐阴木本地被植物有120种，隶属于35科69属。蔷薇科植物种类最多，共8属21种。基于层次分析法的使用，120种耐阴木本地被植物综合应用价值可划分为4个等级：Ⅰ级(V>4)，共有20种植物，占评价地被植物总数的16.7%，综合应用价值极高，极适宜在郑州地区大力推广应用；Ⅱ级(3.5<V<4)，共有37种植物，占评价地被植物总数的30.8%，综合应用价值较高，可适度推广应用；Ⅲ级(3<V<3.5)，综合评价适中，共有42种植物，占评价地被植物总数的35%，可结合具体情况选择性推广应用；Ⅳ级(V<3)，综合评价值较低，共有21种植物，占评价地被植物总数的17.5%，不适合作为大面积地被植物应用。

关键词：耐阴木本地被植物；调查；AHP；综合评价

Abstract: In order to rationally apply and popularize shade-tolerant woody ground cover resources, optimize urban landscape configuration. In this paper, field investigation and analytic hierarchy process (AHP) were used to investigate the shade-tolerant woody ground cover plants in main urban green Spaces in Zhengzhou, and a comprehensive evaluation system was constructed to evaluate the comprehensive application of shade-tolerant plants. The results showed that there were 120 species of shade-tolerant woody ground cover plants, belonging to 69 genera and 35 families, and the most species of rosaceae plants were 21 species in 8 genera. Based on analytic hierarchy process (AHP), the comprehensive application value of 120 shade-tolerant woody ground cover plants could be divided into four grades: Level Ⅰ, 20 species plants, accounting for 16.7% of the total evaluated ground cover plants, with high comprehensive application value and extremely suitable for promotion and application in Zhengzhou; Level Ⅱ, 37 species, accounting for 30.8% of the total evaluated ground cover plants, the comprehensive application value is high, can be moderately extended application; Level Ⅲ, moderate comprehensive evaluation value, 42 species, accounting for 35% of the total evaluated ground cover plants, can be selectively promoted and applied according to specific conditions; Level Ⅳ, the comprehensive evaluation value is low, there are 21 species in total, accounting for 17.5% of the total evaluated ground cover plants.

Keywords: Shade-tolerant woody groundcover plants; Investigation; AHP; Comprehensive evaluation

园林木本地被植物作为有效覆盖地面的低矮植物，具有较好的景观效果、生态功能和经济效益，在城市园林绿化中扮演着重要角色，近年来越来越受到重视。开展耐阴木本地被植物的调查及应用研究，对选择合适的耐阴地被植物、丰富园林景观、提高城市园林绿化覆盖率及实现城市生物多样性等方面都具有重要的现实意义(田福平 等，2006；李茂香，2015；罗媛媛 等，2021)。

近年来，国内学者在地被植物资源调查及筛选方面开展了大量的研究，也获得了一些成果。20 世纪 70 年代初，上海成立课题组引种了金丝桃、白三叶等地被植物，并对地被植物进行了生物学特性的研究(林珏，2006)。1982 年，钮友民通过调查，筛选出杭州市区的优良地被植物美女樱、倭海棠、德国鸢尾等 14 种(钮友民和钟勇芳，1982)。朱云华全面调查了杭州植物园和杭州城区的地被植物种类，认为草本地被三色堇、白穗花、吉祥草、德国鸢尾、麦冬和阔叶山麦冬等，以及木本地被菲白竹、迎春、倭竹等具有开发价值(朱云华 等，2000)。茹雷鸣通过调查得知南京市公园绿地地被植物共 147 种，隶属于 51 科 105 属，其中，乡土植物所占比例达到 44%(茹雷鸣，2008)。诸茜报道了江苏省城市园林地被植物数目达到 433 种，隶属于 75 科 243 属，优势科为蔷薇科、菊科、百合科等(褚茜，2012)。罗毅报道，吉安市乡土地被植物有 53 科 78 属 87 种，并且推荐了络石、六月雪、垂盆草、石蒜等 19 种优秀乡土地被植物(罗毅，2009)。张绿水等报道，南昌城市绿地地被植物共有 143 种，其中，优势科为百合科、菊科、禾本科、柏科(张绿水 等，2008)。

目前，郑州市应用的木本地被植物种类较少，地被景观同质性高，维护成本较高(邢建丽，2018)，尚未见关于郑州地区耐阴木本地被植物资源的调查及综合应用评价的报道。

本研究对郑州城市公园绿地耐阴木本地被植物资源进行实地调研，分析耐阴木本地被植物的植物科属组成、优势科、外貌特征和耐阴性。运用层次分析法建立综合评价体系，对郑州城市绿地耐阴木本地被植物进行综合应用评价，为今后郑州市耐阴木本地被植物资源的选择和应用提供参考。

1 材料与方法

1.1 研究区概况

郑州位于东经 112°42′~114°14′，北纬 34°16′~34°58′，总面积 7446.2km^2。郑州气候属暖温带至北亚热带过渡型大陆性气候，年降水量约 640.9mm，年平均气温约 14.2℃。其地带性植被属于温带落叶常绿混交阔叶林带，植物区系属中北温带和东亚，郑州的植物资源比较丰富，共计有维管植物 181 科 941 属 2302 种(崔波 等，2008)。

1.2 调查对象

2020 年 6 月至 2021 年 6 月，研究人员对郑州市内主要的城市绿地中的耐阴木本地被植物进行实地调查。调查范围主要包括郑州植物园、人民公园、碧沙岗公园、紫荆山公园、五一公园、文化公园、南环公园、雕塑公园、郑州之林、郑州龙湖公园 10 个公园的绿地。另外，还对郑州市高架路桥下的耐阴木本地被植物进行了调查统计。

1.3 实地调查方法

对郑州市主要城市绿地的耐阴木本地被植物进行实地调查、记录，通过采集标本或拍照，查阅《中国植物志》和《郑州植物志》等专业书籍，鉴定后确定其种类。记录数据主要包括植物种类、生长势、观赏特性、覆盖率、适应性、生境等。

1.4 综合评价方法

1.4.1 建立综合评价模型

本研究采用层次分析法对郑州城市绿地耐阴木本地被植物进行综合应用评价，并划分等级。通过查阅文献(吴昊，2020；沈荔荔，2022)、咨询专家，以评价目的为基础确定各层次指标，构建郑州市耐阴木本地被植物综合评价模型(表1)及评分标准(表2)，除耐阴性(C6)4个等级分值为2~5分，其余12个评价指标均分为5个等级，分值为1~5分。

表1 综合评价模型

Table 1 Comprehensive evaluation model

目标层(A)	约束层(B)	标准层(C)	最底层(D)
郑州市耐阴木本地被植物综合应用评价(A)	观赏特性(B1)	观花特性(C1)	D1、D2、D3……待评价的耐阴木本地被植物
		观叶特性(C2)	
		观果特性(C3)	
		观形特性(C4)	
		观赏期(C5)	
	适应特性(B2)	耐阴性(C6)	
		抗逆性(C7)	
		覆盖力(C8)	
	生长特性(B3)	生长势(C9)	
		绿期(C10)	
	应用质量(B4)	繁殖能力(C11)	
		干扰性(C12)	
		管理频度(C13)	

表2 评分标准

Table 2 Scoring criteria

评价指标	分值				
	5	4	3	2	1
观花特性(C1)	花色鲜艳，花姿奇特，花径大，花量大	花色纯度较高，花姿较奇特，花径较大	花色鲜艳度一般，花径一般，花姿一般	花色纯度较低，颜色较暗淡，花径较小	花色纯度低，颜色暗淡，花径极小，花期极短
观叶特性(C2)	叶片密集，叶形奇特，叶色亮丽	叶片较密集，叶形较奇特，叶色较亮丽	叶形一般，叶色单一，质感一般	叶形较差，质感较粗糙	叶色暗，叶形差，质感粗糙
观果特性(C3)	果实颜色鲜亮，挂果量多，宿存时间长	果实颜色较鲜亮，挂果量较多，宿存时间较长	果实颜色稍暗淡，挂果量一般，宿存时间稍短	果实颜色暗淡，挂果量较少，宿存时间短	果实颜色灰暗，挂果量少，宿存时间极短
观形特性(C4)	株型整齐优美，外观雅致	株型较整齐，外观较雅致	株型一般，少量凌乱	株型较松散，枝叶稀疏	株型不美观
观赏期(C5)	四季皆可观赏	三季可观赏	两季可观赏	一季可观赏	观赏期不足一季
耐阴性(C6)	较耐阴	耐阴	耐半阴	稍耐阴	—

（续）

评价指标	分值				
	5	4	3	2	1
抗逆性（C7）	抗病虫害、抗寒、抗旱、耐热	抗病虫害、抗寒、抗旱、耐热中占3项	抗病虫害、抗寒、抗旱、耐热中占2项	抗病虫害、抗寒、抗旱、耐热中占1项	抗病虫害、抗寒、抗旱、耐热4项均无
覆盖力（C8）	生长过程不露土，能充分覆盖地表	稍有露土现象，基本覆盖地表	有露土现象，枝叶稍稀疏，覆地能力一般	枝叶稀疏，覆地能力差	枝叶极稀疏，覆地能力极差
生长势（C9）	极好	较好	一般	较差	极差
绿期（C10）	终年常绿	叶期9~11个月	叶期6~8个月	叶期5个月	叶期短于5个月
繁殖能力（C11）	繁殖方式多，繁殖力强	繁殖力较强，繁殖周期短	繁殖力一般	繁殖力较差，繁殖周期长	较难繁殖
干扰性（C12）	对其他植物无干扰	干扰较轻	干扰性一般	干扰较强	干扰极强
管理频度（C13）	管理粗放，基本无需管理	管理较粗放，一年仅需几次整理	管理程度一般，需特殊管理措施	管理较精细，修剪次数稍多	管理精细，需长期维持

1.4.2 评价因子权重的计算

根据层次分析法基本模型，运用1~9比率标度法，构建两两比较判断矩阵，经校验确认各项一致性均达标，最终得出层次总权重值（表3）。对于目标层（A）来说，观赏特性（B1）和生长特性（B3）所占权重值最大，分别为0.4014和0.3532。观赏特性是地被植物最终应用于城市园林绿化的优先考虑因素，而对于观赏特性（B1）来说，观赏期（C5）所占权重值最大，观赏时间越长则观赏价值越高。对于生长特性（B3）来说，覆盖力（C8）和绿期（C10）所占权重最大，覆盖力是衡量地被植物应用效果的最重要的指标。

表3 标准层C对目标层A的总权重值

Table 3 Total weight value of standard layer C to target layer A

目标层（A）	约束层（B）	标准层（C）	C层总权重值
A	B1 0.4014	C1 0.2025	0.0813
		C2 0.0893	0.0358
		C3 0.0552	0.0222
		C4 0.2615	0.105
	B2 0.1761	C5 0.3915	0.1571
		C6 0.6667	0.1174
		C7 0.3333	0.0587
	B3 0.3532	C8 0.5591	0.1975
		C9 0.0887	0.0313
		C10 0.3522	0.1244
	B4 0.0693	C11 0.5584	0.0387
		C12 0.122	0.0085
		C13 0.3196	0.0221

(续)

植物	观花特性	观叶特性	观果特性	观型特性	观赏期	耐阴性	抗逆性	覆盖力	生长势	绿期	繁殖能力	干扰性	管理频度	V值	等级
棣棠花	4.38	4.05	2.11	4.45	4.12	3.41	3.52	4.48	4.11	4	3.98	4.58	3.44	4.049	Ⅰ
地锦	2.35	4.26	2.88	4.07	4.28	4.21	4.09	4.51	4.36	4.02	3.75	3.25	4.02	4.030	Ⅰ
连翘	4.55	3.67	3.05	4.11	3.59	4.09	4.5	4.38	4.22	3.57	3.85	4.58	4.16	4.030	Ⅰ
凌霄	4.47	3.15	3.06	3.92	3.81	4.03	3.75	4.4	4.06	3.94	4.17	4.56	3.94	4.021	Ⅰ
臭牡丹	4.52	3.73	3.16	4.25	3.52	4	4.15	4.45	3.81	3.71	4.19	3.06	4	4.020	Ⅰ
雀舌黄杨	2.55	4.33	3.01	4.59	4.05	4.41	4.01	4.02	4.06	4.35	3.71	4.07	3.55	4.019	Ⅰ
冬青卫矛	2.93	4.36	4.15	4.25	4.58	2.58	4.03	4.24	4.16	4.69	4.08	4.53	3.55	4.018	Ⅰ
风箱果	3.87	4.25	4.58	4.09	4.24	3.68	3.69	4.35	4.02	3.89	3.05	4.08	3.65	4.015	Ⅰ
金丝桃	4.39	3.88	3.05	4.58	4.08	2.76	3.77	4.39	4.28	4.05	3.89	4.12	4.02	4.010	Ⅰ
枸骨	2.34	4.47	4.59	4.63	4.61	2.58	4.23	4.13	3.97	4.65	4.11	4.21	3.75	4.010	Ⅰ
小叶扶芳藤	2.44	4.55	2.46	4.36	4.28	3.49	4.37	4.25	4.11	4.38	4.05	4.08	3.97	4.004	Ⅰ
金丝梅	4.47	3.77	2.87	4.54	4.05	2.85	3.79	4.39	4.22	4	3.85	4.06	4	4.001	Ⅰ
花叶扶芳藤	2.34	4.51	2.47	4.11	4.23	3.66	4.06	4.05	4.07	4.46	3.94	3.94	3.74	3.921	Ⅱ
熊掌木	2.86	4.3	2.13	4.01	4.06	4.65	3.21	3.87	3.89	4.37	3.55	4.51	3.78	3.916	Ⅱ
金边黄杨	2.06	4.47	3.01	4.22	4.57	2.27	4.29	4.36	4.38	4.43	3.87	4.46	3.75	3.894	Ⅱ
银边常春藤	2.15	4.12	2.01	4.13	4.18	3.74	3.95	4.01	4.01	4.35	3.98	3.75	3.87	3.858	Ⅱ
花叶常春藤	2.16	4.18	2.06	4.15	4.16	3.69	3.87	4.02	4.08	4.37	3.87	3.72	3.85	3.852	Ⅱ
紫叶小檗	3.06	4.5	3.16	4.17	4	3.05	4.06	4.41	4.12	3.5	4.03	4.44	3.65	3.852	Ⅱ
阔叶十大功劳	3.24	4.25	3.36	3.71	4.05	3.89	3.94	3.74	3.96	4.05	3.71	4.41	3.84	3.836	Ⅱ
六月雪	3.77	3.97	2.08	3.86	3.9	4	3.33	4.05	3.61	4	3.16	4.06	3.58	3.824	Ⅱ
紫金牛	3.32	3.29	4.26	3.69	3.88	4.72	3.06	3.89	3.36	4	3.15	4.11	3	3.807	Ⅱ
椤木石楠	3.12	3.89	2.38	4.15	4.14	3.58	3.76	3.75	3.88	4.16	3.56	3.89	3.49	3.800	Ⅱ
顶花板凳果	2.56	3.89	3.68	3.77	3.54	4.49	3.93	3.88	3.76	4.22	3.58	4.02	3.41	3.796	Ⅱ
红叶石楠	3.04	4.35	2.31	4.21	4.13	3.52	3.59	3.68	3.79	4.27	3.43	4.05	3.58	3.792	Ⅱ
石楠	3.16	4.03	2.52	4.23	3.57	3.67	3.82	3.82	4.08	4.25	3.45	4.07	3.57	3.775	Ⅱ
扶芳藤	2.14	4.22	2.24	4.01	4.03	3.51	4.01	3.99	3.81	4.22	3.79	4.03	3.66	3.770	Ⅱ
山茶	4.68	4.01	3.32	3.74	3.85	3.78	3.54	3.21	3.35	4.08	3.55	4.08	3.88	3.751	Ⅱ
黄刺玫	4.59	4.03	4.25	4.15	3.15	2.15	4.06	4.31	4.29	3.52	3.89	4.39	4.16	3.736	Ⅱ
花叶地锦	2.18	4.36	2.86	4.15	3.76	2.58	4.08	4.58	4.05	3.87	3.71	3.24	3.76	3.733	Ⅱ
红花檵木	3.93	3.97	2.05	4.07	4.26	2.22	2.82	3.79	4.05	4.58	3.49	4.48	3.74	3.731	Ⅱ
无刺枸骨	2.36	4.12	3.75	3.81	4.13	3.32	3.77	3.67	3.62	4.36	3.96	4.25	3.36	3.727	Ⅱ
十大功劳	3.39	4.12	3.15	3.69	3.88	3.64	3.06	3.69	3.81	4.12	3.62	4.15	3.84	3.718	Ⅱ
木香花	4.29	3.41	2.54	3.88	3.79	3.05	3.96	3.78	3.66	3.59	3.84	4.02	3.81	3.695	Ⅱ
五叶地锦	2.17	4.17	2.75	4.03	3.81	2.74	3.84	4.51	4.07	3.76	3.69	3.31	3.69	3.694	Ⅱ
络石	3.2	2.66	2	3.9	4.11	4.05	3.11	3.69	3.52	3.74	3.35	3.41	3.81	3.660	Ⅱ

（续）

植物	观花特性	观叶特性	观果特性	观型特性	观赏期	耐阴性	抗逆性	覆盖力	生长势	绿期	繁殖能力	干扰性	管理频度	V值	等级
金钟花	4.32	3.09	2.87	4.15	2.34	3.26	4.11	4.17	4.33	3.48	4.01	4.39	4.23	3.631	Ⅱ
小叶蚊母树	3.28	3.81	1.33	3.55	4.19	2.2	3.47	4.05	3.88	4.21	3.28	4.36	3.85	3.620	Ⅱ
胶东卫矛	3.11	4.17	3.85	4.01	3.65	3.16	3.56	3.85	3.87	3.42	3.77	4.07	3.08	3.618	Ⅱ
蚊母树	3.33	3.91	1.31	3.52	4.14	2.25	3.51	4.03	3.84	4.18	3.31	4.38	3.84	3.616	Ⅱ
龟甲冬青	2.14	4.23	3.86	3.66	4.21	2.68	3.71	3.59	3.57	4.41	3.68	4.03	3.28	3.608	Ⅱ
麻叶绣线菊	3.94	3.75	2.67	4.03	3.69	2.64	3.62	3.76	4.09	3.67	3.59	3.88	2.97	3.604	Ⅱ
珍珠梅	3.88	3.62	2.87	4.01	3.66	2.47	3.96	3.52	3.91	3.65	3.56	3.95	3.69	3.552	Ⅱ
银姬小蜡	3.15	3.69	2.51	3.64	3.89	2.05	3.35	3.92	4.03	4.25	3.66	4.15	3.22	3.552	Ⅱ
金叶小檗	3.05	4.13	3	3.97	3.8	3.08	3.64	3.68	3.57	3.33	3.61	4.08	3.06	3.546	Ⅱ
夹竹桃	4.39	3	2.04	3.65	3.81	3.32	3.22	3.14	3.28	4.21	3.14	3.15	3.54	3.543	Ⅱ
粉花绣线菊	3.92	3.55	2.19	3.81	3.44	3.43	3.65	3.44	3.77	3.64	3.51	3.66	3.03	3.536	Ⅱ
天目琼花	4.55	3.68	2.94	3.58	3.61	3.08	3.19	3.47	3.69	3.49	3.04	4.11	3.12	3.515	Ⅱ
金叶大花六道木	4.37	3.82	2.12	3.84	3.82	2.33	3.18	3.69	3.68	3.18	3.91	4.36	3.44	3.507	Ⅱ
日本小檗	3.21	3.98	2.81	4.02	3.54	2.94	3.58	3.74	3.77	3.14	3.75	4.15	3.51	3.505	Ⅱ
栓翅卫矛	3.26	3.76	3.97	3.58	3.46	3.35	3.28	3.73	3.92	3.21	3.68	4.02	3.03	3.495	Ⅲ
猕猴桃	3.02	3.88	4.29	3.71	3.51	3.55	3.07	3.57	3.62	3.12	3.77	3.85	3.78	3.486	Ⅲ
紫薇	4.11	3.24	3.01	3.56	3.45	3.88	2.58	3.46	3.55	3.08	3.88	4.17	3.56	3.482	Ⅲ
三裂蛇葡萄	2.26	3.51	4.36	3.89	3.35	4.01	3.56	3.25	3.88	3.54	3.58	3.58	3.55	3.472	Ⅲ
云南黄素馨	3.76	3.63	1.91	3.48	3.73	2	3.77	3.69	4.06	3.71	4.15	4.11	3.06	3.466	Ⅲ
蒺藜	2.56	3.88	4.05	3.25	3.74	3.59	3.35	3.43	3.33	3.69	3.42	4.12	3.11	3.461	Ⅲ
南蛇藤	2.86	3.39	3.55	2.97	3.59	3.09	3.34	3.71	3.88	3.74	4.01	3.83	3.84	3.459	Ⅲ
结香	3.86	3.38	2.35	4.1	4	3.37	3.63	3.02	3.01	3.08	3.02	3.86	3.56	3.457	Ⅲ
三裂绣线菊	3.68	3.68	2.38	3.99	3.52	2.58	3.58	3.53	3.63	3.59	3.41	3.75	3.01	3.456	Ⅲ
菱叶绣线菊	3.82	3.62	2.61	3.79	3.51	2.63	3.62	3.48	3.85	3.57	3.48	3.71	3.08	3.455	Ⅲ
紫藤	4.32	3.68	2.22	4.16	3.25	3.39	3.57	3	4.03	3.06	3.71	3.89	3.74	3.446	Ⅲ
大花水桠木	3.79	3.45	1.33	3.85	3.68	2.19	3.48	3.65	3.36	3.61	3.33	4.21	3.28	3.417	Ⅲ
绣线菊	3.89	3.39	2.36	3.88	3.42	2	3.86	3.55	3.96	3.68	3.42	3.89	3.02	3.411	Ⅲ
金山绣线菊	3.76	3.52	2.45	3.86	3.43	2.55	3.68	3.52	3.76	3.39	3.26	3.62	3	3.403	Ⅲ
菲白竹	1	3.36	1	3.52	3.41	3.65	1.22	4.38	4.09	4.23	3.96	1.13	3.85	3.396	Ⅲ
金焰绣线菊	3.75	3.54	2.38	3.79	3.29	2.41	3.57	3.62	3.82	3.54	3.35	3.67	3.1	3.396	Ⅲ
花叶蔓长春花	2.61	3.89	2.08	3.11	3.24	3.33	3.69	3.61	3.51	3.74	3.44	3.38	4.02	3.380	Ⅲ
平枝栒子	3.33	3.55	4.12	3.08	3.55	2	3.42	3.66	3.78	3.82	3.57	4.12	3.39	3.370	Ⅲ
野蔷薇	4.39	3.55	3.06	3.89	3.08	2	3.36	3.69	3.88	3.06	3.71	4.08	3.83	3.370	Ⅲ
皱叶荚蒾	3.06	3.11	3.41	3.05	3.36	3.54	3.44	3.39	3.74	3.57	3.11	4.08	3.24	3.359	Ⅲ
水栒子	3.51	3.69	4.16	3.55	3.26	2.24	3.12	3.72	3.35	3.59	3.11	4.33	3.08	3.352	Ⅲ

(续)

植物	观花特性	观叶特性	观果特性	观型特性	观赏期	耐阴性	抗逆性	覆盖力	生长势	绿期	繁殖能力	干扰性	管理频度	V值	等级
沙地柏	1.22	2.45	2.91	3.51	4.04	2.03	3.96	3.84	3.43	4.25	3.05	3.11	3.58	3.344	Ⅲ
榆叶梅	4.5	3.23	4.15	4.22	2.52	2	4.11	3.05	4.08	3.46	4.01	4.36	4.03	3.330	Ⅲ
木芙蓉	4.33	3.18	3.09	3.84	3.03	2.36	3.35	3.67	3.61	3.02	3.17	4.34	3.03	3.327	Ⅲ
探春花	3.82	3.55	2.11	4.03	2.47	2.21	3.56	4.05	3.85	3.09	3.55	4.36	3.74	3.326	Ⅲ
小叶女贞	2	3.48	1.36	4.15	4.13	2.15	3.26	3.66	3.51	3.03	3.84	4.15	3.62	3.319	Ⅲ
凤尾兰	3.02	3.28	2.07	2.89	4.05	2	4.01	3.09	4.03	4.21	3.21	3.18	3.52	3.308	Ⅲ
木槿	4.46	3.54	2.55	3.85	3.24	3.06	3.81	2.18	3.68	3.66	3.71	4.41	3.76	3.307	Ⅲ
红王子锦带	4.49	3.06	2.19	3.08	3.51	2.09	3.11	3.61	3.55	3.15	3.84	4.31	3.56	3.306	Ⅲ
花叶络石	2.66	3.74	2.13	3.06	3.18	3.67	3.09	3.55	2.79	3.56	3.63	3.18	3.11	3.298	Ⅲ
通脱木	2.81	4.23	2.15	3.55	3.88	2.38	3.02	2.83	3.74	3.89	3.03	4.13	3.86	3.264	Ⅲ
毛核木	3.02	2.15	3.76	3.17	3.59	2.63	3.49	3.13	3.49	3.77	3.29	4.27	3.84	3.261	Ⅲ
刺柏	1.01	1.87	3.07	3.33	3.84	2.39	4.05	3.71	3.14	4.09	2.42	3.94	3.97	3.243	Ⅲ
日本扁柏	1.01	2.73	2.52	3.06	3.69	2.92	3.81	3.03	3.35	4.21	3.44	4.05	2.81	3.160	Ⅲ
忍冬	3.01	3.19	1.25	2.66	3.23	2.78	3.07	3.74	3.55	3.03	3.11	3.96	3.17	3.131	Ⅲ
短柱络石	2.45	3.35	2.21	2.94	3.06	3.74	3.22	3.19	2.58	3.09	3.37	3.21	3.41	3.114	Ⅲ
紫珠	3.67	3.06	4.09	3.55	3	2.91	2.5	3.14	2.81	2.87	3.11	2.83	3.04	3.108	Ⅲ
绣球	4.06	2.91	1.13	4.25	2.35	3	2.54	3.49	2.65	2.57	3.21	4.13	2.5	3.083	Ⅲ
胡枝子	3.13	2.58	2.31	2.94	3.08	2.17	3.78	3.22	3.15	3.32	3.58	4.12	3.63	3.069	Ⅲ
大花溲疏	3.76	2.98	1.31	2.61	3.11	2	3.85	3.11	3.21	3.39	3.38	4.26	3.58	3.047	Ⅲ
多花胡枝子	3.25	2.41	2.16	2.72	3.05	2.22	3.54	3.36	3.08	3.24	3.49	4.08	3.29	3.037	Ⅲ
溲疏	3.55	3.06	1.26	2.54	3.08	2	3.85	3.15	3.27	3.44	3.35	4.29	3.63	3.036	Ⅲ
猫儿刺	2	3.85	3.93	3.04	2.49	2	3.35	3.09	3.49	3.91	3.79	4.08	3.44	2.993	Ⅳ
白鹃梅	3.35	2.51	2.06	3.41	3.25	2	3.08	2.94	3.18	3.15	2.96	4.18	3.04	2.981	Ⅳ
栀子	3.79	3.35	3.14	3.58	3.43	2	2.81	2.46	3.05	3.11	2.93	4.33	1.95	2.974	Ⅳ
绢毛山梅花	3.45	2.49	1.27	3.47	2.3	2.11	3.17	3.31	3.71	3.28	3.25	4.15	3.39	2.971	Ⅳ
杠柳	1.6	2.15	1.87	2.61	3.01	3.33	3.76	3.18	3.48	3.06	3.44	3.25	3.69	2.967	Ⅳ
山梅花	3.5	2.5	1.25	3.41	2.26	2	3.21	3.28	3.68	3.31	3.24	4.18	3.49	2.951	Ⅳ
牡丹	4.56	3.22	2.23	3.58	2	2.72	3.23	2.31	3.46	3.28	3.86	4.15	2	2.936	Ⅳ
太平花	3.75	2.55	1.16	3.39	2	2.06	3.35	3.19	3.59	3.34	3.28	4.21	3.52	2.929	Ⅳ
冠盖绣球	4.05	2.66	1.25	3.66	2.57	2	2.42	3.36	3.08	2.64	3.11	4.02	2.57	2.917	Ⅳ
箬竹	1	2.65	1	2.59	3.16	2.88	2.17	3.11	3.57	4.05	3.88	1.44	3.93	2.911	Ⅳ
朱砂根	2.06	2.5	3.78	3.61	3.11	3.84	1.61	2.18	2.49	3.61	3.05	4.06	1.75	2.903	Ⅳ
杜鹃花	4.31	2.02	1.14	3.22	3.36	2.17	2.37	2.15	2.28	3.12	3.86	4.11	3.24	2.848	Ⅳ
石南藤	1	3.5	1.74	2.16	2.81	3.84	3.22	3.04	2.84	3.13	2.73	4.11	3.34	2.846	Ⅳ
醉鱼草	3.51	2.25	1.63	2.96	2.51	2.88	3.11	2.43	3.51	3.02	3.36	4.13	2.98	2.824	Ⅳ

（续）

植物	观花特性	观叶特性	观果特性	观型特性	观赏期	耐阴性	抗逆性	覆盖力	生长势	绿期	繁殖能力	干扰性	管理频度	V值	等级
山麻杆	2.12	3.84	2.25	3.51	2.58	3.34	2.87	2.18	2.63	3.08	2.63	4.11	3.44	2.803	Ⅳ
冠盖藤	2.13	3.06	1	2.05	2.51	3.97	2.3	2.57	2.77	4.03	2.16	4.11	3.05	2.797	Ⅳ
绒柏	1.05	1.33	2.15	3.25	3.31	2.01	3.11	2.42	3.03	3.66	3.12	3.65	3.51	2.718	Ⅳ
毛杜鹃	3.55	1.63	1.25	2.14	2.25	3.71	2.48	2.35	2.75	2.81	3.08	4.16	3.17	2.658	Ⅳ
薜荔	1.14	3.06	2.11	3.01	2.25	3.84	2.16	2.21	2.06	3.51	2.36	4.01	3.15	2.629	Ⅳ
百两金	1.85	2.33	3.81	3.05	3.21	3.69	1.18	1.49	2.08	3.09	2.71	4.19	2.07	2.575	Ⅳ
黑果荚蒾	2.32	2.06	2.14	2.09	2.54	2.67	1.21	2.07	1.91	3.05	1.06	4.22	1.55	2.272	Ⅳ

3 结论与讨论

郑州市耐阴木本地被植物共有120种，隶属于35科69属。其中，蔷薇科植物种类最多，其次是虎耳草科、卫矛科、忍冬科、五加科、木樨科和小檗科等。这些耐阴植物是构成郑州市园林绿地耐阴木本地被植物多样性的主体。郑州城市绿地耐阴木本地被植物中，落叶树种较多，常绿树种较少，季相更替比较明显，符合北方城市的植被特点，也与郑州市冬夏季节的总体景观特点相吻合。

由于城市用地条件的复杂性，对地被植物种类的选择和评价存在一定难度，本研究利用层次分析法，对郑州城市绿地耐阴木本地被植物的观赏特性、适应特性、生长特性和应用质量，在统一标准的条件下作出综合评价，主要倾向于植物的观赏期、观形特性、耐阴性、覆盖力和绿期等指标。从综合评价的实际结果来看，基本上反映了各种植物的综合应用价值。南天竹、海桐、洒金东瀛珊瑚等终年常绿，株型整齐优美，耐阴性极强，同时又具有一定的观果、观叶特性；重瓣棣棠、连翘、金丝桃、金丝梅等植物耐阴性强、观花效果极好、能充分覆盖地表。这些植物的综合评价值较高，属于第Ⅰ等级。

Ⅱ级耐阴木本地被植物共有37种，紫金牛、顶花板凳果极耐阴，是优良的观果观叶类地被植物，但其植株较为矮小，株型较一般，因此综合评价值略低，被划归于第Ⅱ等级中；络石是常绿木质藤本，花型优美且具芳香，适应性强，覆盖力高，但其观赏期短，全株有毒，所以总分略低；粉花绣线菊、天目琼花、木香花、金钟花、六月雪等植物均具有较优的观花、观形特性，但其耐阴性及抗逆性一般，因此被划归于第Ⅱ等级中，在园林中可以适度推广。

Ⅲ级耐阴木本地被植物共有42种，结香、木槿、木芙蓉、紫薇等花姿优美、适应性强、生长势好，但耐阴性一般，且都是大灌木，覆盖力弱、绿期较短；沙地柏、刺柏、日本扁柏同属柏科植物，终年常绿，但耐阴性较差，观赏效果一般，因此这些植物综合评价一般，划归于第Ⅲ等级中，此类植物可以在园林中特定的环境中选择性推广应用。

Ⅳ级耐阴木本地被植物共有21种，受多个因素影响，综合得分最低，在耐阴环境中应用选择时应慎重选择。

本研究的综合评价模型中的评价因子的确定及评分标准均有一定的主观性，在实际的园林应用中进行地被植物配置，需要充分考虑植物的适应性、形态特征、季相等因素，选择适合的需要的品种，营造季相变化丰富、四时有景、生态可持续的园林景观植物。

参考文献

褚茜，2012. 江苏省城市园林地被植物资源调查与应用研究[D]. 南京：南京林业大学.
崔波，李服，马杰，2008. 郑州植物志[M]. 北京：中国科学技术出版社.
李茂香，2015. 耐荫地被植物在上海园林中的应用研究[J]. 农业与技术(35)：228-229.
林珏，2006. 草本地被植物在上海地区的应用及其发展前景[J]. 上海农业科技(1)：88-90.
罗毅，2009. 吉安市地被植物园林应用调查及乡土地被资源综合评价[D]. 杭州：浙江大学.
罗媛媛，邓康欣，刘翔艳，等，2021. 中国地被植物园林应用研究进展[J]. 中国农学通报，37(13)：69-76.
钮友民，钟勇芳，1982. 杭州地被植物调查报告[J]. 杭州植物园通讯：19-23.
茹雷鸣，2008. 南京公园绿地地被植物群落调查与优化配置研究[D]. 南京：南京农业大学.
沈荔荔，马文卿，李许文，2022. 11 种园林地被植物在广州地区应用的综合评价[J]. 绿色科技，24(17)：37-40.
田福平，武高林，时永杰，等，2006. 我国园林地被植物研究现状[J]. 草业科学，23(9)：111-114.
吴昊，2020. 基于 AHP 的武汉市宿根地被植物综合评价[J]. 中国农学通报，36(7)：63-68.
邢建丽，2018. 郑州市园林地被植物物种多样性及应用研究[D]. 郑州：河南农业大学.
张绿水，连芳青，陈飞平，2008. 南昌市城市绿地中的地被植物种类及应用调查研究[J]. 福建林业科技，35(2)：219-223.
朱云华，庚国，臧廷亮，2000. 园林地被植物的研究现状及趋势[J]. 江苏林业科技(9)：16-19.

五育融合视角下的植物园自然教育活动设计与实践

——以北京教学植物园“探秘自然乐园”六一活动为例

The Design and Practice of Nature Education Activities in Botanical Gardens under the Perspective of Integration of Five Education

——Taking the June 1 Activity of “Exploring the Natural Paradise” in Beijing Teaching Botanical Garden as An Example

李艳慧　明冠华　王鹏　李慢如　李朝霞　徐铭遥　李广旺

（北京教学植物园，北京，100061）

LI Yanhui　MING Guanhua　WANG Peng　LI Manru　LI Zhaoxia　XU Mingyao　LI Guangwang

（*Beijing Teaching Botanical Garden*, *Beijing*, 100061）

摘要：五育融合是新时代我国教育发展的重要表征，北京教学植物园尝试在“探秘自然乐园”六一主题活动中将五育有机融合，构建由自然科普剧、自然观察和创意自然手作等模块组合而成的综合性自然教育活动。活动设计保证各模块目标整体性贯通，侧重问题解决，突显活动的教育性，既考虑到实施的便利性，又保证了活动的综合性，是设计融合性活动的有效方式。此次活动为未来的自然教育主题活动的开展提供了启示。

关键词：五育融合；自然教育；模块组合；主题活动

Abstract: The integration of the five education is an important symptom of the development of education in China in the new era. Beijing Teaching Botanical Garden tries to organically integrate the five education in the "Exploring the Natural Paradise" June 1 thematic activity, and builds a comprehensive nature education activity combining the modules of nature science popularization drama, nature observation and creative nature handicraft. The design of the activity ensured that the objectives of the modules were coherent, focused on problem solving and emphasized the educational of the activity, which was an effective way of designing integrated activities, taking into account both the convenience of implementation and the comprehensiveness of the activity. This activity provides inspiration for future nature education thematic activities.

Keywords: Five education integration; Nature education; Module combination; Thematic activities

自然教育近些年在我国发展迅速，通过对青少年开展自然教育，可以有效促进少年儿童身心健康、人格发展、学业发展、和环境素养提升（王西敏，2023）。值得关注的是，自然教育还具有天然的综合属性，这一特点在倡导“全面育人”教育理念的当下（郝志军，2022），具有重要指导意义。教育工作者可以在自然教育的过程

第一作者简介：李艳慧，1983年9月，女，初级职称，15313378617，18236640@qq.com，自然教育。

中，有意识地融合德育、智育、体育、美育和劳动教育等内容，以自然教育为载体，实现全面育人的教育目标。

北京教学植物园隶属于北京市教委，是全国唯一一所专门为中小学生提供教育教学活动服务的专类植物园，引种植物2000余种，有树木区、百草园、温室、标本馆等多个室内外活动场域，有教育项目专职教师17人，教育经验丰富。其2023年教育项目参与对象人数总计超过30万人，在行业内拥有一定的影响力。

“十四五”期间，北京教学植物园将“五育融合”教育目标作为重点之一，研究探讨自然教育+艺术教育、自然教育+劳动教育、自然教育+科学教育等在植物园区域内的融合模式和融合路径。教育形式有大规模的群众性活动、长期持续性的兴趣小组活动、即时性的节假日主题性活动等。本文主要以六一儿童节庆祝活动为背景，进行融合设计。

1 活动设计理念

1.1 活动主体采取“模块组合式”，确保落地实施

多年来，北京教学植物园围绕自然教育领域开展了大量教育活动，形式多样、内容丰富。从活动类型上看，有自然观察类(以观察和体验为主)、自然探索类(以动手实验为主)、自然手作类(以手工创作活动为主)、自然游戏类(以体验游戏为主)、展演展览类(以观看科普剧或展览为主)等。每种类型下有多种适合不同季节、不同年龄段孩子的小活动。每种类型也都有长期负责、经验丰富且擅长的教师。六一活动时间紧、任务重，因此为了保证活动的落地实施，从受欢迎的类型的活动中选择适合的形成“模块”，然后进行融合转化设计，再根据六一儿童节的情境，将不同的模块进行有机组合。这样既能保证活动有效开展，又能节省时间精力，可以在继承中不断创新。

1.2 活动目标设置注重“整体贯通式”，确保有机衔接

模块化帮助实现了活动的快速设计、有效实施，但是模块如何才能避免各自独立、碎片零散的现象？确立活动的整体目标就变得非常重要。所有活动模块均以“整体贯通”目标为基准进行设计，以该目标作为最上位的指导，去衡量需要调整的细节内容，以确保模块之间的一致性。

1.3 活动内容设计强调“问题解决式”，确保联结生活

学生在植物园里接受了丰富多彩的自然教育，我们希望他们在离开植物园之后，所学到的知识、技能、获得的情感都能在生活中得以应用，而不是离开之后就全部抛之脑后，在学生的长期成长中没有体现。为了保证与生活的联结性，在各模块的设计中突出强调“问题解决”，例如科普剧表演的故事背景是不是从真实生活中来？手工制作的物品是否能在生活中应用到？通过“问题解决式”设计，使参与者的关注现实、觉知能力、问题解决能力、合作能力都得到培育，可以为他们未来的学习和生活奠定基础。

2 植物园“探秘自然乐园”活动设计与实施

2.1 背景分析

2.1.1 参与者特点分析

“六一”儿童节是小朋友们的节日，许多家长为了增进亲子感情，会和小朋友们一起参加一些亲子活动，度过愉快的一天。通过梳理和总结以往教学经验，并进行摸底调查，发现家长和孩子对亲子活动主要有以下几个方面的需求：

(1)亲子活动是增进家庭情感的好机会，家长和孩子希望可以在活动中共同体

验、合作，增进彼此的理解和感情。

(2)家长和孩子希望在活动中有机会与其他家庭互动交流、分享经验、建立社交关系，让孩子学会与不同年龄段的人相处。

(3)参加亲子活动也是一种放松、缓解压力的方式，家长希望可以暂时摆脱工作和日常生活的压力，专注于与孩子一起玩乐。

(4)家长关心活动的安全性，希望活动场所和设施情况能够确保孩子安全，同时也关心活动组织者是否真正关心孩子的需求。

以上需求也提示设计者，亲子活动设计需要考虑家长和孩子共同完成的活动任务、提供经验分享和交流机会、保障活动的安全、设计得轻松活泼一些。

2.1.2 园区资源分析

北京教学植物园有多个专类园区，但是六一活动时天气炎热，类似百草园、开心农场等场所树荫较少，不适宜该季节开展长时间活动。对比之下，树木区树荫浓密、气温稍低，且树木区内有多条弯弯曲曲、适宜自主探索的自然小径，可以激发小朋友的好奇心和求知欲。同样出于天气考虑，即低龄儿童长时间户外活动容易中暑，采取“户外+室内”相结合的方式，可以让活动体验感更好。

2.2 目标与内容设计

“探秘自然乐园”活动于2023年六一儿童节展开，基于“全面育人”的教育理念，本次活动需要恰当融合“德智体美劳”等方面的教育内容，经过教师团队的讨论与研究，选择“自然科普剧”+“自然观察”+“自然手作”的组合模式进行，活动目标与内容见表1、表2。

表1 “探秘自然乐园”活动总体目标

Table 1 General objectives of the activity “exploring the natural paradise”

活动总体目标
1. 了解身边生活中的动植物的科学知识，关注身边的动植物
2. 了解野生动物救护的科学知识
3. 学会欣赏自然美，尝试创作感受艺术美
4. 通过丰富的活动体验，建立与自然的联结

表2 “探秘自然乐园”活动环节与子目标

Table 2 Segments and sub-objectives of the activity “exploring the natural paradise”

活动环节	模块类型	活动主题及时长	活动内容	子目标	选择意图
环节一	自然科普剧	我救了一只喜鹊！(20分钟)	欣赏科普剧表演，回答野生救护中遇到的常见问题	了解身边的野生动物，打开科学救助野生动物的大门；学习野生动物救护的专业知识	迅速切入活动主题，营造开心愉快的活动氛围
环节二	自然观察	夏日自然观察(70分钟)	依据夏日自然观察宝典，亲子合作运用五感观察完成探索任务	通过地图打卡仔细观察辨认5~8种植物，体会自然的奇妙与美好	与自然亲密接触，提高对自然的专业认知水平

（续）

活动环节	模块类型	活动主题及时长	活动内容	子目标	选择意图
环节三	自然手作	小小帐篷灯制作(80min)	利用捡拾的树枝，敲拓染帆布设计制作迷你帐篷，亲子互助完成树枝帐篷灯创意手作	通过制作手工作品，培养参与者的劳动能力，提高审美能力和审美情趣，增进亲子关系	利用自然材料进行艺术创作，建立人与自然的联结

第一环节“我救了一只喜鹊!”是由发生在北京教学植物园的真实事件改编而成，由植物园老师们演绎，围绕园区保安大叔好心救助一只喜鹊引发一连串反应的故事表演，引发大家对野生鸟类救助的关注。故事一波三折，还将对于怎样科学救助野生鸟类的方法展开探讨。参与者在欢声笑语中思考人们究竟应该如何与野生动物和谐共处。

第二环节“夏日自然观察”：参与者走进自然，依据活动手册《夏日自然观察宝典》，亲子合作完成探索任务。由地图识别、确定寻宝路线、仔细观察辨识自然宝物、发现自然宝物的有趣之处、收集自然物等环节构成。参与者通过实地探索和观察，增加对自然的认知和理解，同时还能激发参与者的探索精神和探险意识，让他们对科学和自然充满好奇心。

第三环节“小小帐篷灯制作”改编自植物园传统活动“植物敲拓染”。参与者将第二环节中收集到的树枝、落叶、落果等自然物进行加工，制作成一件兼具自然美和实用性的灯具。自然手作为参与者提供了一种创造和表达的方式，激发了他们的创造力和想象力，也更能让参与者珍视和尊重大自然。

3 活动实施与评估

3.1 活动实施

(1)实施时间：2023 年 6 月 3 日、17 日，共组织两期。

(2)活动时长：180min(3h)，9：00~12：00。

(3)参与人数：140 个亲子家庭。

(4)活动地点：树木区、共享大厅、现代化农业温室(雨天备案)。

(5)活动指导教师 6 人，负责上课、演出、讲解、学生组织等工作。

(6)活动服务人员 4 人，负责签到、拍照、发放教学物资等任务。

3.2 活动评估

为了了解活动效果和参与者的反馈，不断改进活动设计和实施，提供更好的教学体验活动，我们在活动中和活动后对活动效果进行及时评估，评估方式和评估要点如下：

表 3 评估信息表

Table 3 Evaluation information sheet

活动环节	评估方式	评估要点
自然科普剧：我救了一只喜鹊!	教师观察+互动提问	1. 观看科普剧是否投入 2. 回答问题是否积极以及正确率如何
夏日自然观察	教师观察+评估收集任务完成效果	1. 是否能够准确识别地图位点 2. 是否能够准确找到观察的目标植物 3. 探索过程中是否投入，亲子配合是否密切 4. 是否完成自然物的收集

（续）

活动环节	评估方式	评估要点
自然手作： 小小帐篷灯制作	教师观察+评估制作效果	1. 能否通过亲子合作完成制作任务 2. 制作过程中是否认真 3. 作品是否具有创意、是否美观
交流分享	交流表达	1. 是否认真倾听、勇于表达 2. 能否表达出对自然的欣赏、珍爱，在制作过程中对制作标准的追求如何

通过评估发现，之前设定的活动目标达成情况较好，参与者普遍表示他们对活动的整体体验非常满意。自然科普剧表演的趣味性和教育性受到好评。自然观察环节使小朋友们在大自然中收获了新的知识和体验，而自然手作环节中则培养了他们的创造力和动手能力。家长们也对活动的组织和亲子互动表示赞赏，认为这是一个增进亲子感情、共同学习的难得机会。

4 “探秘自然乐园”活动的启示

本次“探秘自然乐园”活动的成功实践为我们提供了宝贵的启示，对于未来的类似活动和自然教育的开展具有重要的借鉴价值。

4.1 五育融合，开发更具有吸引力的教育形式和内容

本次活动的成功之处在于基于“五育融合”“全方位育人”理念，对“科普剧表演”“自然观察”和“自然手作”三种类型的活动模块进行一体化设计，形成综合性的主题活动。这种设计让参与者在整个活动的过程中始终保持高涨的热情，不仅获取知识，还体会到学习的快乐。采用模块组合的方式既考虑了实施的便利性，又保证了活动的综合性，兼具活动形式的丰富性，是设计融合性活动的有效方式。有观点认为目前自然教育虽然发展迅猛，但活动形式相对单一（倪欣语，2022），综合视角下的模块组合可以成为丰富活动形式的参考方案之一。

4.2 团队成长，发展教师的综合活动设计与实施能力

实践经验表明，活动的成功离不开团队的紧密合作和配合，特别是教师的专业知识、工作态度以及专业教师的数量是活动顺利开展的有力保障，专业人才的缺乏和水平欠缺会带来项目升级较缓、发展动力不足等多个问题（王桂花，2022）。在本次活动中，教学植物园的教师团队日常积累的科普剧表演经验和开发的大量不同类型的活动积累为快速高效实施活动提供了基础。因此，在未来的活动中，我们应该继续重视团队建设和人员培养，特别是教师应具备多方面的能力和素质，不断提高和增强教师的专业水平和创新意识，为活动的成功和质量提供稳固的基础。

4.3 搭建平台，促进“家庭教育”与“社会教育”的协同发展

亲子活动在本次活动中发挥了重要的作用，不仅增进了家长和孩子之间的情感交流，还提供了更加丰富的学习和体验机会。文献表明，自然教育作为体验式亲子活动形式之一，通过让幼儿与家长切身感受自然的方式，达到唤醒幼儿与家长认识世界、爱护自然以及亲近自然的意识，促进幼儿与家长意识的同频发展（张雅慧，2022）。因此，我们应该重视亲子活动在自然教育中的积极意义，将家长纳入教育活动中来，以植物园活动为平台，实现“家庭教育”与“社会教育”的协同发展，共同为孩子发展铺路搭桥。

参考文献

郝志军，2022. 新时代五育融合的路径与方式［J］. 西北师大学报(社会科学版)，59(3)：61-69.

倪欣语，燕红，江帆，等，2022. 自然教育活动类型及策划初探［J］. 吉林林业科技，51(3)：42-45.

王桂花，李珊，王青，2022. 深圳市仙湖植物园自然教育项目实践［J］. 湿地科学与管理，18(6)：66-68.

王西敏，2023. 自然教育到底有什么用?［J］. 森林与人类(6)：130-132.

张雅慧，2022. 基于开展体验式亲子活动试析如何提升家园共育实效［J］. 知识文库(9)：13-15.

绒毛皂荚特定森林环境微坡地与常规育苗对比试验

Comparative Experiment on Micro-slope Land and Conventional Seedling Cultivation of *Gleditsia japonica* var. *velutina* in Specific Forest Eenvironment

刘玲　旷柏根　谢咏红　文儒仁　周春桃
（湖南省南岳树木园，湖南衡阳，421900）
LIU Ling　KUANG Baigen　XIE Yonghong　WEN Ruren　ZHOU Chuntao
(*Nanyue arboretum in Hunan province*, *Hengyang*, *Hunan* 421900)

摘要：为提高绒毛皂荚场地发芽率，加速种群回归，在特定的森林环境母树林中进行田间育苗试验，并以苗圃常规育苗为对照，研究了不破坏林地环境的小铲破土和地表播种+死地被物多种覆盖方式对其发芽率与苗木生长的影响。试验结果是：①小铲破土播种或地表播种加4种不同死地被物覆盖方式组合与场地发芽率分别为盖1cm厚的表层有机质土+3cm厚粗腐殖质+未分解的枯枝落叶（A_1）（70.00%）、盖1cm厚的表层有机质土+未分解的枯枝落叶（A_2）（41.46%）、盖3cm厚的粗腐殖质+未分解枯枝落叶（A_3）（47.78%）、盖2cm厚的粗腐殖质+未分解枯枝落叶（A_4）（50.00%），均高于常规育苗（A_5）的发芽率的（33.88%）；②A_1 小铲破土播种后，盖1cm厚表层有机土+3cm厚粗腐殖质+未分解的枯枝落叶组合为最佳组合；③常规育苗的苗木成苗率（成苗数与发芽数之比×100%）与苗木生长量均较其他处理高，说明育苗管理的重要性；但将成苗数的绝对数比较，常规育苗的60株小于 A_1~A_4 处理的116株、57株、74株和80株。特定的森林环境母树下小铲破土或地表播种+林地死地被物覆盖组合育苗，是提高场地发芽率和成苗数的有效方法。

关键词：绒毛皂荚；特定森林环境；死地被物；覆盖育苗

Abstract: In order to improve the germination rate of *Gleditsia japonica* var. *velutina* field and accelerate the population regression, the field seedling experiment was conducted under the mother tree forest in a specific forest environment, and compared with the conventional seedling cultivation in the nursery. In this research, the effects of Multiple coverage methods including small shovel breaking, surface seeding and dead cover on its germination rate and seedling growth were studied. The results showed: (1) The germination rates of small shovel breaking seeding or surface seeding combined with 4 different dead cover were Cover 1cm thick surface organic soil +3cm thick thick humus+undecomposed litter. (A_1) 70.00%, Cover 1cm thick surface organic soil +undecomposed litter. (A_2) 41.46%, Cover 3cm thick surface organic soil +undecomposed litter. (A_3) 47.78% Cover 2cm thick surface organic soil + undecomposed litter. and (A_4) 50.00%, respectively, which were higher than the (A_5) 33.88% of conventional cultivation seedling; (2) A_1(seeds were planted after the small shovel broke

---

项目来源：衡阳市科技计划项目"濒危植物绒毛皂荚传粉生物学及繁育系统研究"（编号202150043456）。

第一作者简介：刘玲（1970—），女，工程师，主要研究方向为珍稀濒危植物保护和引种驯化，联系电话：0734-5661477，邮箱：363766907@qq.com。

the soil, and covered by 1cm thick surface organic soil + 3cm thick coarse humus + undecomposed litter layer) are the best combination; (3) The seedling rate (ratio of seedling number to germination number × 100%) and seedling growth quantity of conventional cultivation seedling were higher than those of other treatments, which indicated the importance of seedling management. However, from the comparison of the total number of seedlings, the conventional cultivation (60 seedlings) were smaller than A_1-A_4 treatments (116, 57, 74 and 80 seedlings, respectively). It is an effective seedling method to increase germination rate and seedlings number in a specific forest environment under the mother tree by using the combination of shovel breaking or surface seeding with forest dead litter covering.

Keywords: *Gleditsia japonica* var. *velutina*; Specific forest environment; Dead litter layer; Mulching seedling cultivation

绒毛皂荚(*Gleditsia japonica* var. *velutina*)属于豆科皂荚属,极危种(汪松和解焱,2004),濒临灭绝,为国家一级保护野生植物(国家林业和草原局,农业农村部,2021),并列入国家优先保护的《极小种群名》(国家林业和草原局,2022)。它同时具有濒危、珍贵、稀有的特征(中华人民共和国国家标准,1993),全球仅1个分布点(传立国,1989)(南岳衡山红旗村和龙凤村所夹南天门北向山脊两侧山坡谷地,简称"南天门北侧山地"),整个野生种群只有10株,由于物种的繁殖力弱及生存环境的破坏退化,野生种群所在群落已经不具备天然更新能力(张雪芹,左家哺,2003),应用常规的原生林内人工播种(或落果)都不能发芽出苗(郭承则,2004),圃地育苗的发芽率低(10%~40%)(郭椿龙,2004;南岳树木园,1991),给其种群的恢复增加了难度。为实现种群的野生回归,探讨提高场地发芽率的新方法,自我们在特定森林环境首次发现第一代人工林内出现自然播种形成的野生苗以后(另文发表),我们于2022年,在出现自然更新苗的林地(称"特定森林环境林地",其特点另文发表),进行了特定森林环境微坡地育苗(袁正科,2015)与苗圃常规育苗的对比试验。

1 试验内容与方法

1.1 试验地条件

试验地设在南岳衡山消防站侧柳杉、绒毛皂荚混交林内。海拔692m,西南坡、中下坡,微坡(5°~10°)(袁正科,2015);土壤为山地黄棕壤;林龄40年以上;死地被物(又称枯落物)为绒毛皂荚、日本柳杉等树种凋落物形成的。林内温湿环境较稳定,人为干扰很轻。森林死地被物的3个水平亚层次分层较完全,即未分解的有机物组成的枯落物亚层(L层,简称"未分解枯落物层")、部分分解的有机物组成的枯落物亚层(F层,简称"半分解枯落物层")和由大部分分解良好的无定形有机质组成的粗腐殖质亚层(H层,简称"粗腐殖质层")(生态学名词审定委员会,2006)。浅地表腐殖质层(或称"有机质层",或"淋溶层")发育较好。林内乔木层高19.5m,生长季盖度为0.95(普里切特著,程伯容等译,1987),冬季为0.85。建群种绒毛皂荚呈小块状间种于柳杉间,1983年定植,进入主林层,现已有4株结果母树,母树下出现自然更新苗102株。

1.2 试验内容与目的

田间试验区组设于母树附近的微坡地上(袁正科,2015),主要试验在特定森林环境下,绒毛皂荚母树林下微坡地小铲破土播种和直接地表播种+林地死地被物覆盖方式对绒毛皂荚发芽率、成苗率和苗木生长的影响。以南岳树木园苗圃常规方法育苗作对照,以探讨特定森林环境下育苗与常规育苗地种子发芽率的差异性,及不用技术组合对种子发芽率与苗木生长的影响。

1.3 试验方法(刘永建,明道绪,2022)

(1)树林下微坡地设3个区组(3个重复),每区组设4个小区(处理),即设A_1~A_4,随机区组设计;常规育苗在南岳树木园苗圃地设1个区组(A_5)3个小区(表1)。

(2)每个试验小区面积$1m^2$,30个播种穴点,穴距15cm×20cm。每穴点播2粒种子,两粒种子间距5cm,一小区播种60粒种子。种子全部来自南岳树木园人工种植林母树。

表1 试验区组设计

Table 1 Design of test block

处理代码 Processing code	播种地 Sowing ground	播种方式 Sowing mode	覆盖方式 Coverage mode
A_1	母树附近的微坡地	小铲破土播种	盖1cm厚表层有机质土+3cm厚粗腐殖质+未分解的枯枝落叶
A_2	母树附近的微坡地	小铲破土播种	盖1cm厚的表层有机质土+未分解的枯枝落叶
A_3	母树附近的微坡地	种子直播土壤地表	盖3cm厚的粗腐殖质+未分解枯枝落叶
A_4	母树附近的微坡地	在地表铺1cm厚粗腐殖质后播种	盖2cm厚的粗腐殖质+未分解枯枝落叶
A_5	苗 圃	常规育苗	常规育苗

1.4 实施方法

2022年3月15日播种,单点播种,母树林下每区组内小区依水平带设置;播种时将种子放入设计播种穴内,播种后按不同处理进行地面铺设和播种后覆盖。覆盖物来自林地育苗地段的死地被物层中的有机物;覆盖完以后用细钢网罩盖(防鼠害)。播种后只作封禁管理,让其处于自然状态。常规育苗试验点设置按常规育苗方法进行:细致整地,生石灰消毒,开播种沟,内填5~6cm黄心土。按设计要求播种,点播,再覆盖1cm厚的黄心土,细钢网罩盖,进行中耕除草、旱时灌水等常规管理。

播种后前3个月每个月观察1次,记录发芽、出苗、苗情变化;6月记录保存苗相关数据1次;12月记录成苗株数和计算成苗率(成苗数与发芽数之比×100%)。

2 试验结果与分析

2.1 处理间发芽率及其分析

将试验结果分别列入表2。从表2可以看出,在微坡地的区组试验中,A_1、A_2、A_3、A_4 4个处理结果均出现较明显的差异:绒毛皂荚场地发芽率分别为70.00%、41.46%、47.78%、50.00%,处理间差值较大,且都大于对照区常规育苗处理A_5的35.00%。经方差分析与显著性检验(表3):处理间和误差的平方和分别为2338.78(SS_i)和732.07(SS_e),均方分别为584.50(MS_i)和73.21(MS_e),计算F值为7.98**,临界$F_{0.01(4,10)}$为5.99,$P<0.01$。处理间绒毛皂荚的发芽率差异是极显著的。

表 2 微坡地不同死地被物覆盖方式及常规育苗发芽率、成苗率、地径、苗高对照

Table 2 Comparison of germination rate between the different dead litter layer cover methods and the conventional seedling cultivation seedling rate, ground diameter and seedling height on micro-slope land

处理 Treatment	参试种子数 Seeds number	发芽苗数(株) Number of germinated seedlings	发芽率(%) Germination rate	成苗数(株) Number of seedlings	成苗率(%) Seedling rate	地径(mm) Ground diameter	苗高(cm) Seedling height
A_1	180	126	70.00[a]	116	92.06[b]	2.16[b]	12.27[b]
A_2	180	75	41.46[c]	57	76.00[d]	2.43[a]	13.06[b]
A_3	180	86	47.78[b]	74	86.05[c]	2.33[ab]	14.24[ab]
A_4	180	90	50.00[b]	80	88.89[c]	2.09[b]	12.66[b]
A_5	180	63	35.00[d]	60	95.24[a]	2.51[a]	16.20[a]

注:成苗率是指发芽出土苗到年底成苗的百分数。同一参数下上标的小写字母表示多重比较 Duncan 统计检验($P<0.05$)下的不同处理间的显著差异。Note: The seedling rate refers to the percentage of seedlings that have sprouted and emerged until the end of the year. Different lowercase letter under the same parameter denote the significant difference by multiple comparisons Duncan test at $P<0.05$ between different treatment.

表 3 微坡地不同死地被物覆盖方式及常规育苗发芽率、成苗率、地径、苗高方差分析

Table 3 Variance analysis of germination rate, seedling rate, ground diameter and seedling height of different dead cover methods and conventional seedling raising on micro-slope land

方差分析项 Analysis of variance term	SS_i	SS_e	MS_i	MS_e	F 值 F value	P	显著性检验结果 Significance test results
发芽率	2338.78	732.07	584.50	73.21	7.98**	<0.01	极显著
成苗率	6799.67	5546.20	1386.56	125.30	11.06**	<0.01	极显著
地 径	0.38	0.19	0.09	0.02	4.89*	>0.01,<0.05	显 著
苗 高	37.70	23.85	5.96	1.39	4.29*	>0.01,<0.05	显 著

注:$F_{0.01}=5.99$,$F_{0.05}=3.48$。

为进一步分析上述处理总体平均数两两差异的显著或不显著,本研究进行了多重比较(刘永建,明道绪,2022),给出的统计推断是:在 10 个差数中,有 5 个差数不显著,两个差数显著,3 个差数极显著。多重比较结果表明:A_1 小铲破土播种后,上面覆盖 1cm 厚的有机质土+3cm 厚的粗殖腐质+枯枝落叶组合的发芽率极显著高于 A_5 常规育苗,显著高于 A_4 地表铺 1cm 厚粗腐殖质后播种,再上盖 2cm 厚的粗腐殖质+枯枝落叶组合;A_3 种子直播于地表后,上盖 3cm 厚粗腐殖质+枯枝落叶组合的发芽率极显著高于常规育苗,显著高于 A_2 小铲破土播种+上盖 1cm 厚有机质土+枯枝落叶组合;A_2 小铲破土播种+上盖 1cm 厚有机质土+枯枝落叶组合发芽率极显著高于常规育苗。说明:①特定森林条件下,在母树林内微坡地育苗,无论是小铲破土播种还是地表直接播种与各种死地物覆盖方式组成播种覆盖组合,其发芽率均极显著高于常

规育苗组合，前者比后者高出 18.46%～100.00%。②在特定森林环境中的 4 个处理中，发芽率的大小依次为 A_1、A_4、A_3、A_2，且 A_1 处理较 A_2 处理高出 28.54%，说明在特定森林环境中，母树下育苗是一种突破绒毛皂荚育苗低发芽率瓶颈的新方法，而且以 A_1 小铲破土播种后，盖 1cm 厚表层有机质土+3cm 厚粗腐殖质+未分解的枯枝落叶为最佳，A_4 即在地表铺 1cm 厚粗腐殖质后播种+上盖 2cm 厚的粗腐殖质+未分解枯枝落叶次之，A_3 再次之。

2.2 处理间成苗率及其分析

从表 2、表 3 中看出，成苗率最高的为常规育苗处理，分别比 A_1、A_2、A_3、A_4 处理高 3.45%、25.31%、10.67%、7.14%；而其他 4 个处理间，以 A_1 与 A_2 差异明显，达 21.13%，A_3 与 A_4 间相差较小，仅 3.30%。经方差分析与显著性检验，不同处理绒毛皂荚的成苗率差异是极显著的。说明：①A_5 常规育苗较之封禁自然培育育苗有更高的成苗率，因为用常规育苗法当苗木发芽出土以后，比封禁培育育苗有更多的田间管理，苗木管理是很重要的；但是从绝对的成苗数比较，常规育苗的 60 株小于 A_1、A_3、A_4 处理得到的 116 株、74 株和 80 株，这是由发芽基数差异引起的。②在 A_1、A_2、A_3、A_4 4 个处理中，A_1 处理成苗率最高，A_3 和 A_4 处理（相近）次之。这 3 个处理有个共同的特点，即播种地有 3cm 厚的粗腐殖质+枯枝落叶覆盖其上。对于 A_1，这种处理除盖有上述有机物，还有一点值得关注，就是种子播种在小铲破土内。播种地铺 3cm 厚的粗腐殖质+枯枝落叶是提高发芽率的重要环节，加上小铲破土播种，则成为提高发芽率的关键组合。

2.3 处理间苗木生长量及其分析

表 2、表 3 中数据显示：①A_1、A_2、A_3、A_4 4 个处理的苗木生长量（年底测定）各指标数据分别为高 12.27cm、13.96cm、14.26cm、12.66cm，平均 13.28cm；地径 2.16mm、2.43mm、2.33mm、2.09mm，平均 2.23mm。4 个处理中最大（A_3）最小（A_1）苗高相差 16.06%，最大（A_2）最小（A_4）地径相差 12.27%；苗高最小差值出现在 A_4 和 A_1 间，相差 3.18%，A_3 和 A_2 间相差 2.01%；地径最小差值出现在 A_1 和 A_4 间，相差 3.35%，A_2 和 A_3 间相差 4.29%。经方差分析与显著性检验，处理间绒毛皂荚的地径生长 A_2 与 A_1、A_4 差异显著，苗高的生长差异不显著；4 个处理间苗木生长量没有明显的变化规律。特定森林环境中 4 个死地被物覆盖组合苗木生长量的变化较小。②对比研究中发现，圃地常规育苗处理的当年苗苗高为 16.20cm，地径 2.51mm，分别较特定森林环境中各育苗技术组合的平均树高和平均地径高 21.99% 和 11.56%，与 A_1～A_4 4 个处理间差异显著。这进一步说明了苗木发芽出土以后，苗木管理仍是十分重要的。

3 结论与问题

3.1 问题讨论

（1）在 1982 年绒毛皂荚作为新种发表（李丙贵，1982）以来，因为母树稀少，种子来源提供困难，苗木的繁殖技术一直是林业科技人员的关注重点，湖南省南岳树木园开展过绒毛皂荚繁殖技术的专题研究（南岳树木园，1991），包括这次试验，其常规育苗法的发芽率难以突破 40%。江西九江林业科学研究所也做过一些育苗试验，其场地发芽率还没有达到树木园的水平（郭椿龙，2004）。场地的低发芽率，成为其发展的瓶颈。该试验研究使绒毛皂荚的场地发芽率提高到了 41.67%（A_2）～70.00%（A_1）。

（2）绒毛皂荚分布地，包括原生地和栽培区是受森林公园或自然保护区（试验区）保护的，不能对其有大的干扰。特定的森林是一类没有或很少有人类干扰的林龄在40年以上的森林,显著的特点是林内形成了深厚的水平层次完全的死地被物层和土壤有机质层。正是这些,才为绒毛皂荚发芽提供了适宜的环境。这种环境下的死地被物也不宜被扰动。小铲破土播种加死地被物覆盖物育苗组合不会对林地造成大的扰动,其覆盖物也是林地本身死地被物是回归利用。它是一种环境友好型技术组合,可以在这种保护型场地应用。

3.2 结论

(1)在特定森林环境中,小铲破土播种或地表直接播种后,覆盖死地被物的育苗组合是一种较常规育苗发芽率高出很多的新育苗技术组合。

(2)育苗地上覆盖林地3cm厚的粗腐殖质+枯枝落叶是提高绒毛皂荚场圃发芽率的关键,加上小铲破土播种,成为关键技术组合。

(3)常规育苗的成苗率和苗木生长量,高于其他所有地被物覆盖育苗组合,苗木管理的重要性不能忽视,但从绝对成苗数比较,常规育苗数仍小于其他4个处理。

(4)特定森林环境中,母树林内小铲破土播种后,盖1cm厚表层有机土+3cm厚的粗腐殖质+未分解的枯枝落叶(覆盖枯枝落叶厚度以不见下层有机物为限度)组合,场地发芽率高出常规育苗100.00%,是一个优良组合。

参考文献

郭承则,2004. 濒危植物绒毛皂荚的保护研究[C]//中国植物学会植物园分会编辑委员会编[M]. 中国植物园(第七期). 北京:中国林业出版社: 99-113.

郭椿龙,2004. 绒毛皂荚的繁殖方法[J]. 江西林业科技,4:17-18.

国家林业和草原局,农业农村部. 2021. 国家重点保护野生植物名录[[EB/OL]. 国家林业和草原局政府网 http//www. Forestry gov. en.

国家林业和草原局. 极小种群植物——绒毛皂荚[EB/OL]. http//www. Forestry gov. en.

李丙贵,1983. 湖南皂荚属一新种[J]. 云南植物研究,2(4):16-17.

刘永建,明道绪,2022. 田间试验与统计分析[M]. 4版. 北京:科学出版社:13-15,93-107.

南岳树木园,1991. 绒毛皂荚繁殖技术研究. 科学成果鉴定书[Z]. 湘林科鉴字(91)25号: 1-2.

普里切特,1987. 森林土壤性质及管理[M]. 程伯容,等译. 北京:中国林业出版社:47-48.

生态学名词审定委员会,2006. 生态学名词[M]. 北京:科学出版社:55.

汪松,解焱,2004. 中国物种红色名录:第一卷[M]. 北京:高等教育出版社.

袁正科,2015. 退化山地的生态恢复[M]. 长沙:湖南师范大学出版社:28.

张雪芹,左家哺,2003. 绒毛皂荚保护生物学的初步研究[J]. 湖南林业科技,32(30):55-57.

中国科学院植物研究所,1989. 中国珍稀濒危植物[M]. 上海:上海教育出版社:190-191.

中华人民共和国国家标准,1993. 林木种质资源保存原则与方法. GB/T 14072-1993[S]. 北京:中国标准出版社.

王莲新品种 *Victoria amazonica* ‘Dreamer’（追梦人）
A New Cultivar—— *Victoria amazonica* ‘Dreamer’

刘勐　吴福川
（中国科学院西双版纳热带植物园园林园艺中心，云南勐腊，666303）
LIU Meng　WU Fuchuan
（*Center for Gardening and Horticulture, Xishuangbanna Tropical Botanical Garden, Chinese Academy of Sciences, Mengla, 666303, China*）

摘要：王莲新品种 *Victoria amazonica* ‘Dreamer’（追梦人）是使用 0.01%～0.03%浓度的秋水仙素对亚马逊王莲萌发的种子进行浸泡诱导发生变异后选育出来的新品种。该品种幼苗期叶片呈紫褐色；成熟叶片正面有褐色斑块，叶背面为红紫色。植株观赏价值高，耐寒性较强，在中国科学院西双版纳热带植物园内，当温度下降至11℃左右时依然能正常生长。

关键词：王莲；水生植物；品种

Abstract: *Victoria amazonica* ‘Dreamer’ is a new cultivar of royal waterlily. It is developed and bred from mutant of *Victoria amazonica* by soaking its germinated seeds with colchicine at a concentration of 0.01%—0.03%. At the seedling stage, the leaves are purple-brown in color. While the mature leaves have brown patches on the upper surface and red-purple color on the back. The new cultivar is of high ornamental value and cold resistant. It can grow well in Xishaungbanna Tropical Botanical Garden (XTBG) of the Chinese Academy of Sciences, even when the temperature drops down to 11℃.

Keywords: *Victoria*; Aquatic plant; Cultivar

王莲为睡莲科（Nymphaeaceae）王莲属（*Victoria*）植物的泛称，本属共有 3 个种，即亚马逊王莲［*V. amazonica*（Poepp.）J. C. Sowerby］、克鲁兹王莲（*V. cruziana* A. D'Orbigny）和玻利维亚王莲（*V. boliviana* Magdalena et L. T. Sm），分别分布于南美洲的巴西、玻利维亚、圭亚那、乌拉圭等国的热带地区。中国科学院西双版纳热带植物园收集的王莲主要有亚马逊王莲、克鲁兹王莲和这两个种的种间杂交品种——朗伍德王莲（*V.* ‘Longwood Hybrid’）。随着全球王莲新品种培育工作的不断推进，已有多个新品种登录。虽然有新的杂交品种出现，但因与朗伍德王莲的区别不大，故现今国内外栽培展示的主要还是两个原生种和朗伍德王莲品种（胡梦霄，2021）。王莲在长江流域及以南地区可露地栽培，但越冬困难，只有在海南和西双版纳热带地区才偶见其能够顺利抵御一定程度的低温。2018 年，中国科学院西双版纳热带植物园工作人员使用 0.01%～0.03%浓度的秋水仙素溶液，对已萌发的亚马逊王莲种子浸

第一作者简介：刘勐（1978—），男，工程师，电话：13708612600，邮箱：liumeng@xtbg.org.cn，从事棕榈科植物及水生植物迁地保育和种质资源利用工作。

泡 24~48h 进行诱导,经过 4 年的连续选育观测,选育出一王莲新品种,其叶色独特、性状稳定,被命名为'追梦人'(*V.* 'Dreamer'),2021 年 10 月 12 日获得国际睡莲水景园艺协会颁发的新品种登录注册证书(图 1)。

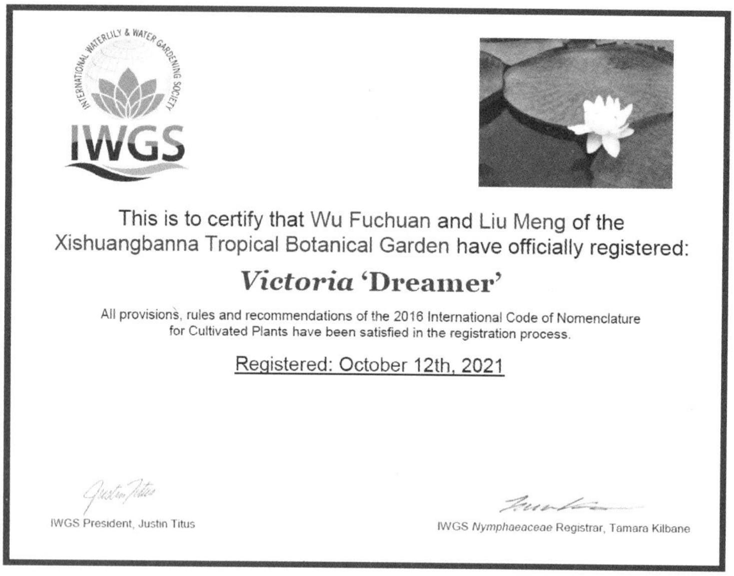

IWGS

This is to certify that Wu Fuchuan and Liu Meng of the Xishuangbanna Tropical Botanical Garden have officially registered:

***Victoria* 'Dreamer'**

All provisions, rules and recommendations of the 2016 International Code of Nomenclature for Cultivated Plants have been satisfied in the registration process.

Registered: October 12th, 2021

IWGS President, Justin Titus

IWGS *Nymphaeaceae* Registrar, Tamara Kilbane

图 1 登录证书

Fig. 1 Login certificate

1 品种特征特性

植株冠幅达 10~13m^2。叶片盘状,直径平均约 120cm。叶正面有褐色的斑点,叶色比亚马逊王莲更深,成熟叶片正面灰紫色(RHS Greyed-purple group 183A),背面红紫色(RHS Red-purple group 60B)。叶柄黄绿色。幼苗期叶片呈紫褐色。花大而美,直径约 20cm。花瓣 39 枚,花朵露出水面高度约 15cm。花药红紫色;萼片 4 枚,萼片背面红紫色,正面灰白色。花梗黄绿色,有很多硬刺(图 2)。

幼苗 新叶片 成熟叶片 第二天的花

图 2 王莲新品种——追梦人

Fig. 2 A new cultivar *Victoria amazonica* 'Dreamer'

花朵颜色第一天为白色,第二天会变成鲜红。植株具有耐寒性较强的特点,在中国科学院西双版纳植物园内,当温度下降至 11℃左右时依然能正常生长。冬季气温低时,花色变色较慢,可观赏到美丽的双色过渡色。

2 栽培技术要点

种子繁殖用恒温箱进行催芽,种子放在培养皿中,水淹没种子 2~3cm,温度控制在 25~30℃。每天换一次水。在热带地区,室外温度达到 25℃以上时,可将种子装入黑色塑料袋中放入池塘,离水面 10~15cm,15d 后种子开始露白。经催芽后长成的幼苗叶片 3~4 片、根 3~5 条时可移植上盆进行育苗。移植 15d 后,用 3~5 粒复合肥进行追肥,半个月追肥一次。

当池塘水温在 20℃左右时,幼苗叶片长到直径 15~20cm 时,可定植在池塘中。定植时,定植筐中施入充足的底肥,用充分腐熟的鸡粪(5kg)和复合肥(1kg)拌和作为底肥。水位控制在叶片能浮出水平为准,根据生长情况缓慢加水,一般最适合生长的水位为 1~1.2m。生长期要对老叶和黄叶进行修剪,每株叶片数量保持在 10~15 片,才能有充足的养分提供给新叶片使其长得更大。每间隔半个月施用一次复合肥。施用时,按三元复合肥与塘泥 3∶1 的比例做成直径 5~8cm 大小的肥料球。在植株四周距离根部 40~60cm 处进行穴施,深度 30~40cm。9 月底,王莲地下茎长出土面并开始腐烂,不利于根系的生长,此时对王莲根部要进行培土,保证新根的生长,使植株安全过冬。

参考文献

胡梦霄,2021. 王莲 远道而来的水中王者[J]. 浙江林业,7:28-29.

Li S J, Li T J, Zhang K Q, 2010 . Morphological characteristics and growth regularity of seedlings of *Victoria cruziana*[J]. Journal of Northwest Forestry University,4:104-106. (in Chinese)

HU M X, 2021. Royal waterlily, the king of aquatic plants came from afar[J]. Zhejiang Forestry,7:28-29.

不同浓度 NAA 对 4 种藤本蔷薇扦插繁殖的影响

The Effects of Different Concentrations NAA on Cutting Propagation for 4 Climbing *Rosa* Species

李娜　邓莲*　西景营
（北京市植物园管理处，北京市花卉园艺工程技术研究中心，北京，100093）
LI Na　DENG Lian*　XI Jingying
(*Beijing Botanical Garden*, *Beijing Floriculture Engineering Technology Research Center*, *Beijing*, 100093)

摘要：以广东蔷薇、伞花蔷薇、野蔷薇、软条七蔷薇为试验材料，研究 100mg/L、150mg/L、200mg/L 的 3 种浓度 NAA 对藤本蔷薇扦插繁殖的影响。结果表明：适宜 4 种藤本蔷薇扦插繁殖的 NAA 浓度不同。广东蔷薇枝条扦插最适宜的 NAA 处理浓度为 200mg/L；伞花蔷薇和软条七蔷薇枝条扦插最适宜的 NAA 处理浓度为 150mg/L；野蔷薇枝条扦插最适宜的 NAA 处理浓度为 100mg/L。

关键词：藤本蔷薇；扦插；繁殖；浓度

Abstract: Four climbing *Rosa* species, *R. kwangtungensis*、*R. maximowicziana*、*R. multiflora* and *R. henryi* were used as plant materials in this study. Stemcuttings were soaked in solutions containing different concentrations NAA. The results showed that the optimal NAA concentration for different climbing *Rosa* was different. The optimal concentration for *R. kwangtungensis* was 200mg/L NAA; the best NAA concentration for *R. maximowicziana* and *R. henryi* was 150mg/L NAA; and the optimal concentration for *R. multiflora* was 100mg/L NAA.

Keywords: Climbing rose; Cutting; Breeding; Concentration

蔷薇属（*Rosa* L.）全属约有 200 个种，为直立、蔓延或攀缘灌木[1]。具有攀缘特性的蔷薇属植物可搭配藤架、围栏、墙面，充分利用空间增加绿量，降低墙面、坡地热辐射和反射量，降温的同时增加湿度，能改善城市生态环境、美化景观[2]。它可与现代月季品种杂交，培育藤本月季新品种。很多我国原产的藤本蔷薇，如伞花蔷薇、软条七蔷薇等，尚未大量应用于园林绿化或育种中，需要进行引种、繁殖及利用。

扦插是蔷薇属植物繁殖的常用方法之一。影响扦插繁殖的因素有激素种类、激素浓度等。NAA 为常见的促进扦插繁殖的激素。不同浓度 NAA 对蔷薇属植物扦插的成活率、生根率及生根数量等影响不同。香水月季扦插枝条最适宜的 NAA 浓度为

基金项目：北京市公园管理中心科技项目（zx2021013）。

第一作者简介：李娜（1985），女，园林绿化助理工程师，主要从事月季园内相关维护养护工作，电话：18500288761，邮箱：304272464@ qq. com

通讯作者：邓莲（1982），女，园林绿化高级工程师，研究方向为观赏植物资源收集及应用。邮箱：denglian@ chnbg. cn。

200mg/L，其生根率、生根条数和生根长度在该浓度下得分最高[3]。闫海霞等研究指出 100mg/L NAA 和 200mg/L NAA 对两种蔷薇属植物扦插成活率具有显著的促进作用[4]。耐寒月季扦插条的生根率在 200mg/L NAA 处理中最高[5]。不同浓度 NAA 对'蓝月'月季扦插枝条的生根数量影响极显著，150mg/L NAA 为其生根数量最多的浓度[6]。

本研究引种原产我国的 4 种藤本蔷薇（野蔷薇、伞花蔷薇、广东蔷薇、软条七蔷薇），用不同浓度的 NAA 溶液浸泡后进行扦插繁殖，为其开发应用提供理论依据。

1 材料与方法

1.1 材料

试验于 2022 年 7 月 18 日至 2022 年 9 月 5 日在国家植物园（北园）月季园进行。选用广东蔷薇（*R. kwangtungensis* Yu et Tsai）、伞花蔷薇（*R. maximowicziana* Regel）、野蔷薇（*R. multiflora* Thunb.）和软条七蔷薇（*R. henryi* Bouleng）4 种藤本蔷薇作为试验材料。选取发育健康、芽体饱满、无病虫害及机械损伤的半木质化枝条用来制作扦插枝条[7]。扦插枝条的长度为 10~15cm，每根扦插枝条保留 3~5 个芽。上剪口平剪，下剪口斜剪，且切口朝向有芽的一侧。上下剪口距两端芽的距离控制在 0.3~0.5cm 之间。

1.2 方法

将蛭石和珍珠岩按照 1∶1 的比例混匀后作为扦插基质，并在扦插前将扦插基质浇透水。将 4 种藤本蔷薇的扦插枝条分别浸泡在 200mg/L、150mg/L 和 100mg/L 3 种浓度的 NAA 溶液中 60min，浸泡深度约为 2cm。各处理重复 3 次，各重复选用 10 根扦插条。

扦插时按照 10cm×10cm 株行距进行扦插，扦插深度约为 2cm。扦插完毕后，在扦插床上方覆盖塑料膜，以保持空气湿度。根据天气情况，每天喷雾 3~5 次，保持空气湿度在 90%左右。50 天后取出扦插枝条。统计经过不同浓度 NAA 处理后，每种藤本蔷薇扦插枝条的成活率、生根数量、平均根长度和平均叶片长度。

成活率=成活插条数/总插条数×100%

1.3 数据处理及分析

使用 Excel 2007、SPSS statistics 进行数据处理和分析。

2 结果与分析

2.1 不同浓度 NAA 对 4 种藤本蔷薇扦插枝条成活率的影响

由表 1 可知，不同浓度 NAA 对 4 种藤本蔷薇扦插枝条成活率影响不同。高浓度 NAA 利于广东蔷薇扦插枝条成活，且广东蔷薇扦插枝条的成活率随着 NAA 浓度升高而提升，其中，200mg/L NAA 处理的广东蔷薇扦插枝条成活率最高，为 96.33%。低浓度 NAA 利于野蔷薇扦插枝条和软条七蔷薇扦插枝条成活，这 2 种扦插枝条用 150mg/L NAA 或 100mg/L NAA 处理后成活率均显著高于 200mg/L。不同浓度 NAA 对伞花蔷薇扦插枝条成活率无显著影响，对伞花蔷薇扦插枝条而言，其对 NAA 浓度的选择较为宽泛。

4 种藤本蔷薇的最大成活率有较大差异，广东蔷薇扦插枝条的最大成活率最高，为 96.33%；其次为伞花蔷薇和野蔷薇，扦插枝条最大成活率分别为 70.77% 和 67.68%；软条七蔷薇扦插枝条成活率最低，最大成活率仅为 26.85%。这可能与不同蔷薇的植物特性有关。

表1 不同浓度 NAA 对4种藤本蔷薇扦插枝条成活率(%)的影响

浓度(mg/L)	广东蔷薇	伞花蔷薇	野蔷薇	软条七蔷薇
200	96.33±0.06a	63.89±0.18a	37.37±0.49b	11.57±0.58b
150	85.85±0.17b	70.77±0.09a	61.87±0.53a	26.85±0.68a
100	84.26±0.06b	69.44±0.05a	67.68±1.20a	23.15±0.25a

2.2 不同浓度 NAA 对4种藤本蔷薇扦插枝条生根数量的影响

由表2可知,不同浓度 NAA 对4种藤本蔷薇扦插枝条生根数量的影响不同。广东蔷薇扦插枝条的生根数量随着 NAA 浓度升高而增加,以 200mg/L NAA 处理的广东蔷薇扦插枝条生根数量最多,为 12.89 条。野蔷薇扦插枝条和软条七蔷薇扦插枝条生根数量都随着 NAA 浓度升高先增加后减少。以 150mg/L NAA 处理的野蔷薇扦插枝条和软条七蔷薇扦插枝条生根数量最多,分别为 14.33 条和 5.91 条。不同 NAA 浓度处理的伞花蔷薇扦插枝条生根数量无显著差异。

表2 不同浓度 NAA 对4种藤本蔷薇扦插枝条生根数量(条)的影响

浓度(mg/L)	广东蔷薇	伞花蔷薇	野蔷薇	软条七蔷薇
200	12.89±1.17a	4.50±2.20a	7.33±3.31b	2.67±0.58b
150	12.78±2.69a	5.33±0.29a	14.33±1.53a	5.91±1.73a
100	6.00±0.88b	3.17±0.29a	14.17±1.61a	5.67±1.15a

2.3 不同浓度 NAA 对4种藤本蔷薇扦插枝条生根长度的影响

除野蔷薇外,不同浓度 NAA 对藤本蔷薇扦插枝条生根长度无显著影响(表3)。以 100mg/L NAA 处理的野蔷薇扦插枝条的根最长,为 12.31cm;随着 NAA 浓度升高,野蔷薇扦插枝条生根长度变短;NAA 浓度升至 200mg/L 时,野蔷薇扦插枝条的生根长度显著降低。以 150mg/L NAA 处理广东蔷薇扦插枝条和伞花蔷薇扦插枝条的生根长度最长,分别为 7.55cm 和 7.15cm;以 100mg/L NAA 处理软条七蔷薇扦插枝条的生根长度最长,为 9.33cm。

表3 不同浓度 NAA 对4种藤本蔷薇扦插枝条生根长度(cm)的影响

浓度(mg/L)	广东蔷薇	伞花蔷薇	野蔷薇	软条七蔷薇
200	7.11±0.71a	6.57±1.92a	9.23±0.18b	6.64±1.89a
150	7.55±1.00a	7.15±0.53a	11.41±1.16a	7.23±1.00a
100	7.27±0.94a	6.27±1.58a	12.31±0.23a	9.33±1.95a

2.4 不同浓度 NAA 对4种藤本蔷薇扦插枝条叶片长度的影响

随着 NAA 浓度的升高,广东蔷薇、伞花蔷薇、软条七蔷薇扦插枝条的叶片长度先增加后减少。以 100mg/L NAA 处理的广东蔷薇扦插枝条叶片长度最低,150mg/L NAA 处理的伞花蔷薇扦插枝条叶片长度最高,200mg/L NAA 处理的软条七蔷薇扦插枝条叶片长度最低;野蔷薇扦插枝条的叶片长度逐渐降低(表4)。150mg/L NAA 是适宜4种蔷薇扦插枝条叶片生长的浓度。

表 4 不同浓度 NAA 对 4 种藤本蔷薇扦插枝条叶片长度(cm)的影响

浓度(mg/L)	广东蔷薇	伞花蔷薇	野蔷薇	软条七蔷薇
200	4.39±0.29a	2.87±0.55b	3.95±0.49b	2.07±0.58b
150	5.33±0.26a	4.13±0.46a	6.32±0.53a	3.47±0.68a
100	3.28±0.77b	2.47±0.55b	6.50±1.20a	2.97±0.25a

3 结论与讨论

扦插繁殖作为一种常用的无性繁殖方法,具有遗传性状稳定、育苗周期短、规模大、成本低等优点[8]。采用外源激素处理扦插枝条基部,可显著提高扦插枝条生根率、生根数和根长,NAA 等激素可作为生根剂来激发扦插枝条生根[9]。

不同植物或者同一植物的不同品种生根所需的植物生长调节剂的种类和浓度不一样。100~200mg/L 是蔷薇属植物扦插常用的 NAA 浓度范围[3-6]。本研究中,广东蔷薇扦插枝条适宜的 NAA 处理浓度为 200mg/L,与香水月季适宜的扦插浓度[3]一致。野蔷薇扦插枝条的适宜 NAA 处理浓度为 100mg/L,与曹玉翠等关于野蔷薇硬质扦插生根的研究[10]结果相同。关于伞花蔷薇和软条七蔷薇扦插枝条研究的报道较少,本研究中,伞花蔷薇扦插枝条和软条七蔷薇扦插枝条适宜的 NAA 处理浓度为 150mg/L。

本研究中不同蔷薇的成活率差异大,广东蔷薇扦插枝条的最大成活率为 96.33%,软条七蔷薇扦插枝条的最大成活率仅为 26.85%。在月季品种的扦插研究中也有类似结果,赵冰雪等在不同微型月季品种扦插研究中指出 7 种微型月季的扦插成活率范围为 24.00%~74.00%[11]。这可能由不同植物扦插繁殖特性差异造成。本研究为 4 种藤本蔷薇的扦插繁殖提供了依据。

参考文献

[1]中国科学院中国植物志编辑委员会. 中国植物志[M]. 北京: 科学出版社, 1985:37, 360.

[2]张佐双, 朱秀珍. 中国月季[M]. 北京: 中国林业出版社, 2006:103.

[3]阎增洁, 李慧敏, 杨萍, 等. 植物生长调节剂对香水月季原变种扦插生根的影响[J]. 江西农业学报, 2020, 32(7): 41-44.

[4]闫海霞, 蒋月喜, 黄昌艳, 等. 植物生长调节剂对 2 种蔷薇属植物扦插成活的影响[J]. 江西农业学报, 2018, 30(4): 44-77.

[5]文佳慧, 张大运, 张珈瑞, 等. 耐寒月季扦插繁殖技术研究[J]. 农村经济与科技, 2022, 33(15): 67-69.

[6]孙晓, 牟洪香. 不同处理条件对名贵月季"蓝月"扦插生根的影响[J]. 林业科技通讯, 2018(3): 52-56.

[7]查全继. 月季露地扦插育苗技术[J]. 现代农业科技, 2020, 12: 155-156.

[8]廖伟彪, 张美玲, 杨永花, 等. 植物生长调节剂浓度和处理时间对月季扦插生根的影响[J]. 甘肃农业大学学报, 2012, 47(3): 47-51.

[9]闫小红. 微型盆栽月季微体扦插快繁及其配套技术的研究[D]. 南京: 南京农业大学, 2006.

[10]曹玉翠, 曹帮华, 王兵, 等. 不同生长素对蔷薇硬枝扦插生根的影响[J]. 江西农业大学学报, 2009, 31(4): 655-658.

[11]赵冰雪, 周琳, 黄清俊, 等. 不同微型月季品种扦插生根效果综合评价[J]. 亚热带植物科学, 2021, 50(1): 39-45.

植物专类园观赏性时空分布
——以奇花异卉园为例
The Spatial and Temporal Distribution of the Ornamental Value for the Living Collection
——In the Case of the Dintinctive Plant Collection, XTBG

刘文俊　景兆鹏　孙勇
（中国科学院西双版纳热带植物园，云南勐腊，666303）
LIU Wenjun　JING Zhaopeng　SUN Yong
(*Xishuangbanna Tropical Botanical Garden*, *Chinese Academy of Sciences*, *Mengla*, *Yunnan*, 666303)

摘要：植物专类园的观赏性是植物园科学性与艺术性相结合的体现，它也影响着植物园科普教育等功能的发挥，其评价是衡量植物专类园品质的一个重要方面。本研究以中国科学院西双版纳热带植物园奇花异卉园多年观测积累的物候资料等为基础，结合本园数字植物园所采集的植物定位信息，借助GIS的制图及空间分析功能，设定了“奇异度”为观赏性的量化指标，定量化评价了奇花异卉园的观赏性及其时空分布特征。结果显示，每年4~10月园区可展示物种数较多，观赏性也较高。园区内奇特植物的空间分布极不均匀。后期园区改造和提升需重点针对园区内观赏性较低的植物物种和区域，不断补充引进新奇物种替换老旧物种，并注意不同花期，植物在园区内各区域的合理配置及空间上的呼应，进而提高整个园区的观赏性及其在时间和空间分布上的均衡性。

关键词：物候；植物定位；制图

Abstract: The ornamental value of a living collection is a reflect of the combination for science and artistry of botanical garden, and also affects the function of its public education. Accordingly, The ornamental value of a living collection contributes to its quality. This study carried out a quantitative analysis for the spatial and temporal distribution characteristics of the ornamental value in the Distinctive Plant Collection in Xishuangbanna tropical botanical garden, Chinese Academy of Sciences. Based on the phenological data in combined with the plant positioning information, the index ‘singularity’ was set as the quantitative indicator of the ornamental value. And the temporal and spatial distribution were mapped with the help of GIS mapping and spatial analysis functions. The results show that the number of plants blooming in the collection is relative high from April to October. Therefore, the ornamental value of this living plant collection reaches the best in the late spring and summer, and is relatively poor in autumn and winter. The plants with high singularity value are mainly distributed in the middle and northeast parts of the park, while the plants in west corners of the garden are easy to be ignored by visitors. In order to improve the ornamental of the whole living collection, attention should be paid to balance the distribution of flowering and high attraction plants displayed both in time

基金项目：中国科学院网信专项资助（项目编号CAS-WX2021SF-0402）。

and spatial in this living collection.

Keywords: Phenology; Plant positioning; Mapping

植物专类园是指有特定的主题内容，以具相同特质类型(种类、科属、生态习性、观赏特性、利用价值等)的植物为主要构景元素，并以植物收集、研究、展示、观赏为主，兼顾生产的植物园或园区(汤钰 等，2005)。专类园中园林植物群落的美学质量会直接影响植物园的景观风貌及功能发挥(胡永红，2006；钟姝 等，2019)，与植物园需综合发挥科学研究、物种保存和科普教育等多方面作用相区别，植物专类园在兼顾物种保存收集的同时，无论是在最初设计还是日常的维护和管理中，往往还需重视观赏性和景观的营造(胡永红，2006；臧德奎 等，2007；姚震，2015；张雅惠 等，2020)。因此，植物园观赏性的评价应该是植物专类园评价的一个重要方面。

观赏性作为一个主观性的概念，其含义是专类园内接受观赏的主体能吸引游客前来的一种或多种特征或者品质。这一特性随着来源、阅历、喜好等不同的观察主体而变化。而观赏性评价就是对这上述特征或者品质的量化。植物专类园的被观赏主体无疑是植物，在大多数情况下，植物专类园的观赏性与植物物候之间存在着紧密联系，对于露天种植的专类园而言尤为如此。

针对专类园观赏性评价的研究并不多见，目前专类园观赏性的评价多是针对专类园某种或者某几种植物进行的外形特征的量化(崔冰洁 等，2019)，另一方面可借鉴的是一些景观评价的实践，包括层次分析法(徐晨 等 2013)、美景度评价法(钟姝 等，2019；刘艳 等，2023)、问卷调查法(张晓萍，2006)等。由于奇花异卉园内的植物分属多个科属种类，外观差异大，物种更新也较为频繁，因此难以直接以外观的差异来比较其观赏性，而应该以所展示植物的奇异程度来衡量其观赏性高低。因此本文提出了“奇异度”作为该园植物观赏性的评价指标，同时借助地理信息软件进行时空变化制图及评价。

本研究的研究区为中国科学院西双版纳热带植物园内的奇花异卉园。顾名思义，该园所展示的植物须是在某一方面表现较为奇异或者独特的植物。由于园区所收集的植物奇特，观赏性强，例如最具代表性的为跳舞草，其他有形状奇异的比如巨花马兜铃，让人味觉产生神奇变化的神秘果等，奇花异卉园成为来访我园必到的专类园，对普及植物学和生态学知识起到了重要的作用。因此，我们选择奇花异卉园开展观赏性评价研究，希望研究结果为指导专类园的维护、景观品质提升、改造和规划提供参考。

1 材料与方法

1.1 研究区概况

奇花异卉园建于 1999 年，占地面积 12.5 亩，位于云南省西双版纳州勐腊县勐仑镇的中国科学院西双版纳热带植物园(101°15′56″E，21°55′36″E)西区中心位置。该区属热带季风气候，具有明显的干(11 月至翌年 4 月)湿(5～10 月)两季，旱季降水主要以浓雾的形式，年平均降水 5157mm，年均气温 24℃，最热月平均气温 25.3℃，最冷月平均气温 15.6℃。

该园主要收集热带各种奇花异木，并用园林园艺的方式向公众进行展示。有记录的保存物种数 300 余种，有定位的植物记录数 440 种，本次参评的物种数为 106 种。

1.2 研究方法

首先量化观赏性指标，然后借助地理

信息系统软件实现空间化。

1.2.1 量化观赏性指标

观赏性的量化分为奇异度指标和可展示性两个方面的量化。

奇花异卉园整个园区分为观果植物区、草花植物区、花叶植物区、感应植物区、赏茎植物区等,收集奇花异木 254 种(品种),本次参加打分的代表性植物有 106 种,对应的数据点 106 个。本研究将其概括为如下几类:全年具备可展示性的有:①感应植物,如跳舞草、含羞草、分枝感应草;②观叶植物:凹叶球兰;3 观茎植物:霸王鞭,火殃勒、佛肚树;③具有特定文化内涵和功能的植物:神秘果,轻木;④为数不多的全年花期植物:日日樱;⑤食肉植物和多肉植物(展柜展示)。非全年展示植物包括两类:①观花植物:如郁金、蜂巢姜、红球姜、白金羽花、疣柄魔芋、音符花等;②观果植物:气球果、乳茄等。

不同植物的奇异性特点各不相同,因此本研究尝试性地建立了综合性的奇异性评价指标:对植物奇异度分 11 个方面评价,分别是花、茎、叶、果、香味、文化内涵、特殊功能、游客兴趣、感应性、观赏期长短。对于每个方面,综合考虑其奇异程度和游客关注程度,赋值由低到高为 1~10 分。为简化研究过程,目前的观赏性打分仅选取了各种植物最突出的一方面进行相应的赋值量化。

另一个可展示性指标:具体为针对非全年观赏性植物,根据物候数据,以月为单位,统计的园区可展示性植物物种及其数量。每月可展示时间大于 10 天(盛开或者结果),则该月该种植物可展示性为真(赋值为 1),否则为假(赋值为 0)。

所需要的基础数据有栽培植物的矢量定位图数据和奇花异卉园近十年的物候数据,同时还采用了拍摄日期为 2022 年 11 月的高精度航拍影像,用于矫正原有植物定位数据,同时手动补充新种植植物的位置数据点。

1.2.2 研究结果空间展示

在实现专类园区植物分布精准定位及空间制图的基础上,选取园区内具代表性的植物并借助地理信息制图软件,采用不同的矢量定位点,标识这些植物的位置。对不同植物的观赏性指标进行量化并赋值到相应的植物定位点,然后分别按照时间(1~12 月,仅显示园区范围内非全年展示性植物)和空间(园区范围)进行制图输出,进而比较奇花异卉园观赏性的空间分布特征和一年的月际变化。

2022 年下半年,奇花异卉园实施了局部改造,新增了一批以食虫和多肉植物为主的奇异植物。由于园区现有的植物定位数据未及实时更新,本研究借助当年拍摄的两期航拍高分辨率影像(拍摄时间分别为 2022 年 5 月和 11 月,分辨率 3cm,影像拼接后分辨率稍有降低),借助地理信息系统的矢量化功能,直接在现有植物定位点图层上增加新增植物的定位点或者变更已替换的植物定位点的属性,从而保证了研究数据的真实性和现势性。植物定位信息更新到了研究期末,即 2022 年 12 月。

航拍影像借助大疆精灵 4 Pro 无人机获取,用 DJI GIS Pro 飞控软件设置航拍飞行区域,用 Photo Scan 软件生成高分辨率正射影像。

(1)专类园观赏性空间变化。针对园区所有被纳入观赏性评价的植物,将其观赏性的高低在图件上用不同颜色标示,由绿色到红色表示观赏性由低到高。

(2)专类园观赏性月际变化。由于全年可展示性植物不对专类园观赏性的时间变化造成影响,故将这部分植物排除,仅针对非全年展示性植物,从中选取该月可展示性为真的植物进行制图输出。

2 结果与分析

2.1 观赏性时间变化(月际)

与大部分植物的花期一致,园区的可观赏物种观赏性在 4 月达到最高值,除全年性物种外,可展示物种数量达到 18 种;其次是 10 月,除全年性物种,可展示物种达到 17 种。12 月达到最低值, 除全年性物种,可展示物种仅 5 种。而观赏性的峰值在 10 月,达到 6.94;2 月最低,为 4.78(图 1)。

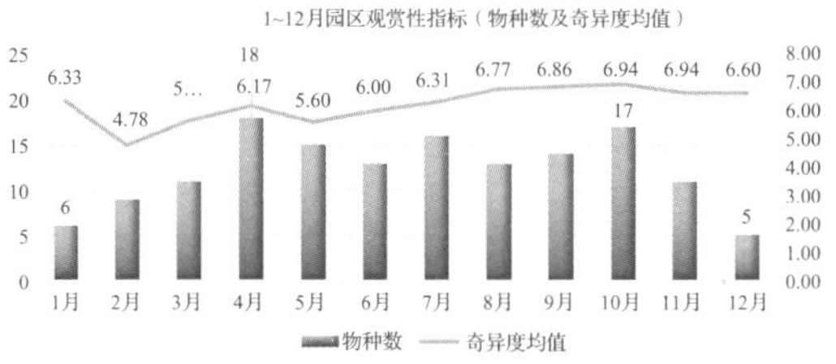

图 1 园区观赏性月际变化

Fig. 1 The monthly ornamental variation of the living collection

2.2 观赏性空间变化

由图 2 可见,奇花异卉园园区各个物种分布较为均匀,但观赏性植物的空间分布差异较大。奇异性指数值较高(红色数据点)的植物如感应植物跳舞草、含羞草和奇味植物神秘果等主要集中在园区中部和东北部、而园区西北角和东北角物种的奇异度指数较低、与前述热点区域也相隔较远,因此该区域植物易受忽略,受关注度较低。

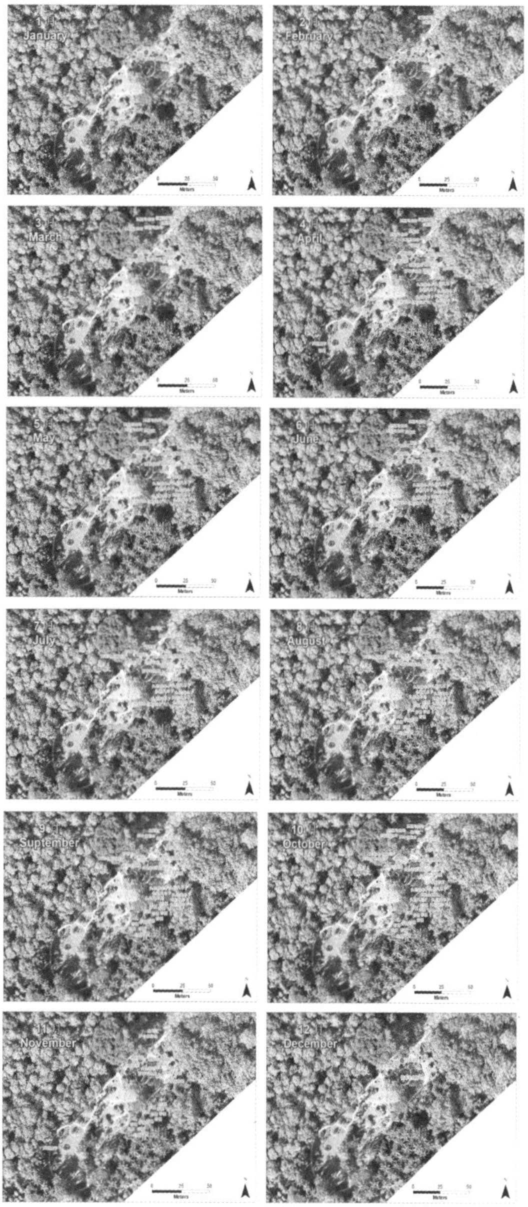

图 2 可观赏物种全年逐月分布

Fig. 2 The monthly distribution of the plants on ornament time

3 结论和讨论

借助观赏性量化指标,辅以植物定位数据, 实现了植物专类园观赏性的时空变化展示。截至研究期末(2022 年年底),本研究所选取的专类园的植物观赏性呈现时空分布的不均衡性。时间上,除去常年可展示的物种,以 4~10 月的可展示物种数为最多,其中,以 4 月、7 月和 10 月为最多。4 月达到最高值,除全年性物种, 可展示物种达到 18 种;其次是 10 月的,除全年性物种,可展示物种达到 17 种。12 月达到最低值,除全年性物种,可展示物种仅 5 种。

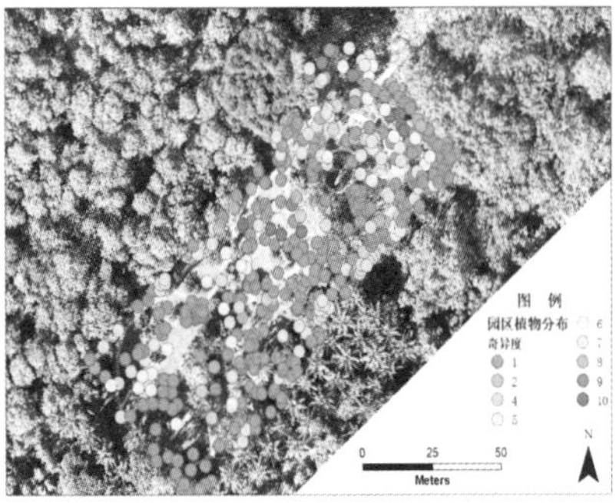

图 3　园区观赏性空间分布

Fig. 3　The monthly ornamental variation of the living collection

以奇异度为量化指标的植物观赏性与可展示物种数情况变化并不完全同步,在 10 月达到最高,达到 6.94;2 月最低,为 4.78。而西双版纳热带植物园每年单日游客流量峰值往往出现在春节黄金周,因此有必要合理安排增加冬季具有观赏性的奇趣植物,提升高峰期游客的游览体验。

一个高水平的植物园应具有一些深具魅力的专类园,以达到观赏与应用、科学与艺术的完美统一(胡永红 等,2006)。植物专类园往往以园中园的形式存在于植物园中,专类园的观赏性代表着植物园的风貌优美程度,观赏性较高的专类园有助于植物园科普教育功能的发挥。因此,植物专类园的观赏性定量评价具有十分重要的意义,同时研究结果可以为专类园的日常管理工作提供一定的参考。例如针对奇花异卉园冬季观赏性较低的情况,可以提前合理规划备苗,适时出圃,从而提升冬季专类园的观赏性,满足游客游览高峰时期的需要,提升游览体验。另一方面针对园区观赏性空间分布差异较大的情况,可借助景观规划手段,在园区各处合理配置不同花期的观赏性植物。通过对园区景观提升工作前后,分别开展园区观赏性评价,还可以对提升工作的成效进行定量评价。

参考文献

崔冰洁, 张华, 董根西, 等,2019. 宁波植物园梅园观赏性评价调查[J]. 现代园艺,42(6):11-12.

徐晨, 王良桂, 杨秀莲,2013. 桂花专类园植物景观综合评价[J]. 福建林业科技,40(4):123-125.

刘艳, 刘娟娟, 吴福川,2023. 西双版纳州水生植物群落景观美景度评价[J]. 绿色科技, 25(1):80-84.

胡永红,2006. 专类园在植物园中的地位和作用及对上海辰山植物园专类园设置的启示[J]. 中国园林,22(7):50-55.

汤珏, 包志毅,2005. 植物专类园的类别和应用[J]. 风景园林, (1):61-64.

姚震,2015. 植物专类园规划设计研究初探[J]. 园林, (7):48-50.

臧德奎, 金荷仙, 于东明,2007. 我国植物专类园的起源与发展[J]. 中国园林,23(6):62-65.

张晓萍,2006. 问卷调查法在森林公园景观评价及旅游管理中的应用[J]. 台湾农业探索(1):37-40

张雅慧, 廖景平, 张容妹, 等,2020. 华南植物园藤本植物专类园规划设计[J]. 中国园林,36(10):92-97.

钟姝, 赵曜, 李雄, 姚朋,2020. 基于 SBE 法的北京植物园月季园植物组群美学评价[J]. 中国城市林业,18(1):66-70.

上海地区性植物园发展简史和未来展望

A Brief History and Perspective of the Development of Regional Botanical Gardens in Shanghai

魏宇昆　严巍*　胡真　付艳茹　莫健彬　弓雪钰　顾俊哲　郭健康

（上海植物园，上海，200231）

WEI Yukun　YAN Wei　HU Zhen　FU Yanru　MO Jianbin

GONG Xueyu　GU Junzhe　GUO Jiankang

（*Shanghai Botanical Garden*，*Shanghai*，200231，*China*）

摘要：植物园保存着一个地区乃至世界植物物种和基因资源，迁地保护珍稀濒危物种免于灭绝的风险，在生物多样性研究和可持续利用方面具有不可取代的作用，它收集、整合和共享与之相关的标本、书籍、资料、档案、名录等各类信息，在满足园林美学、游憩和科普教育功能的同时，记录着一个国家或地区的植物研究历史。上海作为中国超大型城市、最具经济活力和开放程度的代表，她最先接触西方植物园思想，较早引进国外植物新品种，从初期的教育系统管辖、公园所属、私人苗圃收集引种开始，逐渐发展为现在的上海植物园和上海辰山植物园的一市两园格局。应该说，在我国地区性植物园发展历程中，具有一定的代表性。本文以植物的引种收集及其园林绿化的推广利用为切入点，以植物园近百年的建设发展为主线，回顾其不断探索的艰难发展历程，总结其历史贡献，在植物园迎来新的历史发展机遇和挑战之时，希望能借此文为城市发展和国家植物园建设提供些许借鉴。

关键词：上海的植物园；发展简史；引种收集；国家植物园

Abstract: Botanical gardens preserve the plant species and genetic resources of a region or even the world. They play an irreplaceable role in ex situ conservation of rare and endangered species, protecting them from extinction, as well as in biodiversity research and sustainable utilization. Botanical gardens collect, integrate and share various types of information related to them, including specimens, books, data, archives, catalogs, etc. While fulfilling the functions of garden aesthetics, recreation and education, they also record the history of plant research in a country or region. As China's megacity and the most economically vibrant and open representative, Shanghai was the first to be exposed to Western ideas of botanical gardens, and earlier introduced new foreign plant varieties. Starting from the early stages of administration by the education system, affiliation to parks, and private nursery collection and introduction, Shanghai has gradually developed into the current pattern of Shanghai Botanical Garden and Chenshan Botanical Garden, which should be considered representative in the developmental history of regional botanical gardens in China. This article takes the introduction and collection of plants and promotion of their horticultural use as a main topic, with the century-long construction and development of botanical gardens as the timeline, reviewing their arduous developmental process of constant exploration, summarizing their historical contributions, and hoping at this time

---

基金项目：上海市绿化市容管理局科学技术攻关项目（G190304）和上海植物园青年课题（ZWQ202304）。

通讯作者：严巍（1972.9—），女，正高级工程师，主要从事植物园建设管理和树木保护研究。联系电话：021－54363369，E-mail：yw@shbg.org。

when botanical gardens are facing new historical opportunities and challenges for development, this article can provide some thoughts and inspiration for the development of urban botanical gardens and national botanical garden construction.

Keywords: Shanghai's botanical gardens; Brief history; Introduction and collection; National botanical gardens

我国现代植物园已有 130 多年的发展历史,目前约有 180 个植物园,形成了完整的植物收集、保护与研究体系(黄宏文,2018),这些植物园所属部门较广,如中国科学院以及省级科学院系统、地方城建系统、高校和农林系统等,除科学院系统所属植物园外,城建系统所属植物园是我国植物园的重要组成部分和核心力量之一(包志毅和俞志洲,1996)。中国科学院植物园分布在北京、广州、武汉、昆明、西双版纳等地,侧重科学研究和野生植物资源的迁地保护、园艺、生态和科普教育等功能,人才队伍规模大,研究力量强,注重世界性的植物学前沿研究和国内外资源收集,综合性更为突出;城建系统植物园通常建在省会城市,借助其较强的经济实力和地域特色,成为我国植物园中重要的科普、游览和教育阵地,是中国栽培植物,尤其是观赏植物多样性保护的重要中心,除进行珍稀濒危植物的迁地保护之外,还承担着支持地方园林绿化发展和城市生态保护以及重建的重任,其中以北京植物园、上海植物园、杭州植物园、深圳市仙湖植物园和厦门园林植物园等各具特色。

1 上海地区植物园建设和引种收集历史

上海植物园尽管创建于 1974 年,但无论园址还是所收集植物,都继承于 1954 年建立的龙华苗圃。当时的上海因城市建设和外交发展需要,建设了 3 个大型苗圃,植物最为丰富的龙华苗圃就位于如今上海植物园的东部区域,与植物园一路之隔的西片区是早期的引种基地,而在龙华苗圃之前,上海地区的植物引种收集和绿化应用成效已初现端倪。上海地区的历史性收集始于 1917 年苗圃性质的上海县植物园的筹建,也大致是 20 世纪初现代植物园概念由西方引入我国的时间(贺善安 等,2001),虽名为植物园,实属苗圃性质,随之先后由县教育局(上海县教育局植物园)和社会局管理(1928 年市立园艺场)。而在稍晚的 1922 年,上海县教育局在蓬莱路尚文小学(位于黄浦区)设置公共学校园,专设植物种植区(植物园雏形)供学生参观学习,1933 年学校植物园迁至龙华路格致书院旧址,并获批扩建为市立植物园及温室,全园分观赏、森林、工艺、热带、食用、水生、药用、沙漠八个植物区和盆花盆景区、盆景作业区、苗圃区、标本陈列区共 12 个专类园区,对公众开放参观游览,植物园属性逐渐显现,后因 1937 年上海南市沦陷,植物园也随之荒废(《上海植物园》编委会,2014)。

城建系统首建植物园始于 1947 年上海市工务局园场管理处建设的中山公园植物园,面积 90 亩,收集国内南北各地植物约 700 种,栽植设计按照恩格勒系统排列,另设蔷薇园、杜鹃园、竹园、藤本园等。中山公园植物园是有文献记载以来,上海地区首次开展的系统性野外植物收集引种,在相当长的时间里,也是上海生物学专业和园林专业学生识别植物的基地,新中国成立后由上海植物园创建者之一的庄茂长带队在浙江天目山还为上海地区建立了第一个野外引种基地(庄茂长,2011),但中山公园内建植物园的条件和地理位置限制明显，而上海市提出需要一个“生产与研究相结合，普及与提高想结合，面向生产、面向群众，更好为生产服务，为劳动人民服务，为社会主义服务”的植物园。遂于1958年，在自然条件最适合的上海市郊佘山，新建可供科普、教学和研究之用的佘山植物园，建设的10年间佘山地区营造的黑松（*Pinus thunbergii*）、柏木（*Cupressus funebris*）、香榧（*Torreya grandis* ‘Merrillii’）、池杉（*Taxodium distichum* var. *imbricatum*）、水杉（*Metasequoia glyptostroboides*）、香樟（*Camphora officinarum*）、白榆（*Ulmus pumila*）、乌桕（*Triadica sebifera*）、檫木（*Sassafras tzumu*）、光皮梾木（*Cornus wilsoniana*）和竹类等，迄今已绿树成荫，成为现在佘山国家旅游度假区的重要景观，随后因诸多原因，佘山植物园建设被迫下马，但期间开启了国内最早一批的国际间种子交换业务，成为上海乃至国内植物引种最引以为傲的成果之一（陆林森，2018）。

建设上海第一个真正意义上的植物园未果，而为城市绿化建设和外交活动需要，以草花、盆花以及较精细名贵观赏树木的引种收集为主，以提高绿化材料质量为目标的龙华苗圃逐渐发展起来。在收集和生产盆景，培育兰花、杜鹃、山茶、菊花等名花品种，以及发展温室花卉和露地草花生产方面成绩突出，同时培养了一批技术出众、素质高的园林技工队伍，为上海植物园的发展打下了坚实基础。上海植物园筹建伊始便确定以收集华东地区植物为主，适当引进我国各地及国外有观赏价值和经济价值的植物，长远规划要求收集植物5000种（不含品种），其中2000种露地植物，2000种温室植物和1000种药用植物。1973年底编写引种名录，1974年首次赴浙南和闽北野外引种。建设初期专设引种团队（引种室）开展植物收集和种子交换工作，其独立运行的20年为植物园引种起到了极大的推动作用。该时期主要在华东和华中地区开展收集，包括浙江、福建、安徽、江西、湖南、四川等地，通过采集种子播种、直接采集野生苗和建立基地的方式使物种数量得以快速增加。1975年先后在浙江西天目山、安徽黄山、江西大余县、广东湛江和海南岛建立了引种基地，派员常驻当地采集野生苗，栽植养护一段时间后再引种回上海，开启了上海历史上规模最大的植物引种工作（《上海植物园》编委会，2014）。

根据资料显示，上海地区有较明确的栽培植物名录是1955年编辑的龙华苗圃栽培植物名录，分露地花卉、树木和温室花卉三大类共302种，之后分别在1974年、1977年、1983年、1993年、1996年、2003年、2014年、2016年进行了引种栽培植物的统计，有内部资料也有正式出版的名录，近60年的物种引种数量变化曲线见下图（王大钧，1983；张连全 等，1993；包志毅和俞志洲，1996；傅徽楠和胡永红，2003；庄茂长，2011；奉树成和王玉勤，2014；张如瑶和毕庆泗，2016）。

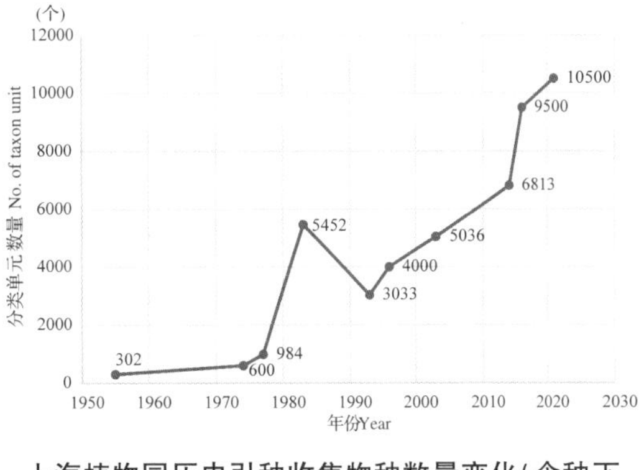

上海植物园历史引种收集物种数量变化（含种下分类单位）

Number of species historically introduced and collected in Shanghai Botanical Garden (including subspecies taxa)

从上图中可以看出，以龙华苗圃改建

植物园时的600种为基础,建设初期的10年,作为重点工作的植物引种使物种数量得以快速增加,1983年年底的统计为5452种,但随后保存数量明显下降,至2003年的统计才又恢复到5036种,分析可能有两方面因素:一是一些物种在引种后的几年尚能存活,但长期却难以适应上海的气候和土壤条件,加上养护措施不当,导致逐渐死亡;二是植物的自然死亡,但并未及时补充引种,这也反映出植物园引种收集的难度较大,来自不同地区、不同类型的物种,在对其生物学特性不完全了解的情况下,采用常规的养护栽培方法,将很难保证其生存和繁衍,以短期内提高植物园引种收集数量为目标,并不能真正解决植物园对物种迁地保护的要求和保育能力的提高。从名录内容上看,有些年份仅引种总数,分属的植物类群数量没有统计和说明;有些年份尽管有名录,但仅有木本统计而无草本统计,或有名录但未按类群统计汇总;同时,还缺少引种来源和野生或栽培说明。从编排上看,有的年份无目录或无物种检索表,有的年份甚至仅有一份物种资源情况汇总和露地以及温室的引种总数,缺少详细的物种名录。上述问题不仅降低了名录统计的价值,也不利于植物园引种收集长期目标的贯彻和制定未来的引种策略。上海植物园引种植物的最近一次系统性统计和名录编撰是2014年,共引种收集植物6813种(含种下等级和品种,隶属于218科1268属,其中蕨类植物30科44属100种,裸子植物11科29属133种,被子植物177科1257属6622种)(奉树成和王玉勤,2014)。

21世纪初,为适应上海生物多样性保护的发展需要,加强与中国科学院以及国家林业和草原局的合作,进一步提升上海宏观植物学和绿化行业研究水平,于2005年在佘山毗邻的辰山,一座高起点、现代化的上海辰山植物园得以开工建设,建立在30多年的收集基础和经验之上,由上海植物园抽调和组建两个团队几十人承担了辰山植物园野生植物和园艺植物的收集任务,拉开了新一轮的植物引种收集和迁地保护序幕,至2014年的10年共计收集11589个分类单位,成为华东地区收集植物种类最多的植物园(胡永红 等,2014)。与此同时,上海植物园的引种收集也未停止脚步,同时期以课题研究带动的种质资源收集成为植物园科学引种的主要途径,如鸢尾科(Iridaceae)、木兰科(Magnoliaceae)、杜鹃花科(Ericaceae)、山茶科(Theaceae)、兰科(Orchidaceae)、苦苣苔科(Gesneriaceae)、凤梨科(Bromeliaceae)等,成为国内植物园引种保育的重要机构,基于类群收集的科学研究,如花卉的种质资源创新,逐步形成了上海植物园的研究特色,产生了诸多标志性成果。

2 植物引种收集的历史性贡献

伴随着真正意义上的植物园建设,开启为城市绿化建设和外交活动服务的植物引种驯化大致始于新中国成立后的20世纪50年代,从代表性的龙华苗圃,到年轻的辰山植物园,在植物引种收集或迁地保育方面无不倾注了极大的心血和努力,为城市发展和生态文明建设做出了突出贡献。

2.1 引种收集支撑城市绿化建设

自20世纪50年代开启的大规模引种收集、植物驯化和推广工作,满足了上海城市建设和外交的发展需要,同时为城市园林绿化提供大量的优良苗木。仅中山公园和佘山植物园建设的10年间就广泛收集引种国内外植物和园林绿化材料,开创了长期系统的对外种子交换工作,引种育成乔灌木上千种。在中山公园植物园引种的400多种木本植物中,有相当一部分是国内仅有或少见的珍贵树种，如黑松、日本冷杉（*Abies firma*）、日本榧（*Torreya nucifera*）、星花玉兰（*Yulania stellata*）、大明竹（*Pleioblastus gramineus*）、矢竹（*Pseudosasa japonica*）、菲白竹（*Pleioblastus fortunei*）、月桂（*Laurus nobilis*）、香桃木（*Myrtus communis*）、夏栎（*Quercus robur*）、欧洲七叶树（*Aesculus hippocastanum*）、一球悬铃木（*Platanus occidentalis*）、北美红杉（*Sequoia sempervirens*）、北美香柏（*Thuja occidentalis*）、北美鹅掌楸（*Liriodendron tulipifera*）、落羽杉（*Taxodium distichum*）等。龙华苗圃（1953—1973年）时期共引种600多种植物，温室植物207种，生产瓜叶菊（*Pericallis* × *hybrida*）、蒲包花（*Calceolaria crenatiflora*）、大岩桐（*Sinningia speciosa*）、仙客来（*Cyclamen persicum*）等温室花卉以及部分观叶植物等。较有特色的如三花（兰花、杜鹃花、山茶）、盆景、菊花等。在现今上海植物园的母本园中，收集的白皮松（*Pinus bungeana*）、水杉、池杉、落羽杉、榧树（*Torreya grandis*）、紫楠（*Phoebe sheareri*）、细花泡花树（*Meliosma parviflora*）、北美枫香（*Liquidambar styraciflua*）、杜仲（*Eucommia ulmoides*）、糙叶树（*Aphananthe aspera*）、美国山核桃（*Carya illinoinensis*）、青冈（*Quercus glauca*）、乌冈栎（*Quercus phillyreoides*）、南京椴（*Tilia miqueliana*）、秤锤树（*Sinojackia xylocarpa*）、秧青（*Dalbergia assamica*）、红豆树（*Ormosia hosiei*）、光皮梾木、黄山栾树（*Koelreuteria bipinnata* 'integrifoliola'）、七叶树（*Aesculus chinensis*）、樟叶槭（*Acer coriaceifolium*）、南酸枣（*Choerospondias axillaris*）、黄连木（*Pistacia chinensis*）、黄檗（*Phellodendron amurense*）等树木，成为日后改建植物园的重要植物材料，也为全市园林绿化建设打下基础。至20世纪80年代中期已筛选出200多种上海地区适生的优良树种，至90年代中期，上海应用的适生露地栽培植物已突破1000种，先后成功推广了地中海荚蒾（*Viburnum tinus*）、红千层（*Callistemon rigidus*）、秤锤树、新含笑（*Michelia* 'Xin'）、乐昌含笑（*Michelia chapensis*）、匍枝亮叶忍冬（*Lonicera ligustrina* var. *yunnanensis* 'Maigrun'）、金叶大花六道木（*Abelia*×*grandiflora* 'Francis Mason'）、金边胡颓子（*Elaeagnus pungens* 'Aurea'）、杂交鹅掌楸（*Liriodendron chinense* × *tulipifera*）、北美枫香、朴树（*Celtis sinensis*）、黄山栾树、细花泡花树等众多树种，极大地丰富了上海和周边地区的绿化植物资源。

在王大钧的主持下，1984年统计上海植物园已有草本花卉51科301属1330种，鸢尾属（*Iris*）、蓍属（*Achillea*）、钓钟柳属（*Penstemon*）、风铃草属（*Campanula*）、六出花属（*Alstroemeria*）、花烛属（*Anthurium*）、长筒花属（*Achimenes*）和凤梨科、爵床科（Acanthaceae）的许多物种是首次进入国内，室内观叶、观花植物的引种栽培快速发展，特别是百合科（Liliaceae）、凤梨科、天南星科（Araceae）、竹芋科（Marantaceae）等收集尤为丰富，在国内处于领先地位，带动了苗木市场的发展。20世纪前10年在长三角地区兴起的"花境热""观赏草热"，上海植物园在观赏草和花境植物的引种成果是重要源头，如蒲苇（*Cortaderia selloana*）、细叶芒（*Miscanthus sinensis* 'Gracillimus'）、斑叶芒（*Miscanthus sinensis* 'Zebrinus'）、花叶芒（*Miscanthus sinensis* 'Variegatus'）、金丝薹草（*Carex oshimensis* 'Evergold'）、柳枝稷（*Panicum virgatum*）、日本血草（*Imperata cylindrica* 'Rubra'）等观赏草至今仍是花境和景观绿化中的佼佼者。

种子交换工作最早始于20世纪50、60年代佘山植物园建设期间，当时与国内外十几个植物园建立了种子交换关系，引进种子4000多号，育出乔灌木500多种。1980年首次编印了包含770号植物的《上海植物园种子交换目录》,向国外专业机构发送种子交换目录。交换目录发行之初,就受到国际上植物园、树木园、公园,以及研究和教学单位的重视,纷纷来函要求建立种子交换关系,经常交换的单位有400多家,最多时达600多个单位。1995年3月由英国皇家园艺学会授予王大钧先生Veitch纪念奖章,表彰他在开展种子交换工作以及国际交流和园艺领域的突出贡献,这也是亚洲园艺界首次获此殊荣的园艺学家。

2.2 植物交换促进文化交流

上海与国外城市缔结友好关系的历史,始于20世纪70年代。1971年,横滨市在中日恢复邦交前便致函国务院,希望与上海市发展友好城市的关系。1973年11月30日,上海与横滨结为友好城市,成为上海市历史上第一个友好城市,随后的1974年4月18日大阪成为上海的第二个友好城市。当年还是上海植物园前身的龙华苗圃接待了日本横滨市友好代表团,在四季山春山上共同种植了横滨市赠送的'染井吉野'樱花,成为上海和横滨结为友好城市的纪念树,日方另赠送138株'染井吉野'樱花。随后的1981年、1984年和1988年,通过中日和日中友好协会,多次交换樱花、兰花和牡丹等两国特色花卉,并于1997年4月11日在上海植物园蔷薇园举行中日樱花友好林的揭牌仪式,当时栽植的樱花现已繁花满树,成为知名景点。

上海植物园的兰花收集和展示,以江南民居为特色、国兰文化为载体和依托的兰室,自20世纪70年代末以来,在沈雪宝的主持下有了长足的发展,同时还凝聚着日本和海峡两岸民间交流的情谊。在日本友人松村谦三1962年访华时,周恩来总理赠送给他一盆春兰名品'寰球荷鼎',松村谦三谢世后,长子松村正直将在中国已失传的'寰球荷鼎'作为回礼,送回中国。1998年上海植物园举办首届海峡两岸兰展,张学良将军闻讯后,特委托世界蕙兰交流协会黄秀球会长,转赠8棵台湾报岁兰名品'绿云'给上海植物园,海协会会长汪道涵得知后欣然题字"兰蕙幽香"。

上海植物园的盆景最早来源于20世纪初日本侨民的园艺场,后由龙华苗圃接收管理,龙华苗圃期间收集了大量来自长三角和其他地区各流派的盆景资源,经过几代盆景大师的不断收集、融合和研究探索,形成了独特的海派盆景,在国内外多次获奖。1978年,上海植物园正式开放的第一个专类园即是盆景园,盆景的第一次海外展览是参加1980年的加拿大蒙特利尔国际园艺展览,后这批盆景以市政府名义赠送给蒙特利尔市,现长期在蒙特利尔植物园的中国庭园蒙湖园内展览,随后两园开展了多次人员间的互访和盆景技术指导和培训。上海市和蒙特利尔市以盆景交流为起点,从植物交换,造园、菊花栽培、立体花坛创作,发展到城市规划、垃圾处理、水环境治理等,极大地增进了两市之间的友谊,并于1985年5月14日建立为友好城市。盆景作为极具东方特色的植物艺术表现形式,在促进世界文化交流和外事等重大活动中起到了重要的作用。

3 未来展望——机遇和挑战

上海的两座植物园将是未来该地区植物引种收集和迁地保护的主要承担和完成机构,目前共收集活植物2.4万个分类群,其中原种1.35万种,华东野生植物3351种(华东占比全国最多)。收集保存的国家重点保护野生植物406种,受威胁物种737种,是国内珍稀濒危物种收集最为丰富的单位之一,引种和迁地保育的重要类群包括唇形科(Lamiaceae)、兰科、壳斗科(Fagaceae)、秋海棠科(Begoniaceae)、木兰科、苦苣苔科、鸢尾科、樟科(Lauraceae)、凤梨科、山茶科和蕨类等。未来将实施华东野生植物全覆盖调查与收集计划，力争迁地保护活植物 1.7 万种，覆盖华东植物区系的全部科和 90% 的属，90% 的华东分布国家重点保护野生植物，实现重点类群的系统收集、完整保存和高水平研究。

未来的植物园不仅仅是一个城市的名片，引领城市的绿化和美化，成为市民游憩休闲的去处，更应该重视植物园基础核心功能的再强化，以应对全球气候变化和生物多样性丧失对植物园提出的更高要求，成为生物多样性保护和植物迁地保育的重要阵地，承担更加广泛的全球植物材料交换和共享，支撑世界性分布类群的分类修订、系统进化和城市生物多样性保护及信息学研究，成为城市发展、植物资源可持续和环境教育的重要研究机构。

上海植物园和辰山植物园在具有几十座各具特色饱经风霜的老公园和将要建成的各类现代化大型公园、口袋公园的上海，是不可替代和复制的，她们最能够体现人类对自然的敬畏，对生物多样性保护和研究的科学精神，也是市民与野生植物及大自然近距离接触和交流的极佳场所。未来两个植物园也将携手，作为国家植物资源及其文化遗产的重要收集和保藏机构，早日建成“国内领先，国际一流”的国家植物园。

致谢：感谢张连全先生和王玉勤高级工程师对文章撰写提供的帮助。

参考文献

黄宏文，廖景平，2022. 论我国国家植物园体系建设：以任务带学科构建国家植物园迁地保护综合体系[J]. 生物多样性，30 (6)：22220，1-17.

包志毅，俞志洲，1996. 中国城建系统植物园的历史、现状和发展趋势[J]. 中国植物园（论文集），3：11-17.

贺善安，顾姻，褚瑞芝，等，2001. 植物园与植物园学[J]. 植物资源与环境学报，10：48-51.

《上海植物园》编委会，2014. 上海植物园[M]. 上海：中西书局.

庄茂长，2011. 踏遍青山觅新绿[M]. 上海：上海文化出版社.

陆林森，2018. 程绪珂传[M]. 上海：上海文化出版社.

王大钧，1983. 上海植物园引种植物名录（1974—1983）[Z]. 内部资料.

张连全，沈绍金，刘永强，等，1993. 上海植物园植物名录（1993）[Z]. 内部资料.

傅徽楠，胡永红，2003. 上海植物园生物物种资源保护情况汇报（2003）[Z]. 内部资料.

奉树成，王玉勤，2014. 上海植物园植物名录[M]. 上海：上海科学技术出版社.

胡永红，黄卫昌，黄姝博，等，2014. 上海辰山植物园栽培植物名录[M]. 北京：科学出版社.

张如瑶，毕庆泗，2016. 上海植物园兰科植物收集及应用[J]. 中国植物园，19：71-78.

上海植物园迁地保护的国家重点保护和受威胁物种分析

Analysis of National Key Protected Wild and Threatened Plants *ex situ* conserved in Shanghai Botanical Garden

魏宇昆　顾俊哲　付艳茹　楚秀丽　弓雪钰　莫健彬　郭健康　胡真　严巍

（上海植物园，上海，200231）

WEI Yukun　GU Junzhe　FU Yanru　CHU Xiuli　GONG Xueyu　MO Jianbin　GUO Jiankang　HU Zhen　YAN Wei

(*Shanghai Botanical Garden, Shanghai*, 200231, *China*)

摘要：全球气候变化和生物多样性丧失是当今人类生存发展面临的最重要的生态环境问题，就地保护和迁地保护是实现生物多样性保护的两个重要途径，全球和中国植物保护战略赋予了植物园新的历史使命和新的挑战与机遇。濒危物种保护是生物多样性保护工作的重要组成部分，应是植物园长期坚持不懈、勇于承担的重要责任和历史使命。尽管我国植物园迁地保护的珍稀濒危植物数量逐年增加，成效显著，但距离完整保护和高水平研究的目标仍有相当大的差距，在迁地保育和濒危机制的基础理论上亟须创新和质的突破。本文以植物园核心使命——珍稀濒危物种的迁地保育为主题，在分析我国濒危物种保护历史的基础上，着重对上海植物园迁地的国家重点保护野生植物和红色名录受威胁物种的保育现状做了初步分析，结果表明上海植物园现迁地保育了珍稀濒危物种总计 72 科 153 属 341 种，其中国家重点保护野生植物 50 科 87 属 201 种，IUCN 红色名录受威胁物种 55 科 123 属 261 种，文章最后讨论了植物园珍稀濒危物种迁地保育的未来策略和方法。

关键词：珍稀濒危物种；迁地保育；上海植物园

Abstract: Global climate change and biodiversity loss are the most important ecological and environmental issues facing human survival and development today. *In situ* and *ex situ* conservation are two important approaches to achieving biodiversity protection. Global and China's Strategy for Plant Conservation have endowed botanic gardens with new historical missions, challenges and opportunities. Endangered species protection is an important part of biodiversity conservation work, and should be an important long-term responsibility and historical mission that botanical gardens must persistently and courageously undertake. Although the number of rare and endangered plants under *ex situ* conservation in China's botanical gardens increases annually with remarkable achievements, there remain considerable gaps from fully protecting and conducting research on these species. Innovations and breakthroughs in the theoretical foundations of *ex situ* conservation and endangered mechanisms are urgently needed. With the core mission of botanical gardens – *ex situ* conservation of rare and endangered spe-

基金项目：上海市绿化市容管理局科学技术攻关项目（G190304）和上海植物园青年课题（ZWQ202304）。

第一作者简介：魏宇昆（1976.3—），男，高级工程师，主要从事植物分类、综合保育和可持续利用研究。联系电话：021-54363369，E-mail：wyk@shbg.org。

cies – as the theme, this article, based on an analysis of the history of endangered species protection in China, focuses on a primary analysis of the current status of conservation of National Key Protected Wild Plants and threatened Red List Species introduced and conserved in Shanghai Botanical Garden. The result shows that Shanghai Botanical Garden has conserved a total of 341 species from 153 genera and 72 families of rare and endangered plants, including 201 species from 87 genera and 50 families of National Key Protected Wild Plants, as well as 261 species from 123 genera and 55 families of IUCN Red List threatened species. The article concludes by discussing future strategies and approaches for *ex situ* conservation of rare and endangered species in the Botanical Garden. The purpose is to provide a basis for future introduction and collection strategies, *ex situ* conservation and reintroduction.

Keywords: National Protected Plants; Threatened species; IUCN; *Ex situ* conservation

我国针对珍稀濒危物种的保护，大致始于20世纪80年代国内相继出台的相关法律法规，随着中国加入濒危野生动植物种国际贸易公约(CITES)和生物多样性公约(CBD)，逐步了解认识并采纳世界自然保护联盟(IUCN)对受威胁物种的评价标准，结合我国国情制定相关的国家重点保护物种名录，在植物资源家底越发清晰的形势下，采取目前较为合理而有效的保护行动，取得了显著进展。在此过程中，国家重点保护野生植物名录和中国高等植物红色名录是相关研究和保护机构开展工作的重要参考，同时国家重点保护名录也是行政执法的基本依据。本文在梳理我国保护名录颁布和内涵演变的基础上，对上海植物园迁地保护的珍稀濒危物种现阶段保育现状做了初步分析，以期为未来更深入的迁地保育评估和引种策略提供有价值的参考。

1 国家保护物种名录的演变与更替

根据《国家重点保护野生植物名录》(2021年版)和《中国生物多样性红色名录——高等植物卷》(2020年版)，中国现有珍稀濒危物种4600余种，占我国植物物种总数的13.7%，其中国家重点保护野生植物1100余种，红色名录受威胁物种(极危CR，濒危EN，易危VU)约4100种，受威胁物种总数较2015年统计的3767种有一定增加(中国科学院和环境保护部，2015)。目前，全世界植物园保存了41%的受威胁物种(Mounce et al., 2017)，而中国植物园迁地保育的维管植物占国家重点保护物种的72%和受威胁物种的59%(王利松等，2023)，保育的高等植物占比为47%(Zhao et al., 2022)，表明植物园对我国珍稀濒危植物保护的重要作用、取得的显著进展(Ye et al., 2023)。在国家层面，珍稀濒危物种保护有两个重要参考标准——《国家重点保护野生植物名录》(1999年版和2021年版)和基于IUCN受威胁物种评价标准发布的《中国高等植物红色名录》(2013年版和2020年版)。

但更早期的工作，可追溯到1980年《中华人民共和国野生植物资源保护条例》的颁布，1982年4月国务院环境保护领导小组联合中国科学院植物研究所从我国野生蕨类和种子植物中选择确定了354种特产、稀有、珍贵和濒临灭绝的植物列入重点保护范围(其中树木296种)，包括国家一级保护的6种，二级保护的121种，三级保护的169种。1984年10月9日，国务院环境保护委员会在《中国环境报》上公布了第一批中国珍稀濒危保护植物名录，共计389种，1987年正式出版《中国珍稀濒危保护植物名录(第一册)》(明确收录物种388种)(国家环境保护局和中国科学院植物研究所，1987)，也就在第一批名录中引入了IU-

CN 的濒危、稀有和渐危三个等级概念,其评估的物种作为后来《中国植物红皮书》的基础名录,包括濒危 121 种、稀有 110 种和渐危 158 种;同时将这些物种在我国的现状做了评估,划分为三级作为重点保护对象,其中一级保护植物 8 种,二级保护植物 160 种,三级保护植物 221 种。上述名录涵盖了两个标准:以物种数量、群体动态预期、分布范围、灭绝风险为主要评价标准的 IUCN 受威胁等级和以综合因素(中国特有、稀有程度、经济价值、文化重要性等)评价的重点保护对象(最早分三个等级,目前采用Ⅰ级和Ⅱ级的划分),后一标准是国家重点保护野生植物名录的主要考量依据,它除了评估物种本身的濒危现状之外,还综合考虑植物的遗传价值、经济价值、生态价值和传统文化价值。另外,国家重点保护野生植物名录以《中华人民共和国野生植物保护条例》附属文件的形式成为执法依据,因而名录中的物种需多方考量,慎重选择,并具备长期性和稳定性。1999 年国务院发布了由国家林业局和农业部共同组织制定的《国家重点保护野生植物名录(第一批)》,调整为两个等级,共列植物 419 种,2021 年在原名录的基础上进行更新修订,发布了新版的《国家重点保护野生植物名录》,共列入野生植物 40 类 455 种,包括国家一级保护野生植物 4 类 54 种,二级保护野生植物 36 类 401 种。

1964 年世界自然保护联盟编制发布《世界自然保护联盟 IUCN 受危险物种红色名录》(*Red List of Threatened Species*),后持续更新发布,其等级和标准已经被广泛用于全球、国家和地区各类物种的受威胁状况评估,以及物种保护和可持续利用相关的各个领域,初期红皮书中对物种的评估只有定性标准,没有定量标准,主观性较强(谢焱,2022),1991 年首次提出了量化标准,建议了 3 个受威胁等级,极危(Critically Endangered, CR)对应的灭绝概率为 50%,濒危(Endangered, EN)灭绝概率为 20%,易危(Vulnerable, VU)灭绝概率为 10%,《中国植物红皮书(第一册):稀有濒危植物》据此得以颁布,收录物种 388 种(傅立国和金鉴明,1991),后又引入了未受威胁等级。2004 年出版的《中国物种红色名录》对中国的 4408 种植物进行了评估(汪松和解焱,2004 年),近 10 年发布的两版红色名录,都是针对我国有分布记录的所有高等植物展开评估,分别是《中国生物多样性红色名录——高等植物卷》(2013 年版)(包含 35784 种高等植物)和 2023 年发布的(2020 年版)红色名录(39330 种高等植物,含种下等级),这些成为当前珍稀濒危植物保护的指引和重要参考。截至 2022 年,IUCN 评估的全球 147517 个物种中有 28% 即超过 42100 种面临灭绝威胁,但评估的植物只占其总数的 14%,受灭绝威胁最严重的植物类群为苏铁,69% 的物种面临灭绝威胁,其次为针叶树种占总数的 34%(IUCN, 2022)。

2 上海植物园重点保护和受威胁物种现状

1983 年,在中国植物学会成立 50 周年学术讨论会上,俞德浚先生在会上做了《中国的濒危植物及其保护》的专题报告,对我国珍稀濒危植物的保护工作起到了很大的促进作用。在此之后的 1985 年,杭州植物园首次对该园的珍稀濒危植物保护研究成果作了总结鉴定,为其他植物园做出了榜样(盛诚桂,1993),而我国濒危物种的评估和红皮书编研始于 20 世纪 80 年代后期(蒋志刚和罗振华,2012)。上海植物园基于建园 10 年的引种收集,除物种数量得到较快增长之外,珍稀濒危的引种收集也成绩斐然,1983 年共迁地保护珍稀濒危植物 71 种,其中一级保护植物 4 种,二级保护植物 27 种,三级保护植物 40 种,1986 年则增加到 80 余种,至 1990 年统计园区保护的国家重点保护植物达 97 种,其中木本植物 80 余种,包括国家一级保护的珙桐(*Davidia involucrata*)、水杉(*Metasequoia glyptostroboides*)、台湾杉(*Taiwania cryptomerioides*)等 5 种,二级保护的柏乐树(*Bretschneidera sinensis*)、夏蜡梅(*Calycanthus chinensis*)、普陀鹅耳枥(*Carpinus putoensis*)、连香树(*Cercidiphyllum japonicum*)、天目铁木(*Ostrya rehderiana*)等 36 种,三级保护的梓叶槭(*Acer amplum* subsp. *catalpifolium*)、庙台槭(*Acer miaotaiense*)、领春木(*Euptelea pleiosperma*)、天目玉兰(*Yulania amoena*)、黄山玉兰(*Yulania cylindrica*)、瘿椒树(*Tapiscia sinensis*)等 56 种,1996 年增加到 108 种,其中国家一级保护植物 5 种,二级保护植物 39 种,三级保护植物 64 种,IUCN 红色受威胁评估包括濒危 21 种,渐危 46 种,稀有 41 种(盛诚桂,1993;奉树成和陆明珍,1997)。

截至 2023 年,上海植物园现迁地保育了珍稀濒危物种总计 72 科 153 属 341 种,其中国家重点保护野生植物 50 科 87 属 201 种,分别占所有保护科和物种的 36.2% 和 16.8%,占华东分布保护物种总数的 33.8%,每个科的引种保育比例不尽相同,国家各科的平均占比为 45%,华东平均占比为 61%(表 1);迁地保护的中国红色名录受威胁物种 55 科 123 属 261 种,分别占所有受威胁科和物种的 19.8% 和 3.8%,占华东分布受威胁物种总数的 22.5%,各科的国家数量平均占比为 25%,华东占比为 49%(表 2)。上海植物园现种植在园区的国家重点保护树木 95 种 3665 株已全部定位、挂牌,以便对它们进行物候记录和健康监测,相关信息录入数据库并不断更新,同时对重要珍稀濒危物种的野外种群开展定位观测和就地保护,为未来的保育效果评价和回归引种打下基础。上海植物园的珍稀濒危树木经过长期的栽培驯化,很多已适应了新的气候和土壤条件,在上海安家落户,并运用于城市绿化美化,发挥了重要而独特的经济、社会价值和生态、景观功能,如水杉、银杏(*Ginkgo biloba*)、黄檗(*Phellodendron amurense*)、杜仲(*Eucommia ulmoides*)、梓叶槭、宝华玉兰(*Yulania zenii*)、舟山新木姜子(*Neolitsea sericea*)、伯乐树、花榈木(*Ormosia henryi*)、红豆树(*Ormosia hosiei*)、夏蜡梅等。上海植物园老一辈建设者和采集者对珍稀濒危物种的引种驯化,如水杉的入沪推广应用,现今的成果举目可见。

表 1　上海植物园迁地保护国家重点保护野生植物及华东分布情况

Table 1　Shanghai Botanical Garden (SHBG) *ex situ* conserved National Key Protected Wild Plants (NKPWP) and Their Distribution in East China

科 Family	上海植物园国家重点保护野生植物数量 The number of NKPWP conserved in SHBG	国家重点保护野生植物占比(%) The proportion of NKPWP (%) conserved in SHBG	上海植物园重点保护华东分布物种数量 The number of East-China distributed NKPWP conserved in SHBG	国家重点保护野生植物华东分布占比(%) The proportion of East-China distributed NKPWP conserved in SHBG (%)
安息香科 Styracaceae	4	50	4	100
白发藓科 Leucobryaceae	1	100	1	100
百合科 Liliaceae	3	6	2	33

(续)

科 Family	上海植物园国家重点保护野生植物数量 The number of NKPWP conserved in SHBG	国家重点保护野生植物占比(%) The proportion of NKPWP (%) conserved in SHBG	上海植物园重点保护华东分布物种数量 The number of East-China distributed NKPWP conserved in SHBG	国家重点保护野生植物华东分布占比(%) The proportion of East-China distributed NKPWP conserved in SHBG (%)
柏科 Cupressaceae	4	31	2	50
唇形科 Lamiaceae	1	50	1	100
叠珠树科 Akaniaceae	1	100	1	100
豆科 Fabaceae	8	13	4	14
杜鹃花科 Ericaceae	1	14	0	0
禾本科 Poaceae	2	7	2	33
合囊蕨科 Marattiaceae	1	3	1	20
红豆杉科 Taxaceae	5	23	5	50
桦木科 Betulaceae	2	67	3	67
金缕梅科 Hamamelidaceae	1	25	1	50
金毛狗科 Cibotiaceae	1	50	1	100
锦葵科 Malvaceae	2	11	—	—
苦苣苔科 Gesneriaceae	2	50	—	—
蜡梅科 Calycanthaceae	1	100	1	100
兰科 Orchidaceae	85	25	16	26
蓝果树科 Calycanthaceae	1	50	—	—
藜芦科 Melanthiaceae	1	5	1	14
连香树科 Cercidiphyllaceae	1	100	1	100
莲科 Nelumbonaceae	1	100	1	100
楝科 Meliaceae	1	33	1	50
蓼科 Polygonaceae	1	100	1	100
千屈菜科 Lythraceae	1	25	1	50
罗汉松科 Podocarpaceae	3	20	2	22
马兜铃科 Aristolochiaceae	1	33	1	50
毛茛科 Ranunculaceae	2	20	2	67
猕猴桃科 Actinidiaceae	3	60	3	75
木兰科 Magnoliaceae	10	42	4	80
蔷薇科 Rosaceae	2	10	1	20
忍冬科 Caprifoliaceae	1	33	1	100
伞形科 Apiaceae	1	14	1	33
山茶科 Theaceae	9	24	1	100
芍药科 Paeoniaceae	2	13	0	0

（续）

科 Family	上海植物园国家重点保护野生植物数量 The number of NKPWP conserved in SHBG	国家重点保护野生植物占比(%) The proportion of NKPWP (%) conserved in SHBG	上海植物园重点保护华东分布物种数量 The number of East-China distributed NKPWP conserved in SHBG	国家重点保护野生植物华东分布占比(%) The proportion of East-China distributed NKPWP conserved in SHBG (%)
水龙骨科 Polypodiaceae	1	100	—	—
四数木科 Tetramelaceae	1	100	—	—
松科 Pinaceae	4	15	3	38
苏铁科 Cycadaceae	2	7	1	25
桫椤科 Cyatheaceae	4	27	4	60
天门冬科 Asparagaceae	2	100	—	—
乌毛蕨科 Blechnaceae	1	100	1	100
无患子科 Sapindaceae	7	58	2	100
小檗科 Berberidaceae	3	27	2	100
银杏科 Ginkgoaceae	1	100	1	100
榆科 Ulmaceae	1	50	1	50
鸢尾科 Iridaceae	1	100	—	—
芸香科 Rutaceae	1	11	1	25
樟科 Lauraceae	5	39	4	80
棕榈科 Arecaceae	1	17	—	—
平均		45		61

表 2 上海植物园迁地保护红色名录受威胁物种及华东分布情况

Table 2 Shanghai Botanical Garden (SHBG) *ex situ* conservation Red List Threatened Species and Their Distribution in East China

科 Family	上海植物园红色名录受威胁物种数量 Number of Red List threatened species conserved in SHBG	红色名录受威胁物种占比(%) Percentage of the Red List threatened species conserved in SHBG (%)	上海植物园红色名录受威胁华东分布物种数量 The number of the East-China distributed Red List threatened species conserved in SHBG	红色名录受威胁物种华东分布占比(%) The proportion of the East-China distributed Red List threatened species conserved in SHBG (%)
蕈树科 Altingiaceae	1	25	1	100
安息香科 Styracaceae	5	21	2	67
百部科 Stemonaceae	1	33	—	—
百合科 Liliaceae	5	9	2	25
柏科 Cupressaceae	7	30	2	100

(续)

科 Family	上海植物园红色名录受威胁物种数量 Number of Red List threatened species conserved in SHBG	红色名录受威胁物种占比(%) Percentage of the Red List threatened species conserved in SHBG (%)	上海植物园红色名录受威胁华东分布物种数量 The number of the East-China distributed Red List threatened species conserved in SHBG	红色名录受威胁物种华东分布占比(%) The proportion of the East-China distributed Red List threatened species conserved in SHBG (%)
报春花科 Primulaceae	1	2	1	25
莼菜科 Cabombaceae	1	100	1	100
冬青科 Aquifoliaceae	2	8	0	0
豆科 Fabaceae	7	5	3	21
杜鹃花科 Ericaceae	3	2	2	29
杜仲科 Eucommiaceae	1	100	1	100
红豆杉科 Taxaceae	3	17	2	50
胡桃科 Juglandaceae	1	11	1	50
桦木科 Betulaceae	2	18	2	50
黄杨科 Buxaceae	1	11	0	0
夹竹桃科 Apocynaceae	1	3	0	0
姜科 Zingiberaceae	2	5	2	100
金缕梅科 Hamamelidaceae	2	7	2	29
锦葵科 Malvaceae	1	2	1	100
旌节花科 Stachyuraceae	1	50	—	—
苦苣苔科 Gesneriaceae	7	6	0	0
兰科 Orchidaceae	105	15	16	22
藜芦科 Melanthiaceae	1	5	1	17
罗汉松科 Podocarpaceae	5	50	5	100
马兜铃科 Aristolochiaceae	3	6	1	17
毛茛科 Ranunculaceae	1	1	0	0
木兰科 Magnoliaceae	19	28	5	63
木通科 Lardizabalaceae	1	8.5	1	33
蔷薇科 Rosaceae	3	6	0	0
秋海棠科 Begoniaceae	6	13	—	—
忍冬科 Caprifoliaceae	2	33	1	100
三白草科 Saururaceae	1	100	—	—
三叉蕨科 Tectariaceae	1	14	—	—
伞形科 Apiaceae	2	5	1	14
山茶科 Theaceae	8	12	1	20

（续）

科 Family	上海植物园红色名录受威胁物种数量 Number of Red List threatened species conserved in SHBG	红色名录受威胁物种占比（%） Percentage of the Red List threatened species conserved in SHBG（%）	上海植物园红色名录受威胁华东分布物种数量 The number of the East-China distributed Red List threatened species conserved in SHBG	红色名录受威胁物种华东分布占比（%） The proportion of the East-China distributed Red List threatened species conserved in SHBG（%）
石蒜科 Amaryllidaceae	2	20	2	60
松科 Pinaceae	5	13	1	17
苏铁科 Cycadaceae	1	6	—	—
桫椤科 Cyatheaceae	2	25	2	100
天门冬科 Asparagaceae	3	100	1	50
卫矛科 Celastraceae	1	3	0	0
乌毛蕨科 Blechnaceae	1	33	1	100
无患子科 Sapindaceae	7	13	—	—
五福花科 Adoxaceae	1	11	—	—
五味子科 Schisandraceae	1	33	1	100
小檗科 Berberidaceae	7	14	5	80
绣球花科 Hydrangeaceae	2	40	1	100
荨麻科 Urticaceae	1	6	0	0
银杏科 Ginkgoaceae	1	100	1	100
榆科 Ulmaceae	2	29	2	50
芸香科 Rutaceae	3	11	2	67
樟科 Lauraceae	4	4	4	36
猪笼草科 Nepenthaceae	1	100	—	—
棕榈科 Arecaceae	3	13	0	0
平均		25		49

3 未来策略和展望

未来植物园对珍稀濒危物种的迁地保育，重点应提高植物园对濒危物种的物种覆盖度和收集保育比例，结合就地和迁地工作，加强迁地保育的生境建设和维护，加强群落和生物多样性的构建和监测（Huang et al.，2002），从整体上提高植物园迁地保育物种的多样性和保护能力。现阶段植物园迁地保护珍稀濒危物种数量滞后于濒危植物保护的需求（黄宏文和张征，2012），保育的受威胁物种覆盖率较低，尤其孢子植物如苔藓和蕨类（邹璞 等，2022），还应加强高度受威胁属级类群，如槭树属（*Acer*）、猕猴桃属（*Actinidia*）、桫椤属（*Alsophila*）、琼楠属（*Beilschmiedia*）、山茶属（*Camellia*）、石斛属（*Dendrobium*）、红豆属（*Ormosia*）、兜兰属（*Paphiopedilum*）、杜鹃花属（*Rohdodendron*）和极小种群的迁地保护（Sun，2019；Ye et al.，2023）。

珍稀濒危植物的迁地保护效果如何，至今尚未见诸科学评价的报道，在国内同类研究中，对植物迁地保护的评价仅停留在适应性的评价上，而未涉及保护的科学性、有效性等方面(黄仕训 等，2006；许再富 等，2012)。因此亟须建立"分类系统 GAP 分析—受威胁状态和重点保护物种分析—核心种质分析"的分析体系，优化调整野外引种和整合保护策略，应用大数据关键技术，聚焦迁地保护科学问题和保护空缺，探索大数据时代整合保护研究，促进迁地保护核心数据共享(邹璞 等，2022)。

植物园的迁地保育，尤其是对珍稀濒危物种的成功异地保护、引种栽培、繁殖更新和回归引种，是一个需要多学科支撑、综合性极强的技术体系(许再富，2014；文香英和陈红锋，2023)。未来应在活植物收集和基础数据管理的基础上，加强针对性的栽培养护技术团队建设，聚焦重要珍稀濒危植物的致濒机制及其保护和决策需求，基于全基因组的深入分析，加强基础理论研究的同时，以问题为导向，了解濒危物种的遗传代表性和适应潜力，从而采取"一种一策"的精准保护和弱化科学问题的"抢救性保护"，为国家植物园和国家公园建设提供科学指导。

致谢：感谢张连全先生和王玉勤高级工程师协助查阅文献资料；感谢覃海宁研究员和马永鹏研究员对文章撰写提供的帮助！

参考文献

奉树成，陆明珍，1997. 上海植物园迁地保护珍濒植物概况[C]. 中国植物园(论文集)，4：33-38.

傅立国，金鉴明，1991. 中国植物红皮书——稀有濒危植物：第一册[M]. 北京：科学出版社.

国家环境保护局和中国科学院植物研究所，1987. 中国珍稀濒危保护植物名录：第一册[M]. 北京：科学出版社.

黄宏文，张征，2012. 中国植物引种栽培及迁地保护的现状和展望[J]. 生物多样性，20(5)：559-571.

黄仕训，骆文华，唐文秀，等，2006. 广西稀有濒危植物迁地保护评价[J]. 广西植物，26(4)：429-433.

蒋志刚，罗振华，2012. 物种受威胁状况评估：研究进展与中国的案例[M]. 生物多样性，20(5)：612-622.

盛诚桂，1993. 我国对植物种质资源和对珍贵、稀有和濒危植物的保护和利用[J]. 植物引种驯化集刊，8：115-125.

汪松，解焱，2004. 中国物种红色名录第一卷——红色名录[M]. 北京：高等教育出版社.

王利松，湛青青，廖景平，等，2023. 我国迁地保护的国家重点保护、受威胁和特有维管植物多样性[J]. 生物多样性，31：22495.

文香英，陈红锋，2022. 植物园与野生植物迁地保护[J]. 生物多样性，30：22017.

谢焱，2022. IUCN 受威胁物种红色名录进展及应用[J]. 生物多样性，30：22445.

许再富，2014. 创立植物迁地保护生物学的雏议[J]. 中国植物园：5-10.

许再富，高江云，李保贵，等，2012. 国家重点保护植物"迁地"与"近地"保护有效性的比较研究[J]. 中国植物园：6-15.

中国科学院和环境保护部，2015. 中国生物物种名录[M]. 北京：科学出版社.

邹璞，宁祖林，田学义，等，2022. 刍议国家活植物收集[C]. 中国植物园(论文集)，25：194-199.

Huang H W, Han X G, Kang L, et al, 2002. Conserving Native Plants in China[J]. Science, 297(5583): 935-936.

IUCN, 2022. The IUCN Red List of Threatened Species[N]. Version, 2021-03.

Mounce R, Smith P, Brockington S, 2017. *Ex situ* conservation of plant diversity in the World's Botanic Gardens[J]. Nature Plants, 3: 795-802.

Sun W B, Ma Y P, Blackmore S, 2019. How a New Conservation Action Concept Has Accelerated Plant conservation in China[J]. Trends in Plant Science, 24:4-6.

Ye J F, Shan Z J, Peng D X, et al, 2023. Identifying Gaps in the *ex situ* conservation of Native Plant diversity in China[J]. Biological Conservation, 282:110044.

Zhao X, Chen H, Wu J Y, et al, 2022. *Ex situ* conservation of threatened higher plants in Chinese Botanical Gardens[J]. Global Ecology and Conservation, 38 (2):e02206.

亚热带低山及三峡库区植物引种研究

Study on the Plant Introduction in Subtropical Low Mountains and Three Gorges Reservoir Area

许志斌　徐颖　刘丽

（重庆市南山植物园，重庆，400065）

XU Zhibin　XU Ying　LIU Li

（*Nanshan Botanical Garden of Chongqing*，*Chongqing* 400065，*China*）

摘要：本文对重庆市南山植物园亚热带低山以及三峡库区植物引种进行了综合分析及评价，建立了引种植物综合评价体系，初步选择1638种野生维管束植物，排除常见田间杂草后，余下约1480种，构建三峡地区种质资源保护收集引种技术框架，为南山植物园更新现有植物园规划设计提供科学依据。

关键词：亚热带低山；三峡库区；植物引种；综合评价

Abstract：In this paper，a comprehensive analysis and evaluation of plant introduction was carried out in Nanshan Botanical Garden of Chongqing in the subtropical low mountain areas and the Three Gorges Reservoir area，and a comprehensive evaluation system of introduced plants was established. 1638 species of wild vascular bundle plants were initially selected，and about 1480 species were left after common field weeds were excluded，so as to construct a technical framework for germplasm resource conservation，collection and introduction in the Three Gorges region. To provide scientific basis for Nanshan Botanical Garden to update the existing botanical garden planning and design.

Keywords：Subtropical low mountain area；Three Gorges reservoir area；Plant introduction；Comprehensive evaluation

引言

重庆市南山植物园始建于1959年，海拔420～680.5m，东西宽5000m，南北长3500m，规划控制面积15km^2，实际占地551hm^2。历经60多年发展，已经成为西部地区重要的植物多样性展示和科普教育基地。2021年重庆市南山植物园启动了总体规划修编工作，定位以长江三峡亚热带低山植物种质资源收集、保存、栽培为特色，立足中国西南，面向“一带一路”，建成集科研、科普教育、人文游赏于一体的，具有生态文明、山地特色的高标准西部地区城市综合性植物园。

重庆市地处亚热带气候区域，山脉纵横，植物资源丰富。渝东北秦岭—大巴山区是我国生物多样性最为丰富的关键地区之一，重庆有城口大巴山国家级自然保护区、渝东南武陵山区，以金佛山为代表的大娄山区、阴条岭国家级自然保护区等，生物资源丰富，也是我国生物多样性保护的关键地区，三峡库区是受生态界关注的热点区域，位于三峡库区腹部巫山、巫溪，毗邻湖北神农架，是生物多样性丰富的重要地点。同处我国亚热带中部其他省市的中低山地区，森林分布也较为广泛，如江西井冈山与庐山、浙江天目山、福建武夷山、贵州梵净山等地。丰富的植物资源也为引种工作提供了物种库条件。

1 研究内容与研究方法

1.1 研究内容

(1) 围绕园区"亚热带低山植物园"特点,深化收集亚热带低山植物种质资源科研方向,进行针对重庆市域以及部分长江流域亚热带气候区范围内种质资源的综合科学调查研究与引种。

(2) 划定可引种南山植物园的植物种源地范围,建立引种植物可行性与优先度的评价指标体系,总结提出植物引种技术要点。做好因地制宜、科学引种;综合分析,优种优选;规范引种,控制风险方面的工作。

1.2 技术路线

(1)种源地确定。选择重庆市植物资源与生物多样性丰富的关键地区。

(2)种源地与引入地自然条件。对引种种源地与引入地(南山植物园)植被类型、地形地貌、气候、土壤等生境条件的相似性进行调查。

(3)引种可行性与优先程度分析。从种源地资源概况、利用价值、繁育难易程度、繁育潜力、引种入侵风险等角度对引种植物进行评价。

通过层次分析法,建立科学引种潜力综合评价指标体系,给出综合优先推荐植物名录。

1.3 种源地范围

(1)主要地区。重庆三峡库区:重点为巫山县、巫溪县、石柱县。

重庆亚热带山区低山地带:主要引种种源地具体包括城口、南川、江津区县海拔1200m的中低山地带。同时考虑北碚缙云山自然保护区(海拔1000m以下)。根据气候的垂直地带性变化特点来确定海拔1200m的分布范围,同时也保障了低山地带(海拔1000m以下)植物资源引种的充分性。

(2)其他地区。湖北神农架、湖南、江西井冈山与庐山、浙江天目山、福建武夷山、贵州梵净山等地。

1.4 引种植物优先度等级的选择原则

(1)生态适应性原则。

(2)稀有性原则。根据珍稀、濒危程度和保护等级。

(3)特有性原则。根据国家、省市、地区特有程度考虑。

(4)经济性与文化性原则。根据资源植物的应用价值类型、应用潜力。其中,优先考虑观赏或景观价值,兼顾植物趣味性。

(5)以野生植物资源的引种为主,增加特色。

2 种源地与引入地自然地理条件

2.1 引种种源地及其概况

主要为库区中植物多样性较好,受淹没影响较大的区域,如巫溪巫山大巴山区、石柱方斗山—七曜山区等地区为主。

长江三峡库区物种多样性极为丰富,植物类群古老,特有植物、珍稀濒危植物丰富,有极高的生态与研究价值。研究表明,库区共有植物6088种,分属208科1428属,其中3000种以上是中国特有种,占三峡库区植物种的一半以上;有500种以上库区特有种,占三峡植物种的近1/10。

巫山县位于重庆市东部,地处三峡库区腹心,有"渝东北门户"之称。

巫溪县位于重庆市东北部,处大巴山东段南麓。

石柱县地处长江上游南岸、重庆东部、三峡库区腹心。

2.2 引入地及其概况

植物园位于南山外连山和内连山之间,海拔高度在322~680m,总体平均海拔在450~550m。园区属亚热带湿润气候区,气候温和,雨量丰富,雨雪天气极少。年平均降水量为1200mm。年日照时长1400h;与江津、南川等地相近。年平均气温15.8℃,极端高温44℃,极端低温0℃。与江津、南川、巫山相近。年均相对湿度80%,与江津、南川相近。植物园土壤多数系黄壤类和紫色土两大类,酸碱性在弱酸性至弱碱性之间,并有少量的松砂土。与种源地土壤类型相近。

3 引种植物综合评价

3.1 评价体系构建方法

层次分析法(Analytic Hierarchy Process)是一种权重确定方法。是一种定量分析与定性分析相结合的有效方法。

研究综合植物资源特点分析、利用价值分析、生态适应性分析、繁育潜力评价、植物入侵风险评价五类评价体系,利用层次分析法对各评价指标进行权重评估与评分标准细化。

由此构建引种植物综合优选机制,最终形成生态适应性为基础,利用价值为导向,繁育潜力与入侵风险度为重要指标的引种价值评价模型。

3.2 评价因子分层

经查阅文献及咨询相关专业人士,本次研究将拟定评价指标细分为三大层次。其中包括5个约束体系,下分13个标准层影响因素,如表1和图1所示。

表1 引种植物的评价指标层次

Table 1 Hierarchy of evaluation indicators for introduced plants

目标层 A		南山植物园植物引种的综合优先度评价												
中间层 U	约束层 C	C1 植物资源特点分析	C2 利用价值分析					C3 生态适应性分析			C4 繁育潜力评价			C5 植物入侵风险评价
	标准层 P	P1 稀有特有性	P2 观赏性	P3 材用药用性	P4 芳香杀毒性	P5 生态修复功能	P6 趣味人文性	P7 垂直分布相似性	P8 气候适宜性	P9 土壤适宜性	P10 资源丰富程度	P11 繁殖能力评价	P12 引种繁育技术成熟性	P13 入侵物种危险性评价
最底层 D		引种地种质资源												

其中各层含义有以下几点。

(1)目标层A——决策的目的、要解决的问题。

(2)中间层U:①约束层C——决策时考虑的评价体系;②标准层P——各评价体系中具体的影响因素。

(3)最低层D——决策的备选项目。

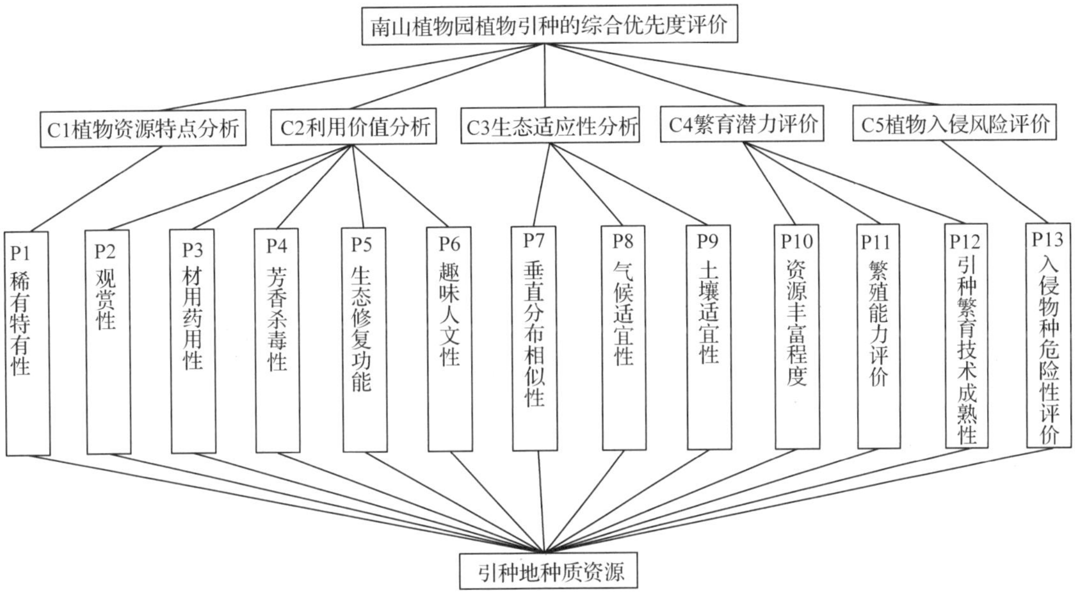

图1 分层结构评价模型

Fig. 1 Hierarchy of evaluation model diagram

根据引种植物各因子权重计算及资料收集综合得出各因子评分标准如表2所示：

表2 引种植物各因子评分标准

Table 2 Evaluation scoring standards for factors of plant introduction

上级评价体系	评价因子	评分标准				
		1	3	5	7	9
C1 植物资源特点分析	P1 稀有特有性	无稀有性	模式种	中国特有物种	二级保护野生植物	一级保护野生植物
C2 利用价值分析	P2 观赏性	无观赏性	观赏性不佳	一种观赏性状	两种观赏性状	多种观赏性状
	P3 材用药用性	无材用药用性	材、药、食用、油脂中一种	材、药、食用、油脂中两种	材、药、食用、油脂中三种	材、药、食用、油脂中四种
	P4 芳香杀毒性	无相关性状	性状不突出	性状一般或气味不佳	性状较好	性状极好，气味宜人
	P5 生态修复功能	无相关性状				具有耐水湿耐瘠薄等特点
	P6 趣味人文性	无相关特色				有相关特点
C3 生态适应性分析	P7 垂直分布相似性	适生海拔与引入地差别过大	适生海拔与引入地差别较大	适生海拔与引入地差别尚可	适生海拔与引入地差别很小	适生海拔与引入地相同
	P8 气候适宜性	适生光照、温度、降水与引入地差别过大	适生光照、温度、降水与引入地相同	适生光照、温度、降水与引入地相同	适生光照、温度、降水与引入地相同	适生光照、温度、降水与引入地相同
	P9 土壤适宜性				对土壤有一定要求	对土壤无特殊要求

(续)

上级评价体系	评价因子	评分标准				
		1	3	5	7	9
C4 繁育潜力评价	P10 资源丰富程度	种质资源极少		种质资源适中		种质资源丰富
	P11 繁殖能力评价	繁殖能力弱的种类		其他物种		繁殖能力强的种类
	P12 引种繁育技术成熟性	无引种驯化先例				已有引种驯化基础
C5 植物入侵风险评价	P13 入侵物种危险性评价	应规避的 8 科 10 属的物种				

3.3 引种植物综合评价的最终模型(表 3)

表 3 引种植物综合评价的最终模型

Table 3 The final model for comprehensive evaluation of plant introduction

上级评价体系	评价因子	评分(分)	全局权重
C1 植物资源特点分析	P1 稀有特有性	1~9	0.0572
C2 利用价值分析	P2 观赏性	1~9	0.2135
	P3 材用药用性	1~9	0.1107
	P4 芳香杀毒性	1~9	0.0839
	P5 生态修复功能	1~9	0.0225
	P6 趣味人文性	1~9	0.0621
C3 生态适应性分析	P7 垂直分布相似性	1~9	0.1333
	P8 气候适宜性	1~9	0.1333
	P9 土壤适宜性	1~9	0.0444
C4 繁育潜力评价	P10 资源丰富程度	1~9	0.0091
	P11 繁殖能力评价	1~9	0.0144
	P12 引种繁育技术成熟性	1~9	0.0343
C5 植物入侵风险评价	P13 入侵物种危险性评价	1~9	0.0814

3.4 综合评价及规划引种植物名录的确定

根据前述种源地空间范围,初步选择1638种野生维管束植物,排除常见田间杂草(如香丝草、小白酒草等常见一年生菊科植物)后,余下约1480种。

根据上述评价模型,进行计算打分,综合得分6分以上的,进入引种植物规划名录,共1253种,评分由高到低顺序如表4所示。

表 4 引种植物名录

Table 4 The list of introduced plants

中文名	拉丁名	科	属	生长型	评分
臭辣吴萸	*Evodia fargesii*	芸香科	吴茱萸属	落叶乔木	9
长叶胡颓子(原变种)	*Elaeagnus bockii* var. *bockii*	胡颓子科	胡颓子属	常绿灌木	8.9
短柱胡颓子	*Elaeagnus difficilis* var. *brevistyla*	胡颓子科	胡颓子属	常绿灌木	8.9
宜昌胡颓子	*Elaeagnus henryi*	胡颓子科	胡颓子属	常绿灌木	8.9
大披针叶胡颓子	*Elaeagnus lanceolata* subsp. *grandifolia*	胡颓子科	胡颓子属	常绿灌木	8.9
南川牛奶子	*Elaeagnus nanchuanensis*	胡颓子科	胡颓子属	落叶灌木	8.9
毛柱胡颓子	*Elaeagnus pilostyla*	胡颓子科	胡颓子属	常绿灌木	8.9
巫山牛奶子	*Elaeagnus wushanensis*	胡颓子科	胡颓子属	落叶灌木	8.9
金花忍冬(原亚种)	*Lonicera chrysantha* subsp. *chrysantha*	忍冬科	忍冬属	落叶灌木	8.9
短梗大参	*Macropanax rosthornii*	五加科	大参属	常绿灌木或小乔木	8.9
武当木兰	*Magnolia sprengeri*	木兰科	木兰属	常绿乔木	8.9
三花紫菊	*Notoseris triflora*	菊科	紫菊属	草本	8.9
油丹	*Alseodaphne hainanensis*	樟科	油丹属	常绿乔木	8.8
灰楸(原变型)	*Catalpa fargesii* f. *fargesii*	紫葳科	梓属	落叶乔木	8.8
微毛樱桃	*Cerasus clarofolia*	蔷薇科	樱属	落叶灌木或小乔木	8.8
短梗尾叶樱桃	*Cerasus dielsiana* var. *abbreviata*	蔷薇科	樱属	落叶乔木 或灌木	8.8
樟	*Cinnamomum camphora*	樟科	樟属	常绿乔木	8.8
川鄂山茱萸	*Cornus chinensis*	山茱萸科	山茱萸属	落叶乔木	8.8
披针叶榛	*Corylus fargesii*	桦木科	榛属	落叶乔木	8.8
结香	*Edgeworthia chrysantha*	瑞香科	结香属	落叶灌木	8.8
密序吴萸	*Evodia henryi*	芸香科	吴茱萸属	落叶灌木或乔木	8.8
四川吴萸	*Evodia sutchuenensis*	芸香科	吴茱萸属	落叶乔木	8.8
窝竹	*Fargesia brevissima*	禾本科	箭竹属	竹类	8.8
箭竹	*Fargesia spathacea*	禾本科	箭竹属	竹类	8.8
苦糖果	*Lonicera fragrantissima* subsp. *standishii*	忍冬科	忍冬属	半常绿或有时落叶灌木	8.8

4 小结

本次以重庆市域内低山区域为主,长江流域特色亚热带低山区域植物引种研究工作,构建三峡地区种质资源保护收集引种技术框架,为南山植物园更新现有植物园规划设计提供科学依据。通过三峡库区、亚热带低山植物引种与植物多样性展示,可强化南山植物园“亚热带低山植物园”的科研展示特点,做好长江三峡生态文明示范展示,助力园区打造集研究保护价值、景观价值、生态价值、经济价值、文化娱乐价值多元价值为一体的,西部一流的亚热带低山植物综合展示植物园。

参考文献

陈有义,1989. 植物引种驯化在城市园林绿化中的作用及搞好我市园林绿化工作之管见[J]. 热带作物研究(3):63-66.

梁庆,2015. 园林植物引种与推广常见的问题分析[J]. 福建农业(4):215-216.

唐小清,崔煜文,叶自慧,2006. 华南野生观赏地被植物引种适应性评价与应用[J]. 中国园林,32(6):89-93.

张学平,罗昭润,李鑫,2016. 36种珍稀濒危植物引种适应性评价[J]. 绿色科技(15):1-3.

中学生浏览网络媒体动植物照片行为特点及影响因素

The Factors Affecting Photo-browsing Behavior of Middle School Students on Plants and Animals Tweeted Online Media

王韬　王青　张卫哲

（深圳市仙湖植物园，广东深圳，518004）

WANG Tao　WANG Qing　ZHANG Weizhe

(*Fairy Lake Botanical Garden*, *Shenzhen & Chinese Academy of Sciences*, *Shenzhen* 518004, *China*)

摘要：利用新媒体进行生物学教育已成为主流趋势。为探究学生关注网络媒体中动植物的特点以及浏览照片行为的影响因素，本文通过 QQ 空间（一种网络社交媒体平台）发布动植物照片，收集不同类群动植物照片的浏览量，并通过问卷调查法收集浏览照片中学生的社会人口学、心理学特性及浏览动机。研究发现，外来动物照片的浏览量超过本土动植物照片的浏览量，随着动植物照片发布次数的增加，单次照片浏览量整体呈下降趋势。曾经饲养过宠物，参加过自然观察俱乐部体验活动或年龄较大的中学生有着更高的动植物照片浏览量。同时，对动植物的喜爱与好奇心理也能促使学生浏览动植物照片。本文揭示了自然体验经历与内在心理动机影响网络媒体学习动植物知识的行为，采取线下活动（如自然体验）与线上学习相结合的方式，以更加有效的方式帮助中学生了解本土的动植物多样性，为通过网络媒体开展生物教育工作提供了理论依据。

关键词：浏览量；网络媒体；动植物；自然联结

Abstract: It has been becoming a mainstream trend for using new media for biology education. In this study, we investigated factors affecting students' browsing photo tweets by QQ talk (a kind of social media platform). We collected data recording students' page views of animal and plant pictures and collect information on the demographic factors and motivation of browsing the photos by questionnaires. The study indicated that students paid more attention to exotic animals than native animals and plants. As a whole, students' page views tended to decline with the increase in the number of pictures of animals and plants tweeted. Being older, having a pet at home, and more experiences of participating in nature observation clubs increased students' page view pictures of plants and animals. Meanwhile, the enjoyment and curiosity about plants and animals can also engage them to browse photos tweeted. The study thus suggested, incorporating natural experiences with on-line teaching could be an effective approach to enrich students' knowledge of local flora and fauna, thus provided relevance to students' biology education in general.

Keywords: Page view; Network media; Plants and animals; Nature connectedness

1　概述

随着城市化发展和生活方式的变化，中学生与大自然的接触越来越少，尤其是那些生活在大城市中的孩子，这可能会对学生对本地区生物多样性的认知与保护产生不利影响[1-2]。另外，近年兴起的生物科普类微信公众号等网络媒体，通过网上发布动植物图片、推送科普推文和视频,能够使学生间接接触到生物元素;掌上电脑的全景浏览和遥感技术,甚至可以虚拟再现森林中人与野生生物相遇的场景[3-4],这对学生来说,具有很强的吸引力。网络媒体为学生拓展自然体验、了解生物相关知识,提供了新的可能[5]。

但是,关于网络媒体中开展间接的自然体验与生物教育的效果与有效性的争论一直不绝于耳。有研究发现,网络媒体往往更多地在传播标志性的、外来的或者大型有魅力的哺乳动物物种,这导致孩子对外来物种的认知超过了本土生物,且一定程度上使他们对野生动物的认识产生了偏见,突出表现在孩子们更加愿意优先保护外来物种,更加关注大型的哺乳动物和鸟类的推文数量超过了体型小的动物[6-9]。

近些年,国内外研究较多地关注网络新媒体的科学传播模式、机制、传播内容特点以及影响效果[10-12],国外尤其注重探索开展的网络媒体环境教育活动对参与者的生物认知态度、生物保护行为的影响[13-14]。虽然网络媒体已成为孩子获得生物知识的主要途径,但目前缺乏关于哪些因素会促使或阻碍学生浏览网络媒体动植物科学信息的行为研究。尽管学生使用网络媒体学习行为的理论研究发现,外部动机(例如,感知网络媒体有用性、容易使用)和内在动机(例如,网络媒体学习的趣味性)可以影响学生使用网络媒体学习的行为意图[15],并揭示了自我决定动机的3个指标(感知的兴趣、价值和自主选择)与学生网上学习课程的态度和参与行为(登录次数和讨论主题次数)呈现正相关[16],但研究尚未从研究对象的人口学特质、重要自然体验经历以及对动植物的内在心理学特质等方面探讨对学生网络媒体学习行为的影响。

由于影响人们网络媒体学习行为的因素是复杂多样的,社会人口学特质中的性别、年龄、家庭背景等因素,个人重要的自然体验经历,以及对动植物的态度可能会对浏览网络媒体的行为动机产生影响,进而导致网络媒体学习的行为结果。因此,本研究在于探究学生浏览网络媒体上动植物类群,同时进一步深入探究,学生浏览行为影响因素,为通过网络媒体对特定读者开展生物教育工作提供科学依据。

2 研究方法

2.1 发布动植物照片

基于前期“自然观察俱乐部”项目[17]之时,本研究告知学校负责人项目知情权,并取得班级老师与同学的实验项目知情同意。研究收集了学生即时通讯社交媒体QQ号码,并且将其加为好友。参与自然观察俱乐部的中学生位于我国云南省西双版纳傣族自治州生物多样性热点地区。该地区的学生既能在日常生活中见到真实多样的本土动植物,也能通过网络媒体接触其他类型的外来动植物,因此被选择作为研究对象。研究者可与学生进行网上交流与采访。QQ空间作为网络社交媒介,QQ使用者可随时在空间中的说说、相册、日志栏目中发布信息,QQ好友通过好友动态彼此可浏览更新的内容。同时,QQ使用者还可查看空间发布的说说或者照片的最近访客、说说、照片、日志的浏览数量以及浏览者。

2.2 动植物照片浏览量数据收集

本研究使用QQ空间向学生发布动植物主题照片,总计发布照片44次,其中发布动植物类型照片33次。作为对照,在动植物照片发布的间隔期间,本研究也发布了电影、音乐、体育以及美食等娱乐主题的照片,共11次。每次发布照片会注明该次主题动植物的名称、特征、生活习性等内容简介。同时,记录了参与研究的中学生对每次发布主题的照片是否有浏览行为,分别计算所有类型照片的累计浏览量,动植物主题照片的累计浏览量,非动植物主题照片的累计浏览量,最终用于模型分析学生浏览网络照片行为的影响因素。

2.3 调查问卷

问卷调查法收集学生的社会人口变量与心理学参数(例如,自然联结和动植物喜爱程度)。自然联结被定义为,个体与自然的各种物理互动后产生的心理联结,以及知觉到属于自然的程度。为测量学生的自然联结,本研究借鉴使用环境态度名录中的自然喜爱量表[18]。该量表包含学生在自然中的心理感知与喜爱自然活动的10个陈述条目(例如,当我在安静的自然中的时候,我有种幸福感;我真的很喜欢去诸如树林或者野外的乡村旅行)。每个条目使用5点量表评分,量表题项赋值如下:非常同意,记5分;同意,记4分;不确定,记3分;不同意,记2分,非常不同意,记1分。参考Cheng和Monroe(2012)关于孩子对自然情感态度的研究[19],研究对其修改并发展出植物喜爱和动物喜爱程度的量表。植物喜爱程度被定义为人们乐意花费时间养植植物并愿意去户外欣赏植物的程度。动物喜爱程度被定义为人们在自然中花费时间观看鸟类以及观察昆虫的喜欢程度。本研究分别使用4个题目测量学生对植物和动物喜爱的程度(例如,当我有空的时候,我喜欢去树林看各种植物;我很喜欢在家里种花。我喜欢去树林里看鸟;观察蝴蝶和蚂蚁的行为是件很有趣的事情)。自然联结、动物喜爱以及植物喜爱量表的信度系数α分别为0.76、0.71、0.69(信度系数达到0.6以上被认为量表是可接受使用)。同时,收集学生的性别和年龄等社会人口特质。由于家里饲养宠物影响孩子对动物的态度[20],这可能影响学生浏览网络动植物图片的行为,因此,问卷中包括是否饲养宠物的变量。本研究共发放了1024份问卷,回收333份有效问卷,回收率为32.5%(因研究方法采取跟踪网络调查的方式,回收率比较低)(表1)。

表1 问卷样本构成统计表

Table 1 Statistical table of questionnaire sample composition

人口统计学变量	统计量分类	样本数量	百分比(%)
性别	男	154	46.2
	女	179	53.8
年龄	13	47	14.1
	14	121	36.3
	15	133	39.9
	16	21	6.31
	17	5	1.50
	18	2	0.60
	—	4	1.20
家里是否饲养宠物	是	236	70.9
	否	97	29.1

此外,研究使用QQ在线通讯工具随机采访部分学生浏览照片的动机,采访问题:“你为什么会去浏览查看发布在QQ空间的动植物照片呢?”网络采访共收到54名学生回复。我们将学生回复的文本进行通读并根据每句话的表达含义提取关键词,并使用归纳法进行相同关键词的汇总整理。

2.4 数据分析

本研究使用方差分析检验不同类型的动植物照片浏览量整体上是否有差异。多重比较用于对比分析不同类型照片之间浏览量是否存在显著性差异。由于学生对不同类型主题照片的累计浏览量属于计数数据,无法有效地对数据进行正态性转化,但满足泊松分布,因此采用广义线性模型分析自然联结性、动植物的喜爱程度、是否参与自然观察俱乐部体验活动以及社会人口学变量等因素对学生QQ空间动植物照片浏览量(记作M1)、被浏览的动植物照片占发布所有照片的浏览量的比例(记作M2)(因现实网络媒体中,存在各种类型主题的照片,动植物主题照片占网络媒体中出现所有类型照片的比例可能会影响学生浏览行为,因此我们选择该模型进行分析)、全部类型照片的浏览量(记作M3),以及对非动植物照片的累计浏览量(记作M4)的影响[21]。本研究采用R(3.4.2版本)统计软件进行数据处理与统计分析。

3 实验结果

3.1 中学生对外来物种的关注度超过了本土物种

研究发现,随着照片发布次数的增加,中学生对照片浏览量呈逐渐下降的趋势,表明随着时间的推移学生对发布的动植物照片的关注度呈下降趋势(图1)。通过对不同类型的照片浏览量对比,中学生对外来动物的浏览量最多,而对本地动植物照片、娱乐新闻以及食物类照片的浏览量基本一致,没有明显差异(TukeyHSD的P值大于0.05)。

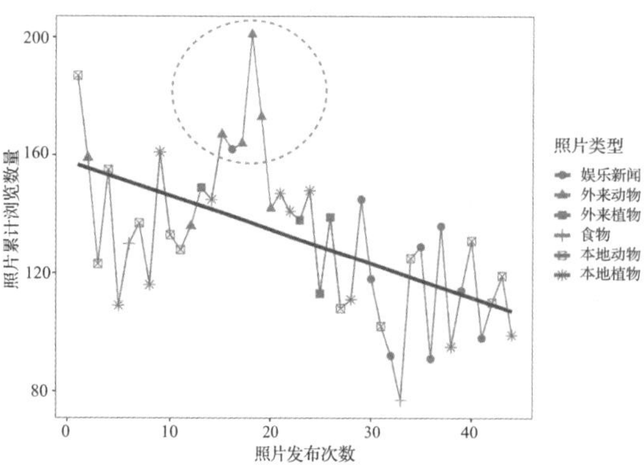

图1 学生浏览发表在QQ空间中各种类型照片的浏览数量

Fig. 1 The number of students browsing various types of photos published in QQ space

方差分析(One-Way ANOVA)发现,学生浏览QQ空间发布的照片类型具有差异性($F_{4,37}=3.97$, $P=0.008$)。箱型图显示浏览量最多的照片类型是外来动物和外来植物。多重比较分析发现,外来动物照片的浏览量显著高于本地植物(Tukey HSD的$P=0.021$)、本地动物(Tukey HSD的$P=0.029$)和娱乐新闻照片(Tukey HSD的$P=0.005$)的浏览量与外来植物的浏览量没有显著差异(Tukey HSD的$P=0.285$)(图2标注相同字母表示照片类型浏览数量之间没有显著差异)。

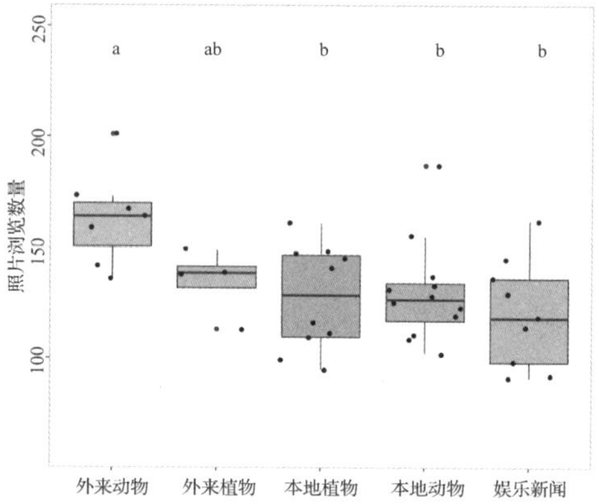

图2 QQ空间不同类型照片的浏览数量的箱型图

Fig. 2 Box diagram of the number of views of different types of photos in QQ space

3.2 人口学变量与自然体验经历影响中学生浏览网络动植物照片

一般广义线性模型表明,动植物照片浏览量、被浏览的动植物照片占发布所有照片的比例、全部类型照片的浏览量均受到人口学变量——年龄、家里养宠物的影响(模型的估计系数显著性P值小于0.05)(表2)。相比没有自然观察俱乐部活动经历的学生,有自然观察俱乐部活动经历的学生在动植物照片浏览量、被浏览的动植物照片占发布所有照片的比例、所有类型照片三个模型中的浏览量数值更高(模型估计系数为正值,显著性 P 值小于 0.05)。人口学变量和自然联结、植物喜爱、动物喜爱对非动植物照片浏览量均没有影响(系数显著性 P 值均大于 0.05)。四种模型的解释度分别为 8%、9%、9%、0.2%。

表 2 一般线性模型预测学生浏览 QQ 空间发布照片的行为

Table 2 General linear model predicts students' behavior of browsing QQ space and posting photos

模型 因子	M1(动植物照片)		M2(比例)		M3(所有类型照片)		M4(非动植物照片)	
	估计系数	z 值	估计系数	z 值	估计系数	z 值	估计系数	z 值
截距	−1.22 (0.91)	−1.34	−5.16 (0.53)	−9.64	−0.71 (0.87)	−0.82	−1.56(1.62)	−0.96
年龄	0.17 (0.06)	2.85**	0.13 (0.03)	3.73***	0.16 (0.06)	2.79**	0.08 (0.10)	0.76
性别^v	0.10 (0.07)	1.55	0.14 (0.06)	2.16*	0.03 (0.11)	0.28	−0.003(0.19)	−0.015
饲养宠物#	0.48 (0.12)	3.89**	0.51 (0.07)	6.60***	0.46(0.12)	3.88***	0.34(0.21)	1.58
参与自然观察俱乐部+	0.68 (0.20)	3.40***	0.87 (0.09)	9.16***	0.81 (0.19)	4.31***	0.57 (0.32)	1.82*
自然联结	0.13 (0.08)	1.58	0.20 (0.08)	2.54*	0.17 (0.15)	1.18	0.33 (0.26)	1.28
植物喜爱度	−0.24 (0.10)	−2.28*	−0.17(0.06)	−2.74**	−0.17(0.08)	−2.07*	−0.20 (0.21)	−0.94
动物喜爱度	0.06 (0.06)	1.04	0.03 (0.06)	1.08	0.06 (0.10)	0.57	−0.21 (0.18)	−1.17
残余偏差	324.99		1331.00		314.61		285.45	
赤池信息准则 AIC	1542.38		2182.80		1647.80		784.03	
模型解释度(R^2)	0.08		0.09		0.08		0.002	

M1:模型预测浏览动植物照片的影响因素;M2:模型预测被浏览动植物照片占发布所有照片数量比例的影响因素;M3:模型预测浏览发布的所有照片的影响因素;M4:模型预测浏览非动植物照片的影响因素。样本量为 333。*** 表示 $P<0.001$,** 表示 $P<0.01$,* 表示 $P<0.05$,$P<0.10$。v:正向的估计系数表明,男生的动植物照片浏览量多于女生。#:正向的估计系数表明,家里饲养宠物的学生动植物照片的浏览量多于那些家里没有饲养宠物的学生。+:正向的估计系数表明,曾经参加过自然观察俱乐部活动的学生比没有参加的学生的动植物照片浏览量更多。表格中估计系数栏目括号内数值为标准误。

3.3 中学生浏览网络动植物照片的动机

定性分析发现,影响学生浏览发布的动植物照片的主要内在心理动机包含:对未见过的动植物感到好奇,喜欢动植物,对动植物感兴趣以及想了解与学习有关动植物的知识。例如,有学生被采访时回复:"因为我从来没有见过那些动植物所以我都会看,看过之后觉得那些动植物都很神奇。""因为我喜欢动植物,喜欢自然,点赞是因为我很喜欢那些动植物。"主要外在动机有:动植物照片好看,感觉动植物神奇以及社会影响下为了尊重照片发布者而去浏览动植物照片(图 3)。

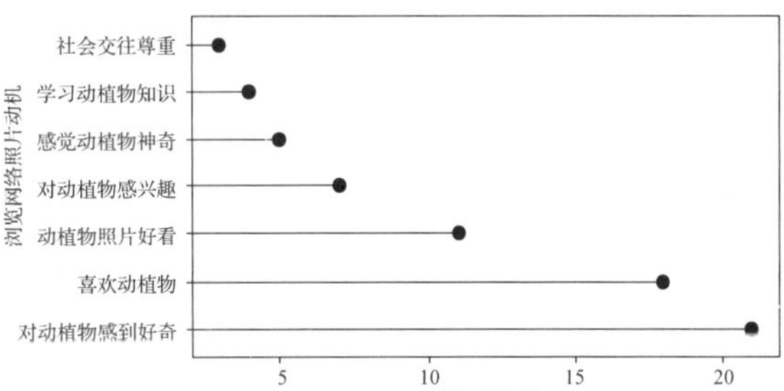

图 3 学生浏览动植物照片动机的频次图

Fig. 3 Frequency chart of students' motivation to browse animal and plant photos

4 讨论

目前的研究因为时效性与样本量的限制只能回答有限的问题，影响学生浏览网络媒体中出现的动植物照片的行为的因素是复杂的。受网络因素制约，参与本研究的研究对象仅局限于上网便利的特定中学生群体，因此本研究重点关注这部分学生的浏览网络动植物图片的特点，以及人口学特质、心理学特性和浏览网络媒体照片行为之间的关系。

4.1 影响学生浏览网络动植物照片特点的原因

人们对待动植物的态度主要分为两个维度：情感(人们对动植物的情感反应)和效用(人们感知动植物的使用价值)[22]。本研究中涉及的动植物照片包含本地常见物种、外来物种，效用方面对学生浏览该物种照片的行为不会有显著的影响，反而是初次看到动植物图片产生的情感会进一步影响学生浏览动植物照片的行为。

相比本地动物，学生更加偏爱浏览发布的外来动物照片。可能原因是，对当地中学生来说，浏览本地动植物图片带来的认知态度和情感反应变化没有未见过的外来物种强烈。外来动物的外表特征、生活习性等基本信息激发了学生浏览照片的好奇心，引起学生自然主义情感态度方面的认知变化。根据计划行为改变理论，态度因素的增强将会促使人们相应行为的发生。曾有研究也得到过相似的结论，学生感知外来物种的优先保护等级高于本地的生物[6]，尤其是美国的调查研究发现，相比本地的红松鼠和斑点鸮等动物，外来物种北极熊受到更多在线社交网络推文的关注[8]。

本研究也发现，随着发布照片时间的推移，学生们对动植物照片浏览量呈下降趋势，这可能是心理学上的审美疲劳所导致[23]。因此，使用新媒体网络开展生物教育工作，单一的图片内容与单调的发布形式也许不能够维持学生长久的关注度。以图片、动画或者视频多样的媒体信息表现方式可能会起到更好的效果。这也从侧面反映出，现实网络媒体中需要丰富多样的主题类型照片，一定比例的动植物照片可能会更加吸引学生网络媒体学习了解动植物。该问题需要进一步深入研究。

4.2 人口学特质对浏览网络动植物照片行为的影响

社会人口变量被认为是影响人们行为的重要因素。不同的受教育程度、家庭经济等均可能对个人产生不同的认知状况，进而导致不同的行为结果。本研究中，我们也发现了饲养宠物促使学生浏览更多的动植物照片，可能是饲养宠物能够培养学生对动物的喜爱，从而影响他们与动物有关的行为[24]，年龄越大的孩子，自主性可能越强，上网的知觉行为控制相比年龄小的学生更好，因此年龄影响学生浏览网络媒体发布动植物照片的行为。

4.3 内在心理学特性影响学生浏览网络媒体动植物照片行为

除学校正规教育学习科学知识外，网络媒体似乎成为学生认知生物多样性的便捷途径[25]。我们的研究结果表明学生对动植物的喜爱、兴趣以及好奇心理等内在的心理因素影响了他们浏览 QQ 空间动植物照片的行为。这样的结果可能因为网络媒体平台发布的动植物图片、推文或者视频会改变人们对生物的认知态度与情感反应[13-14]。反过来，人们对动植物的认知态度、情感态度等心理学特性将会影响网络媒体的学习行为。网络采访的定性分析结果支持了这样的观点。好奇心能激发孩子探究式学习的行为，想了解更多未见过的动植物故事的好奇心作为重要的影响因素促使学生一直浏览动植物照片。

相比那些没有过自然观察俱乐部自然体验经历的学生，有过自然观察俱乐部自然体验经历的学生更加倾向于浏览媒体上发布的动植物图片。亲近探索自然的过程中，学生自然联结性很有可能得到建立或者增强，对动植物表现出更强的亲生物性，表现出参加自然体验经历后更加喜爱动植物[26]。因此，亲生物性带来的积极心理激发了网络媒体学习了解动植物的兴趣与主动性，从而促使他们浏览动植物照片的行为。

本研究未能探索清楚学生对动物的情感态度和浏览网络媒体照片行为之间的因果关系，因为影响人们网络浏览动植物照片行为的因素是复杂的，网络的获得性、正确的网络学习指导等其他的情景因素可能是造成学生心理特性与网络媒体照片浏览行为之间脱节的原因。此外，本研究样本数量受到线上网络收集数据方法的限制而较少，可能影响了模型分析的置信度。因此，研究结果中广义线性模型整体解释度较低。虽然受到数据时效限制，该研究整体上表明，通过网络媒体，尤其是应运现在流行的微信、微博、抖音等自媒体学习体验动植物，并有意识培养对动植物的感知，这也许为公众传递生物多样性理念提供了社会文化支持[27-28]，成为弥补直接自然体验缺失的一种有效教育方式。

致谢：感谢参与本研究调查的所有中学生，感谢中国科学院西双版纳热带植物园在自然观察俱乐部项目中给予的帮助。

参考文献

[1] Soga M, Gaston K, Yamaura Y, et al. Both direct and vicarious experience of nature affect children's willingness to conserve biodiversity[J]. International Journal of Environmental Research and Public Health, 2016, 13(6):529-540.

[2] Soga M, Gaston K. Extinction of experience: the loss of human-nature interactions[J]. Frontiers in Ecology and the Environment, 2016, 14(2): 94-101.

[3] Muramatsu K, Kobayashi H, Okuno J, et al. The realization of new virtual forest experience environment through PDA. In Proceedings of the 16th international conference on Human-computer interaction with mobile devices & services (pp. 421-424)[C]. ACM, 2014.

[4] Pumiliagnarini P M, Pacetti E , Bishop J , et al. Handbook of Research on Didactic Strategies and Technologies for Education: Incorporating Advancements [M]// Beneventi P. The Children's Virtual Museum of Small Animals: From the Schoolyard to the Internet. Express Shipping, 2013:1-14.

[5] 迟福江. 利用网络搜索识别未知植物的方法[J]. 生物学教学, 2015, 40(5):63-64.

[6] Ballouard J M, Brischoux F, Bonnet X. Children Prioritize Virtual Exotic Biodiversity over Local Biodiversity [J]. PLoS ONE, 2011, 6(8):e23152.

[7] Balmford A, Clegg L, Coulson T, et al. Why conservationists should heed Pokémon[J]. Science, 2002, 295(5564): 2367-2367.

[8] Roberge J M. Using data from online social networks in conservation science: which species engage people the most onTwitter? [J]. Biodiversity and Conservation, 2014, 23(3):715-726.

[9] Genovart M, Tavecchia G, Enseñat J J , et al. Holding up a mirror to the society: Children recognize exotic species much more than local ones [J]. Biological conservation, 2013, 159: 484-489.

[10] 李力，张增一. "果壳"与"科普中国" 微信公众号比较研究[J]. 科普研究, 2019, 14(6): 58-69.

[11] 董雪. 浅议新媒体时代的科学传播——以科学松鼠会为例[J]. 新闻世界, 2012(4): 88-89.

[12]孙静，汤书昆. 新媒体环境下“微信”科学传播模式探析[J]. 科普研究，2016, 11(5)：10-16

[13]Kalof L, Zammit-Lucia J, Bell J, et al. Fostering kinship with animals: animal portraiture in humane education[J]. Environmental Education Research, 2016, 22(2): 203-228.

[14]Janpol H L, Dilts R. Does viewing documentary film affect environmental perceptions and behaviors? [J]. Applied Environmental Education & Communication, 2016, 15(1):90-98.

[15]Lee M K, Cheung C M, Chen Z. Acceptance of Internet-based learning medium: the role of extrinsic and intrinsic motivation[J]. Information & Management, 2005, 42(8):1095-1104.

[16] Chen K C, Jang S J. Motivation in online learning: Testing a model of self-determination theory[J]. Computers in Human Behavior, 2010, 26(4):741-752.

[17] Zhang W Z, Williams S J, Wang X M, et al. Push and pull factors determine adolescents' intentions of participation in nature observation: Reconnecting local students with nature in China [J]. Applied Environmental Education & Communication, 2017, 16(4):247-261.

[18]Milfont T L, Duckitt J. The environmental attitudes inventory: A valid and reliable measure to assess the structure of environmental attitudes [J]. Journal of Environmental Psychology, 2010, 30(1): 80-94.

[19] Cheng J C H, Monroe M C. Connection to Nature Children' s Affective Attitude Toward Nature[J]. Environment and Behavior, 2012, 44(1): 31-49.

[20] Prokop P, Tunnicliffe S D. Effects of having pets at home on children's attitudes toward popular and unpopular animals[J]. Anthrozoös, 2010, 23(1): 21-35.

[21] McCullagh P, Nelder J A. Generalized Linear Models[M]. London: Chapman and Hall, 1989.

[22]Serpell J A. Factors influencing human attitudes to animals and their welfare[J]. Animal Welfare, 2004, 13:145-151.

[23] 苏大磊. 审美疲劳对大学生学习的影响[J]. 商，2014,(30)：271.

[24]Binngießer J, Wilhelm C, Randler C. Attitudes toward Animals among German Children and Adolescents[J]. Anthrozoös, 2013, 26(3): 325-339.

[25]Randler C. Teaching species identification—a prerequisite for learning biodiversity and understanding ecology[J]. Eurasia Journal of Mathematics, Science and Technology Education, 2008, 4(3): 223-231.

[26]Collado S, Staats H, Corraliza J A. Experiencing nature in children's summer camps: Affective, cognitive and behavioural consequences [J]. Journal of Environmental Psychology, 2013, 33: 37-44.

[27] Yong D L, Fam S D, Lum S. Reel conservation: can big screen animations save tropical biodiversity[J]. Tropical Conservation Science, 2011, 4(3):244-253.

[28] Roll U, Mittermeier J C, Diaz G I, et al. Using Wikipedia page views to explore the cultural importance of global reptiles [J]. Biological Conservation, 2016, 204: 42-50.

印楝素对刺桐姬小蜂种群的控制作用

Control Effect of Azadirachtin on the Population of *Quadrastichus erythrinae*

赵玉梅
（深圳市仙湖植物园，广东深圳，518004）
ZHAO Yumei
（*Shenzhen Fairylake Botanical Garden*，*Shenzhen*，518004，*China*）

摘要：刺桐属植物是重要的观花树种，由于受刺桐姬小蜂为害，其应用受到极大的限制。本文通过测定不同浓度印楝素对刺桐姬小蜂的产卵驱避作用及其持续效应，以期探讨防治刺桐姬小蜂的有效方法。结果表明：不同浓度印楝素处理对刺桐姬小蜂成虫的产卵均具有明显的驱避作用；明确了500倍0.3%的印楝素乳油溶液对刺桐姬小蜂成虫的产卵驱避作用最强，并且能够有效控制刺桐姬小蜂下一代的种群数量。

关键词：印楝素；刺桐姬小蜂；产卵；驱避作用；种群控制

Abstract：*Erythrina* plants are important flowering tree species，but their application is greatly limited due to the damage caused by *Quadrastichus erythrinae*. In order to explore effective methods for preventing and controlling *Quadrastichus erythrinae*，the oviposition repelling effect of azadirachtin at different concentrations on the adult of *Quadrastichus erythrinae* was measured. The results showed that azadirachtin at different concentrations had a significant oviposition repelling effect on the adult wasp of *Quadrastichus erythrinae*. Clarified the oviposition and repellent effect of azadirachtin on the adult of *Erythrina* wasp，and effectively controlled the next generation population of *Quadrastichus erythrinae*.

Keywords：Azadirachtin；*Quadrastichus erythrinae* Kim；Oviposition；Repellent effect；Population control

刺桐姬小蜂（*Quadrastichus erythrinae* Kim）属于膜翅目（Hymenoptera），姬小蜂科（Eulophidae）、啮小蜂亚科（Tetrastichinae）、胯姬小蜂属（*Quadrastichus*）。该属有60余种，绝大多数是寄生性昆虫（杨伟东 等，2005），目前在广东、福建、海南等地产生严重为害（梁光红，2012；陈琳，2015）。

该虫主要为害具有重要观赏价值的刺桐、杂色刺桐、金脉刺桐、珊瑚刺桐、鸡冠刺桐等刺桐属植物。刺桐姬小蜂繁殖能力强，成虫羽化不久即能交配，雌虫将卵产于寄主新叶、叶柄、嫩枝或幼芽表皮组织内；幼虫孵出后取食叶肉组织，导致叶肉组织畸变，受害部位逐渐膨大，形成虫瘿，严重时引起植物大量落叶、植株死亡（焦懿 等，2006）。深圳市杂色刺桐、鸡冠刺桐、龙牙花和金脉刺桐4种刺桐属植物，受该虫为害严重，有的会造成死亡（梁治宇 等，2011；蒋露，2014）。刺桐属植物原产于亚洲热带，是重要的园林绿化树种，在我国广泛分布于江苏、浙江、福建、江西、湖北、湖南、广东、广西、海南、重庆、四川、云南、贵州、西藏、台湾、香港等地,具有较高的观赏和经济价值。但目前受该虫为害影响,极大地限制了刺桐属植物在园林绿地中的应用。

目前,对刺桐姬小蜂的防治还仅局限于化学药剂的筛选上。李业林等(2009)认为一是剪除受害枝叶后钻孔施药或者根埋施药的防治效果,比单独使用树体杀虫剂的防治效果和单独剪除枝叶的效果好。但由于刺桐姬小蜂卵、幼虫和蛹均藏匿在叶组织和枝干上的虫瘿内,化学药剂难以发挥作用;二是化学药剂容易使刺桐姬小蜂产生抗药性,为以后防治带来困难。并且,由于刺桐姬小蜂是外来检疫性害虫,在我国台湾曾从刺桐的虫瘿中饲养出跳小蜂科(Encyrtidae)、旋小蜂科(Eupelmidae)和金小蜂科(Pteromalidae)等的寄生蜂,其中发现至少一种本地寄生蜂以刺桐姬小蜂为寄主(Ronald,2006),但短时间内仍无法以本地的天敌对刺桐姬小蜂种群产生抑制作用。

由于害虫对杀虫剂的抗性作用所带来的一系列问题,以及由于杀虫剂的大量使用所引发的严重的生态后果,人们希望能从一些天然产品中寻找安全、可以降解并且是环境可吸收的无公害杀虫剂。植物可以产生许多不同种类的次生物质(secondary substances),其中许多次生物质对昆虫的生理和行为会有一定的作用,这些作用包括不同程度的毒杀、对昆虫的生长发育的抑制、对消化吸收的抑制、味觉忌避及拒食作用(Banaag,1998)。

印楝素是从印楝树种子提取出来的一种植物次生物质,杀虫范围广,杀虫作用机制特殊,对环境、人、畜、天敌比较安全,是一种新型的杀虫剂(赵善欢,1984)。

在植物性杀虫剂研究中,从印楝(*Azadirachta indica* A. Juss)中已分离出多种杀虫活性物质。其中,最高效的是从种子和叶子中分离出的印楝素(Azadirachtin),由于该物质对多种害虫表现出强烈的拒食和抑制生长发育作用而深受重视(张兴 等,1992)。

印楝素对400多种害虫具有生物活性,目前世界上用于植物保护的印楝素商品近200个(李志强 等,2009),对害虫发育有较强的抑制作用。本文就印楝素对刺桐姬小蜂的驱避产卵作用进行了研究,并评价了其在田间对刺桐姬小蜂的控制作用。

1 材料与方法

1.1 实验材料

供试材料为0.3%印楝素乳油(成都绿金生物科技有限公司生产);供试刺桐姬小蜂成虫采自市内,在室内饲养待试;供试苗木为株高50cm、生长健壮的刺桐、金脉刺桐盆栽苗。

1.2 试验方法

1.2.1 0.3%的印楝素对刺桐姬小蜂成虫的产卵驱避作用的测定

分别取苗木生长大致一样的刺桐和金脉刺桐各30株,进行养虫笼笼罩,处理组用来喷各处理药剂,对照组喷清水。虫笼内接入5对羽化后的刺桐姬小蜂成虫,让其自然栖息产卵。同时将苗木继续饲养,分别记录各处理组初孵幼虫和中龄幼虫的死亡数,试验重复5次。

1.2.2 不同浓度的印楝素乳油对刺桐姬小蜂成虫产卵的测定

0.3%的印楝素乳油分别设500x、1000x、1500x、2000x、2500x 5个浓度进行试验,以清水做对照。共设5次重复。

1.2.3 印楝素不同浓度对刺桐姬小蜂成虫产卵的持续效果

采用模拟田间试验的方法,将长势比较均匀的刺桐苗和金脉刺桐苗按照不同浓度处理,分别测定驱避物质施用当天,第两天、第三天、第五天对刺桐姬小蜂的作用。

1.2.4 产卵驱避作用对刺桐姬小蜂试验种群驱避作用测定

采用田间模拟试验的方法,分别测试印楝素施用当天、第二天、第三天对刺桐姬小蜂的作用。按照 500x、1000x、1500x、2000x、2500x 五种浓度,对盆栽苗实行喷雾,至叶面湿润,药液开始滴然后晾干。印楝素处理过的苗置于养虫笼内,养虫笼置于阳光照射处,罩内接入 10 对羽化后经过交配过的刺桐姬小蜂成虫,让其自然栖息、取食和产卵。待幼虫孵化后,统计各处理数据。试验设 5 次重复,用清水做对照。

2 结果与分析

2.1 印楝素对刺桐姬小蜂成虫的产卵驱避作用

试验结果见表 1。

表 1 印楝素对刺桐姬小蜂成虫的产卵驱避作用

Table 1 Oviposition repellent effect of the azadirachtin on the adult

刺桐品种 Species	平均着卵量(粒) Eggs average	对照着卵量(粒) CK	干扰作用控制指数 IIPC
刺桐	3.30±0.95	29.60±3.56	0.1115
金脉刺桐	2.01±1.37	25.50±4.88	0.0788

干扰作用指数(IIPC)反映印楝素防治刺桐姬小蜂成虫产卵的驱避作用。可以看出,印楝素乳油对刺桐姬小蜂成虫产卵的驱避作用效果很好,其 IIPC 分别为 0.1115 和 0.0788,表明这些物质对刺桐姬小蜂成虫产卵的驱避作用可以达到 85%以上(表 1)。

2.2 不同浓度印楝素乳油对刺桐姬小蜂成虫产卵的影响

由表 2 可知,不同浓度印楝素对刺桐姬小蜂在刺桐上的干扰控制指数值都比较小,分别为 0.0763、0.1179、0.1643、0.2885 和 0.4553。在试验条件下,印楝素 2500 倍液也有一定的产卵驱避效果,其中浓度为 500 倍液的效果最好,随着浓度的降低,其干扰作用控制指数值增大,即产卵驱避作用下降。

表 2 不同浓度的印楝素乳油对刺桐植物上刺桐姬小蜂成虫产卵的作用

Table 2 Oviposition repellent effect of the azadirachtin's different concentration on *Erythrina variegata*

浓度 concentration	平均着卵量(粒) Eggs average	干扰作用控制指数 IIPC
500x	4.85±1.12	0.0763
1000x	7.50±3.53	0.1179
1500x	10.45±2.32	0.1643
2000x	18.35±2.73	0.2885
2500x	28.96±3.45	0.4553
CK	63.60±3.56	

表 3 不同浓度的印楝素乳油对金脉刺桐上刺桐姬小蜂成虫产卵的作用

Table 3 Oviposition repellent effect of the azadirachtin's different concentration on *E. Variegate* var. *orientialis*

浓度 concentration	平均着卵量(粒) Eggs average	干扰作用控制指数 IIPC
500x	7.85±1.12	0.0986
1000x	12.50±3.53	0.1569
1500x	17.75±2.32	0.2228
2000x	25.60±2.73	0.3214
2500x	40.80±3.45	0.5122
CK	79.65±3.75	

由表 3 可知,不同浓度印楝素对刺桐姬小蜂在金脉刺桐上的干扰控制指数值都比较小,分别为 0.0986、0.1569、0.2228、0.3214 和 0.5122。在试验条件下,印楝素 2500 倍液也可以有一定的产卵驱避效果,其中浓度为 500 倍液的效果最好,随着浓度的降低,其干扰作用控制指数值增大,即

产卵驱避作用下降。

由表 2 和表 3 比较可以看出,在刺桐和金脉刺桐上,印楝素的 500 倍液对刺桐姬小蜂成虫的产卵驱避作用都可以达到 90%以上,随着浓度的降低,对刺桐姬小蜂的产卵驱避效果逐渐减少,但在试验条件下,1000 倍液也可以达到驱避作用 80%以上。

2.3 不同浓度印楝素乳油对刺桐姬小蜂成虫产卵的持续效果

根据印楝素对刺桐姬小蜂的试验种群数量的影响结果,选择不同浓度的印楝素乳油来对刺桐姬小蜂成虫产卵的持续效果进行测定,结果见表 4 和表 5。

表 4 印楝素乳油对刺桐上刺桐姬小蜂产卵驱避作用的持续效果

Table 4 The continued effect of the azadirachtin' s different concentration on *Erythrina variegata*

浓度 concentration	刺桐上施用后不同天数的 IIPC 值 The IIPC on *Erythrina variegata*				7d 后的 IIPC 总量 Total IIPC
	第一天 The 1st day	第三天 The 3rd day	第五天 The 5th day	第七天 The7^{th} day	
500x	0.0163	0.1345	0.3250	0.5806	0.0005
1000x	0.0579	0.2135	0.4568	0.6531	0.0037
1500x	0.0698	0.2956	0.5632	0.6845	0.0079
2000x	0.1022	0.3365	0.6225	0.8045	0.0172
2500x	0.1235	0.4586	0.7365	0.8465	0.0353
CK	1.0000	1.0000	1.0000	1.0000	1.0000

表 5 印楝素乳油对金脉刺桐上刺桐姬小蜂产卵驱避作用的持续效果

Table 5 the continued effect of the azadirachtin' s different concentration on *E. variegate* var. *orientialis*

不同浓度 concentration	金脉刺桐上施用后不同天数的 IIPC 值 The IIPC on *E. variegate* var. *orientialis*				7d 后的 IIPC 总量 Total IIPC
	第一天 The 1st day	第三天 The 3rd day	第五天 The 5th day	第七天 The7^{th} day	
500x	0.0268	0.1356	0.3321	0.5930	0.0007
1000x	0.0745	0.2185	0.4585	0.6520	0.0050
1500x	0.0765	0.3024	0.5745	0.6935	0.0090
2000x	0.1065	0.3410	0.6465	0.8165	0.0192
2500x	0.1320	0.4768	0.7785	0.8668	0.0425
CK	1.0000	1.0000	1.0000	1.0000	1.0000

从表 4 可以看出,5 个浓度的印楝素对刺桐姬小蜂产卵的驱避作用均随施用后时间的延长逐渐减弱。其中,印楝素各浓度处理第一天对刺桐姬小蜂的干扰作用控制指数分别为 0.0163、0.0579、0.0698、0.1022 和 0.1235,印楝素 5 个浓度处理第

一天均可使刺桐姬小蜂的驱避效果达到85%以上，到第七天，5 个处理浓度对刺桐姬小蜂成虫产卵的干扰作用控制指数分别为 0.5806、0.6531、0.6845、0.8045 和 0.8465，说明持续了一段时间后，印楝素对刺桐姬小蜂的产卵驱避效果减弱，其中500x 处理对刺桐姬小蜂的产卵驱避效果仍有 40%以上，而 2500x 处理在第七天对刺桐姬小蜂成虫产卵的驱避效果已经下降到10%左右。

5 个浓度的印楝素对金脉刺桐上的刺桐姬小蜂产卵的驱避作用均随施用后时间的延长逐渐减弱。其中，印楝素各浓度处理在第一天的时候对刺桐姬小蜂的干扰作用控制指数分别为 0.0268、0.0745、0.0765、0.1065 和 0.1320，说明印楝素 5 个浓度处理第一天均可以使刺桐姬小蜂的驱避效果达到 85%以上，而到了第七天，5 个处理浓度对刺桐姬小蜂成虫产卵的干扰作用控制指数分别为 0.5930、0.6520、0.6935、0.8165 和 0.8668（表 5）。

通过表 4 和表 5 比较可以看出，印楝素乳油对刺桐和金脉刺桐上的刺桐姬小蜂成虫的产卵驱避的持续效果没有区别，说明印楝素乳油对刺桐姬小蜂的成虫产卵的持续驱避效果与刺桐姬小蜂所寄生的刺桐属植物的种类没有关系。

2.4 产卵驱避作用对刺桐姬小蜂实验种群控制作用

采用模拟田间试验的方法，分别测定印楝素对刺桐姬小蜂成虫产卵的驱避作用、卵孵化以及对幼虫的影响。根据实验所得数据，应用干扰作用控制指数的方法，可得印楝素对刺桐姬小蜂成虫产卵驱避干扰指数、卵孵化率相对应的干扰作用控制指数以及初孵幼虫存活率相对应的干扰作用控制指数，其结果见表 6 至表 10。

表 6 印楝素 500 倍液对刺桐姬小蜂的干扰作用控制指数

Table 6 The IIPC of the azadirachtin's 500x concentration

施药后天数(天) Times after spraying	刺桐属植物 *Erythrinas*	干扰作用控制指数(IIPC) 产卵驱避 Repellent	卵孵化 Lncubation	初孵若虫 Larvae	综合 IIPC
第一天	刺桐	0.0163	0.8865	0.8562	0.0124
	金脉刺桐	0.0268	0.8942	0.8665	0.0208
第二天	刺桐	0.1045	0.9105	0.9433	0.0880
	金脉刺桐	0.1156	0.9065	0.9510	0.0997
第三天	刺桐	0.1345	0.9403	0.9543	0.1207
	金脉刺桐	0.1356	0.9415	0.9584	0.1224
3 天累计	刺桐	0.0002	—	—	—
	金脉刺桐	0.0004	—	—	—
CK		1.000	1.0000	1.0000	1.0000

表 7 印楝素 1000 倍液对刺桐姬小蜂的干扰作用控制指数

Table 7 the IIPC of the azadirachtin's 1000x concentration

施药后天数 Times after spraying	刺桐属植物 *Erythrinas*	干扰作用控制指数(IIPC)			
		产卵驱避 Repellent	卵孵化 Lncubation	初孵若虫 Larvae	综合 IIPC
第一天	刺桐	0.0579	0.9015	0.8763	0.0457
	金脉刺桐	0.0745	0.8995	0.8825	0.0607
第二天	刺桐	0.1342	0.9135	0.9425	0.1168
	金脉刺桐	0.1335	0.9186	0.9486	0.1172
第三天	刺桐	0.2135	0.9456	0.9568	0.1933
	金脉刺桐	0.2185	0.9503	0.9575	0.1988
3 天累计	刺桐	0.0016	—	—	—
	金脉刺桐	0.0022	—	—	—
CK		1.000	1.0000	1.0000	1.0000

表 8 印楝素 1500 倍液对刺桐姬小蜂的干扰作用控制指数

Table 8 the IIPC of the azadirachtin's 1500x concentration

施药后天数 Times after spraying	刺桐属植物 *Erythrinas*	干扰作用控制指数(IIPC)			
		产卵驱避 Repellent	卵孵化 Incubation	初孵若虫 Larvae	产卵驱避 Repellent
第一天	刺桐	0.0698	0.9203	0.8996	0.0578
	金脉刺桐	0.0765	0.9235	0.9015	0.0637
第二天	刺桐	0.1568	0.9485	0.9545	0.1420
	金脉刺桐	0.1632	0.9468	0.9568	0.1286
第三天	刺桐	0.2956	0.9607	0.9654	0.2741
	金脉刺桐	0.3024	0.9556	0.9631	0.2783
3 天累计	刺桐	0.0032	—	—	—
	金脉刺桐	0.0037	—	—	—
CK		1.000	1.0000	1.0000	1.0000

表 9　印楝素 2000 倍液对刺桐姬小蜂的干扰作用控制指数

Table 9　the IIPC of the azadirachtin's 2000x concentration

施药后天数 Times after spraying	刺桐属植物 *Erythrinas*	干扰作用控制指数(IIPC)			
		产卵驱避 Repellent	卵孵化 Incubation	初孵若虫 Larvae	产卵驱避 Repellent
第一天	刺桐	0. 1022	0. 9335	0. 9102	0. 0868
	金脉刺桐	0. 1065	0. 9386	0. 9143	0. 0914
第二天	刺桐	0. 2035	0. 9520	0. 9621	0. 1864
	金脉刺桐	0. 2115	0. 9563	0. 9645	0. 1951
第三天	刺桐	0. 3365	0. 9665	0. 9645	0. 3137
	金脉刺桐	0. 3410	0. 9698	0. 9613	0. 3179
3 天累计	刺桐	0. 0070	—	—	—
	金脉刺桐	0. 0077	—	—	—
CK		1. 000	1. 0000	1. 0000	1. 0000

表 10　印楝素 2500 倍液对刺桐姬小蜂的干扰作用控制指数

Table 10　The IIPC of the azadirachtin's 2500x concentration

施药后天数 Times after spraying	刺桐属植物 *Erythrinas*	干扰作用控制指数(IIPC)			
		产卵驱避 Repellent	卵孵化 Incubation	初孵若虫 Larvae	产卵驱避 Repellent
第一天	刺桐	0. 1235	0. 9356	0. 9336	0. 1079
	金脉刺桐	0. 1320	0. 9345	0. 9368	0. 1156
第二天	刺桐	0. 2845	0. 9535	0. 9645	0. 2616
	金脉刺桐	0. 2856	0. 9568	0. 9656	0. 2639
第三天	刺桐	0. 4586	0. 9645	0. 9698	0. 4290
	金脉刺桐	0. 4768	0. 9696	0. 9683	0. 4476
3 天累计	刺桐	0. 0161	—	—	—
	金脉刺桐	0. 0180	—	—	—
CK		1. 000	1. 0000	1. 0000	1. 0000

由表 6 至表 10 的数据比较可以看出，在各处理当天，印楝素乳油对刺桐和金脉刺桐上的刺桐姬小蜂成虫产卵有明显的产卵驱避作用，处理当天的干扰控制指数分别在刺桐上为 0. 0163、0. 0579、0. 0698、0. 1022 和 0. 1235，在金脉刺桐上的干扰控制指数为 0. 0268、0. 0745. 0. 0765、0. 1065 和 0. 1320，说明各浓度在处理第一天对刺桐姬小蜂的驱避作用基本上达到了 85%以上，并且在刺桐上和金脉刺桐上的干扰控

制指数没有明显的差别;3d 总计的产卵驱避的干扰作用指数总和分别为在刺桐上为 0.0002、0.0016、0.0032、0.0070 和 0.0161,在金脉刺桐上的干扰作用指数总和为 0.0004、0.0022、0.0037、0.0077 和 0.0180,说明 3d 总计可以控制产卵 98%以上。

随着施药后天数的增加,在各浓度处理的第一天,印楝素乳油对刺桐和金脉刺桐上的刺桐姬小蜂成虫产卵驱避、卵的孵化和初孵幼虫存活总的干扰控制指数,在刺桐上分别为 0.0124、0.0457、0.0578、0.0868 和 0.1079,说明随着浓度的降低,印楝素乳油对刺桐上的刺桐姬小蜂进入高峰期的控制作用逐渐降低,从 98.76%下降到了 89.21%;在金脉刺桐上分别为 0.0208、0.0607、0.0637、0.0194 和 0.1156,印楝素乳油对刺桐上的刺桐姬小蜂进入高峰期的控制作用逐渐降低,从,97.92%下降到了 88.44%;而各处理到了第三天,在刺桐上刺桐姬小蜂成虫产卵驱避、卵的孵化和初孵幼虫存活总的干扰控制指数分别为 0.1207、0.1933、0.2741、0.3137 和 0.4290,印楝素乳油对刺桐上的刺桐姬小蜂进入高峰期的控制作用逐渐降低,从 87.93%下降到了 57.10%,同样的,在金脉刺桐上的总的干扰作用指数为 0.1224、0.1988、0.2783、0.3179 和 0.4476,印楝素乳油对刺桐上的刺桐姬小蜂进入高峰期前的控制作用逐渐降低,从 87.76%下降到了 55.24%。

3 讨论

刺桐属植物在受到刺桐姬小蜂为害时,以往普遍采取砍伐等物理防治和喷施杀虫剂等化学防治方法。物理防治通常用于在刺桐姬小蜂为害严重时,比如砍伐清除,以免扩散蔓延,方法确实简单有效,但刺桐属植物的花有其独特性,为了增加观花树种的多样性,不能简单地一砍了之,在刺桐姬小蜂为害的地区选择合适的防治方法是需要慎重考虑的因素。

当刺桐属植物受到刺桐姬小蜂为害较轻时,通常采用化学防治;但由于刺桐姬小蜂为害特征是卵、幼虫和蛹均藏匿在叶组织和枝干上的虫瘿内,化学防治对其收效甚微,只能对成虫有杀虫效果,但是因为年发生代数多,且世代重叠,因此适合的化学防治时期并不容易掌握;同时,由于刺桐属植物花大而鲜艳,具有很强的观赏性,普遍作为庭院树种种植于人口相对比较密集的绿地空间,大量喷施化学药剂防治容易对环境造成污染和对人体健康造成伤害。所以,如何减少农药化肥的使用,筛选高效低毒的植物源杀虫剂是解决这一问题的关键。

本研究表明,印楝素对成虫的产卵驱避效果比较显著,在刺桐和金脉刺桐上的种群数量都在 3d 内达到控制率 95%以上,但随着时间的推移,产卵驱避作用效果呈下降趋势。因此,印楝素在防治刺桐姬小蜂上的应用时机,应用次数以及如何延长其有效性的制剂类型还有待于进一步研究。

参考文献

陈琳,沙林华,罗湘粤,等,2015. 海南地区不同刺桐品种上刺桐姬小蜂防治试验[J]. 热带林业,43(4):41-42.

丁岩钦,1993. 论害虫种群的生态控制[J]. 生态学报, 13(2):99-105..

甘泳红,刘光华,刘建锋,2013. 刺桐姬小蜂的发生与防治研究进展[J]. 仲恺农业工程学院学同, 26(3):55-59.

姜殿强,吴林桥,云勇,2017. 刺桐姬小蜂化学防治试验研究[J]. 现代农业科技,(13):101,104.

蒋露,柳帅,郭强,等,2014. 刺桐姬小蜂在深圳的发生与防治技术[J]. 江苏农业科学,42(5):127-129.

焦懿,陈志麟,余道坚,等,2006. 姬小蜂科中国大陆一新记录属一新记录种[J]. 昆虫分类学报(1):69-74.

李业林,陈国杰,黄木养,等,2009. 刺桐姬小蜂的防治试验[J]. 植物检疫, 23(3):21-23..

李志强,梁广文,岑伊静,2009. 印楝素对柑橘园柑橘全爪螨自然种群的控制作用[J]. 植物保护,35(1):136-138.

李志强,梁广文,岑伊静,2009. 印楝素对柑橘园柑橘全爪螨自然种群的控制作用[J]. 植物保护,35(1):136-138..

梁治宇,李其章,陆永跃,等,2011. 深圳地区刺桐姬小蜂对不同刺桐种类危害程度调查[J]. 广东农业科学,38(5):62-64,79.

梁光红,钟富春,钟景辉,2012. 赖钟雄外来入侵害虫——刺桐姬小蜂在福建省的发生现状及防治建议[J]. 亚热带农业研究,8(3):174-179.

沙林华,王伟,陈琳,等,2015. 刺桐姬小蜂生物学特性及其防治研究进展[J]. 热带林业,43(3):38-40,26.

沙林华,王伟,陈琳,等,2014. 海南地区不同刺桐品种受刺桐姬小蜂危害程度调查[J]. 热带林业,42(3):39-40,38.

杨伟东,余道坚,焦懿,等,2005. 新入侵有害生物刺桐姬小蜂初报[J]. 植物保护(5):93.

杨曼妙,董景生,方强恩,等,2004. 台湾刺桐姬小蜂虫害大发生[J]. 植保会刊(46):391-396.

杨晓,2011. 刺桐姬小蜂在东莞市城区绿地的发生情况及其防治技术初探[J]. 广东园林,33(4):61-64.

赵善欢,张兴,刘秀琼,等,1984. 印楝素对亚洲玉米螟幼虫生长发育的影响[J]. 昆虫学报, 27(3):241-247.

张兴,赵善欢,1993. 国产印糠树皮中印糠素测试初报[J]. 西北农业大学学报, 20(4):91-93.

张俊忠,刘建宏,杨丽英,等,2013. 刺桐姬小蜂在中国潜在分布区预测[J]. 广东农业科学,40(8):75-77,4.

Ronald A H, Dick Nagamine, 2006. Erythrina gall-wasp, *Quadrastichus erythrinae* Kim (Hymenoptera: Eulophidae). State of Hawaii New Pest Advisory[J]. Department of Agriculture, 3-5.

Myriam Lteif, Sharif Jemaa, Rita Mouawad, et al, 2020. Population biology of the common pandora, Pagellus erythrinus (Linnaeus, 1758) along the Lebanese coast, Eastern Mediterranean The Egyptian Journal of Aquatic Research,01(002).

乡土观花观果植物紫珠在深圳的物候期观测

Observation on the Phenological Period of the Native Flower-and fruit-viewing Plant, *Callicarpa* L. in Shenzhen, China

邓丽　麦妙音　张旻　冯世秀

（深圳市中国科学院仙湖植物园/深圳市南亚热带植物多样性重点实验室，广东深圳，518004）

DENG Li　MAI Miaoyin　ZHANG Min　FENG Shixiu

(*Fairy Lake Botanical Garden, Shenzhen & Chinese Academy of Sciences/Key Laboratory of Southern Subtropical Plant Diversity, Shenzhen Fairy Lake Botanical Garden, Chinese Academy of Sciences, Shenzhen*, 518004, *China*)

摘要：乡土植物因其取材易得，生态适应性高，近年来被作为城市绿化选材的重要来源。紫珠属植物是长江以南广泛生长分布的乡土植物，具有花果期长，观赏应用价值高，抗逆性强等优良特点，是近年来园林绿化造景的新锐景观植物。对仙湖植物园内种植的16种紫珠属植物进行物候期观测，发现藤紫珠、裸花紫珠以及朝鲜紫珠花期最长，藤紫珠、朝鲜紫珠、老鸦糊、白棠子树和广东紫珠果期最持久。此外，美国紫珠、老鸦糊、杜虹花、紫珠、黄腺紫珠、广东紫珠和白棠子树的叶片存在季节性脱落，季候特色明显。根据不同的应用环境合理的选择搭配紫珠属植物，能有效营造季候分明，花果叶形观赏效果俱佳，独具特色的园林景观。

关键词：乡土植物；紫珠属植物；物候观测

Abstract: Due to the properties of easy availability and high ecological adaptability, native plants have been widely used as an important source of urban greening trees in recent years. Plants in the genus of *Callicarpa* L. are widely grown and distributed in the south of the Yangtze River. They have many excellent characteristics, including long flowering and fruiting periods, high ornamental value, and strong stress resistance, and they are suggested to be new potential local plants for landscape greening design and application. In this study, the phenological periods of 16 species in *Callicarpa*, cultivated in Shenzhen Fairy Lake Botanical Garden, were observed. The results demonstrated that *Callicarpa integerrima* var. *chinensis*, *C. nudiflora*, *C. japonica* var. *luxurians* showed the longest flowering periods, while *C. peii* var. *chinensis*, *C. japonica* var *luxurians*, *C. giraldii*, *C. dichotoma*, *C. kwangtungensis* endured the longest fruiting periods. In addition, *C. americana*, *C. giraldii*, *C. pedunculata*, *C. bodinieri*, *C. luteopunctata*, *C. kwangtungensis*, and *C. dichotoma* shed their leaves in winter and spring, exhibiting significant seasonal characteristics. In conclusion, the plants of *Callicarpa* could be used in different scenaries to create a unique landscape, to bring excellent aesthetic feeling from flowers, fruits, and leaves, as well as to reflect seasonal changes.

Keywords: Native plant; *Callicarpa* L.; Phenological observation

乡土植物是经长期自然选择及物种演替，对某一特定地区具有高度生态适应性的自然植物区系成分的总称(孙卫邦,2003)。乡土植物作为园林绿化重要的种质资源和原始材料,许多国家在20世纪就开始对其进行收集、研究、开发和利用,出版大量图注、专著等研究成果。科学选择绿化树种草种、抓好林草种苗生产供应是我国当前科学绿化的主要政策和策略,乡土植物的绿化应用是当前城市绿化建设的重要工作内容之一。乡土植物资源在华南地区的研究应用起步较晚,存在较大开发推广空间(陈定如 等,2006)。深圳自然地理条件优越,乡土植物资源丰富,涵盖观花、观叶、观果、藤本、草本、地被和灌木等多种类型,大部分可以作为园林绿化植物来丰富本地城市景观,同时也有利于保护生态环境和丰富区域内的生物多样性(刘晓俊 等,2005)。现阶段深圳城市园林绿化树种中外来树种占比较高,过高比例会导致城市生态系统功能受损,在应对病虫害和自然灾害如台风、暴雨和高温等方面问题突出。因此,研究和应用乡土植物,能有效促进深圳地区城市生态可持续发展和功能恢复。

紫珠属(*Callicarpa* L.)原隶属马鞭草科(Verbenaceae)牡荆亚科(Viticoideae Briq.),后随牡荆亚科被移入管状花目(Tubiflorae)唇形科(Lamiaceae)(APG系统)(马仲辉,2013),全属有190余种,我国范围内约生长有46种(林依洁,2016),主要分布在长江以南地区,多见于平地至海拔1500m的山坡林地及灌丛中。紫珠属植物常见形态为直立落叶灌木,稀为乔木、藤本或攀缘灌木;枝条为圆筒形或四棱状;叶对生或交互对生,有短柄或无柄,锯齿状叶缘,伞形腋生花序。紫珠属植物花冠颜色以紫色为主,间或红色或白色。核果或浆果状果实,成熟时颜色逐渐由浅变深,最后为紫色、红色、白色或黑色,自带金属光泽。该属植物主要分布于亚洲、大洋洲、美洲的热带和亚热带地区,极少数种分布于温带地区。我国目前发现并记录紫珠属植物主要分布地点为长江以南,少数种生长范围延伸至中部温带地区边缘,广东、海南和广西等地大量分布(黄梅 等,2017;王进泉 等,2006;王宝宁 等,2017)。

1 材料与方法

1.1 试验地概况

试验地位于广东省深圳市仙湖植物园内(22°34′43.10″N、114°09′55.98″E),处于亚热带季风性气候分布带,所处地海拔为44~150m范围内,常年平均气温为23.3℃,常年降水量为1932.9mm。夏季高温多雨,长达6个月,月平均气温约为28~30℃,月平均降水量为108.4~529.7mm,日最高气温可达36.2℃,最大日雨量可达267.1mm。春秋冬三季气候温暖,冬季温和少雨,月平均气温约为14℃,最低气温可达6.1℃。紫珠属植物种植地土壤整体属微酸性红壤土。

1.2 试验材料

本次试验选取种植在仙湖植物园的16种紫珠属植物为研究对象,每个种选取分布在2个不同种植地区的1年生以上的健康植株进行观测统计,每个种植地区选取3株植株为重复,具体为裸花紫珠(*Callicarpa nudiflora* Vahl)、大叶紫珠(*C. macrophylla* Vahl)、老鸦糊(*C. giraldii* Hesse ex Rehder)、美国紫珠(*C. americana* L.)、朝鲜紫珠(变种)(*C. japonica* var. *luxurians* Rehd.)、疏齿紫珠(*C. remotiserrulata* Hayata)、藤紫珠[*C. peii* var. *chinensis* (P'ei) S. L. Chen]、杜虹花(*C. pedunculata* R. Br.)、紫珠(*C. bodinieri* H. Léveillé)、黄腺

紫珠(*C. luteopunctata* H. T. Chang)、长苞紫珠(*C. longibracteata* H. T. Chang)、广东紫珠(*C. kwangtungensis* Chun)、短柄紫珠(*C. brevipes* (Benth.) Hance)、狭叶红紫珠(*C. rubella* f. *angustata* P'ei)以及披针叶紫珠(变种)[*C. longifolia* var. *lanceolaria* (Roxb.) C. B. Clarke]和白棠子树[*C. dichotoma* (Lour.) K. Koch]。

1.3 实验方法

观测时间为2022年9月至2023年8月,为1个自然年生长周期。根据选取的供试植株制定物候期观测指标,物候观测的内容包括叶芽萌发期、展叶期、换叶期、落叶期、花芽分化期、花芽膨大期、开花始期、盛花期、末花期、坐果期、果实膨大期、变色期、果实成熟期、果实脱落期等。观测指标见表1。观测时每1周记录1次紫珠属植物的生长发育情况,观测周期结束时汇总观测记录,以两周为单位制作花期及果期物候观测表。

表1 紫珠属植物物候观测指标

物候期	特征
叶芽萌发期	可以看到叶芽在顶部或叶节间有凸起的芽点,并逐步开始膨大、伸长
展叶期	植株>50%叶芽展叶,大部分叶片完全平展,并且颜色向老熟叶片过渡
换叶期	植株>40%叶片枯黄、脱落,并有新的叶芽萌出
落叶期	植株>90%叶片枯黄,脱落,直至叶片全部凋零
花芽分化期	从顶芽或叶节间开始有凸起的花芽点
花芽膨大期	从花芽明显膨大、伸长开始,经花轴伸长至第1朵小花开始之前的时期
开花始期	植株中<5%小花开放
盛花期	植株50%左右小花开放,最早的花瓣可脱落
末花期	植株>95%小花开放,可见坐果

(续)

物候期	特征
坐果期	花瓣脱落后,子房开始发育至膨大期间
果实膨大期	授粉后幼果明显膨大开始,至蒴果开裂前时期
果实变色期	果实由绿色往白色、紫色、红色转变
果实成熟期	果实变成最终的颜色,不再发生颜色上的改变
果实脱落期	果实从蒴果内掉落开始至完全掉落

2 结果与分析

2.1 花期物候观测

根据深圳市16种紫珠属植物持续一周年内的开花情况连续观察结果,以物候观察的时间为横轴,得到以下花期物候表(表2)。根据表2可见藤紫珠是最早开花的紫珠属植物,于1月底即可开花;长苞紫珠和白棠子树初花期最晚,7月中下旬逐渐开花。美国紫珠、疏齿紫珠、老鸦糊、杜虹花、紫珠以及黄腺紫珠和狭叶红紫珠的花期较短,始花期和盛花期分别持续半个月的时间。藤紫珠花期最长,花期总长约6个月,从1月底到7月底均可见开花。朝鲜紫珠花期次之,花期总长约3.5个月,从5月下旬至8月底均可见开花,且盛花期自6月初持续至8月中旬才结束。裸花紫珠花期再次之,自6月中下旬开始开花,直至9月中上旬花期结束,总花期持续约3个月。大叶紫珠和短柄紫珠花期基本相同,且开花持续时间也基本一致,约为2.5个月,差别在于大叶紫珠6月花芽绽放数量较少,处于始花期,而短柄紫珠在6月中下旬开始进入盛花期,大量花朵陆续绽放,也可见早期花瓣凋零脱落。裸花紫珠、大叶紫珠和长苞紫珠的花量较大,集体绽放,远观效果较为震撼,常吸引摄影爱好者驻足拍照。

表 2　紫珠属植物花期物候表

序号	物种名	1月	2月	3月	4月	5月	6月	7月	8月	9月	10月	11月	12月
1	裸花紫珠						-○	●●	●●	○-			
2	大叶紫珠						○○	●●	○-				
3	藤紫珠	-○	○●	●●	●●	●●	●●	●○					
4	美国紫珠					-○	●-						
5	朝鲜紫珠					-○	●●	●●	●○				
6	疏齿紫珠				○●								
7	老鸦糊				○●								
8	杜虹花				-○	●-							
9	紫珠					-○	●-						
10	黄腺紫珠					-○	●-						
11	长苞紫珠							○●	●●	○-			
12	短柄紫珠						○●	●●	○-				
13	狭叶红紫珠					-○	●-						
14	披针叶紫珠					-○	●●	●○					
15	白棠子树							○●	●○				
16	广东紫珠						○●	●○					

注：○ 开花始期/末花期；● 盛花期。

2.2　果期物候观测

观察16种紫珠属植物在深圳市的果实生长情况，美国紫珠果期最短，自5月下旬起坐果开始膨大，7月中下旬果实开始自绿色转变为紫色，8月底可见紫红色果实，9月中下旬美国紫珠果实陆续脱落，整个果期持续时间约为4.5个月。藤紫珠果期最长，全年除去3月及4月上旬不挂果，其余10.5个月均挂果。老鸦糊坐果期与藤紫珠初始时间一致，但果实变色期和成熟期均晚于藤紫珠2周，果实成熟期和脱落期也较藤紫珠短约1个月。朝鲜紫珠和短柄紫珠果期均为8.5个月，差异在于朝鲜紫珠坐果膨大期早于短柄紫珠约0.5个月，果实变色期和成熟期均早于短柄紫珠1个月，果实脱落期略晚于短柄紫珠，且朝鲜紫珠果实成熟期较短柄紫珠更长，即意味着朝鲜紫珠的观果期更长。老鸦糊、疏齿紫珠、藤紫珠和杜虹花坐果期基本一致，为第一批开始结果的紫珠属植物。疏齿紫珠和杜虹花果期均持续9个月，但疏齿紫珠果实较早变色而较晚成熟，杜虹花果实成熟期持续时间约为2.5个月。美国紫珠和朝鲜紫珠为第二批结果的紫珠属植物，坐果时间均为5月中下旬。紫珠、黄腺紫珠以及短柄紫珠自6月初开始结果，为第三批次结果的植物。狭叶红紫珠是唯一自7月开始结果的紫珠属植物，广东紫珠、大叶紫珠、裸花紫珠和白棠子树紧随其后，于8月开始坐果，长苞紫珠坐果时间最晚，直至9月开始坐果。自紫珠属植物果实进入成熟期，老鸦糊、藤紫珠和杜虹花最早为鸟类提供秋冬季节食物，其次是朝鲜紫珠、裸花紫珠和大叶紫珠为鸟类提供冬春季节食物。

紫珠属植物的果实在其完成变色后观赏价值最高，从表3可见，裸花紫珠、藤紫珠、朝鲜紫珠、老鸦糊、紫珠和白棠子树的果实自变色至成熟期结束时长均超过4个月，藤紫珠和白棠子树果实成熟期长达5个月余。美国紫珠果实成熟后随即开始脱落，成熟期持续时间较短。裸花紫珠、大叶紫珠、藤紫珠、朝鲜紫珠、短柄紫珠和白棠子树果实经冬不落，持续至翌年春天开始脱落。观察紫珠属植物的成熟期果色，长苞紫珠、大叶紫珠以及裸花紫珠果实成熟后先由绿色变为白色,再逐渐过渡到紫色,成熟后变为黑色。

表 3 紫珠属植物果期物候表

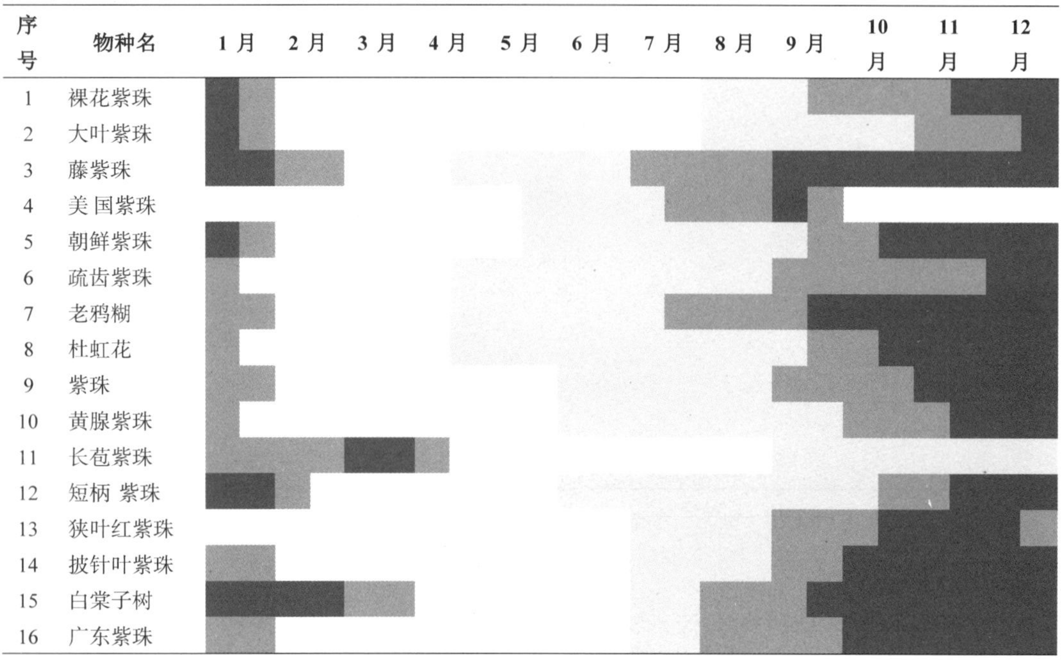

注: 坐果膨大期; 果实变色期/果实脱落期; 果实成熟期。

2.3 叶期物候观测

紫珠属植物大部分为常绿植物,多在春季更换新叶,少部分紫珠属植物为落叶植物,可见全部叶片脱落越冬的现象(表4)。经观察记录,美国紫珠、老鸦糊、杜虹花、紫珠、广东紫珠、黄腺紫珠和白棠子树在深圳地区存在某段时间内叶片全部凋落的现象,落叶期植物基本停止生长,直至新叶萌发,周而复始。其他 10 种紫珠属植物虽然不存在落叶期,但也均在春季时节换叶,裸花紫珠、大叶紫珠、藤紫珠、朝鲜紫珠的换叶时间持续至 3 月结束,疏齿紫珠、短柄紫珠、狭叶红紫珠和披针叶紫珠换叶较为迅速,在 2 月底前基本完成新叶更替。美国紫珠叶片全部脱落,“光杆”现象持续的时间最长,自头年 10 月底开始一直延续到翌年 4 月上旬才萌发新叶。紫珠叶片全部脱落的时间较美国紫珠短,又比老鸦糊、杜虹花和黄腺紫珠叶片全脱时间长,持续时间约为 4 个月。老鸦糊叶片完全脱落后约 4 周后即有新叶陆续萌发,杜虹花和黄腺紫珠则需要 2 个月后才会萌发新叶。长苞紫珠未见明显的脱叶及换叶现象。

表 4 紫珠属植物叶期物候表

序号	物种名	是否落叶	落叶时间	新叶长出时间	叶片持续期
1	裸花紫珠	否	1~3 月(换叶)		全年
2	大叶紫珠	否	1~3 月(换叶)		全年

（续）

序号	物种名	是否落叶	落叶时间	新叶长出时间	叶片持续期
3	藤紫珠	否	1~3 月(换叶)		全年
4	美国紫珠	是	10 月下旬至 11 月上旬	4 月上旬	4~11 月
5	朝鲜紫珠	否	1~3 月(换叶)		全年
6	疏齿紫珠	否	1~2 月(换叶)		全年
7	老鸦糊	是	1 月上旬	2 月上旬	3~12 月
8	杜虹花	是	1 月上旬	3 月上旬	3~12 月
9	紫珠	是	11 月下旬至 12 月上旬	3 月下旬至 4 月上旬	4~11 月
10	黄腺紫珠	是	12 月	2 月下旬	3~11 月
11	长苞紫珠	否			全年
12	短柄紫珠	否	1~2 月(换叶)		全年
13	狭叶红紫珠	否	1~2 月(换叶)		全年
14	披针叶紫珠	否	1~2 月(换叶)		全年
15	白棠子树	是	1 月下旬	2 月下旬	3~12 月
16	广东紫珠	是	1 月下旬	2 月下旬	3~12 月

3 讨论

从持续一年的观测结果看，16 种紫珠属植物在华南亚热带地区整体生长情况良好，枝叶繁茂，植株形态饱满，除裸花紫珠和大叶紫珠嫩叶夏季偶有雁驼蛾幼虫危害，以及朝鲜紫珠夏秋雨水充沛、高温湿热时节偶发介壳虫危害之外，鲜有病虫害。根据雁驼蛾虫害和介壳虫虫害仅发生在植株幼嫩叶片上的特点，可在展叶初期开展病虫害防治，喷施低浓度高效氯氰菊酯乳油 1000 倍液或 48%毒死蜱乳油 1500 倍液喷雾防治，每隔 1 周喷施 1 次，直至病虫害消失。

16 种紫珠属植物的花期集中在 4~9 月，果实成熟期多集中在 9 月至翌年 1 月，而紫珠属植物的最佳观赏部位就是其紫色的果实和粉紫色花朵，待冬季果实观赏季节结束而植株整体处于蓄积能量的时期时，可在 1 月底至 2 月初对除长苞紫珠和白棠子树之外的 14 个种进行中重度修剪，促进新生枝条萌发，控制杂乱株型，保障新的叶芽能大量萌出，从而有效控制植株形态（鲁平，2006）。因紫珠属果期持续时间长，多存在边开花边结果的现象，为保障植株有充足的营养进行生殖生长，以及有效降低病虫害发生概率，可在观果期定期摘除干枯的果实（毛丽，2010）。

裸花紫珠、藤紫珠和朝鲜紫珠是紫珠属植物中花期最长的植物，所以在设置观花植物景观时，此 3 种紫珠属植物优于其他 14 种植物。在果期延续时长方面，裸花紫珠、藤紫珠、朝鲜紫珠、疏齿紫珠、老鸦糊、白棠子树和广东紫珠优于其他紫珠属植物，但影响植株观果效果的除了果期时长之外，果实大小、颜色、数量等因素也是决定性因素（刘念 等，2012）。在观察中发现，除了朝鲜紫珠，藤紫珠的果实观赏价值也极高，因其果量大，果实颜色为深紫色且自带光泽，果实变色期至脱落期持续时间长，所以更适宜用作园林观果植物。

16 种紫珠属植物的花、果、叶各有特点，朝鲜紫珠、裸花紫珠、短柄紫珠、藤紫珠花果期长，藤紫珠、美国紫珠、朝鲜紫珠、短柄紫珠果实变色后观赏效果极佳,疏齿紫珠叶片革质,颜色较深且叶形独特带有锯齿,在景观效果上各有千秋。根据具体应用场景,选择紫珠属植物进行科学灵活的搭配,能有效营造秋冬季节硕果累累的园林景观氛围,增添岭南地区的季候特色,提升园林景观质量。

参考文献

陈定如,古炎坤,李秉滔,2006. 华南园林绿化乡土树种探讨(一)[J]. 广东园林.

黄梅,陈振夏,于福来,等,2017. 海南岛裸花紫珠种质资源调查报告[J]. 中国现代中药,19(12):1717-1721.

林依洁,2015. 紫珠属植物的研究概述[J]. 中国急救医学,35(Z2):430-432.

刘念,夏磊,李先源,2012. 重庆市野生观果植物资源及其园林应用前景[J]. 中国园林,28(4):3.

刘晓俊,庄雪影,2005. 广东省城市生态建设植物选择与应用问题的思考[J]. 广东园林,4:4.

鲁平,2006. 园林植物修剪与造型造景[M]. 中国林业出版社.

毛丽,2010. 观果植物在园林绿化中的应用[J]. 现代园艺,000(006):59-60.

孙卫邦,2003. 乡土植物与现代城市园林景观建设[J]. 中国园林,19(7):3.

王宝宁,田中,马跃,2017. 紫珠在重庆市的栽培适应性及园林应用[J]. 现代农业科技,2:143,145.

王进泉,梁文强,王健生,等,2006. 日本紫珠的繁育技术[J]. 山东林业科技,2:58.

樱花 DUS 测试指南制定研究

The Establishment of DUS Test Guidelines for Flowering Cherry Varieties

吕彤

（国家植物园北园植物研究所，北京市花卉园艺工程技术研究中心，北京，100093）

LÜ Tong

(*China National Botanical Garden North Garden*, *Beijing Floriculture Engineering Technology Research Centre*, *Plant Institute*, *Beijing*, 100093, *China*)

摘要：樱花是蔷薇科李属木本观花植物，我国有丰富的野生樱花资源，2017 年我国第一个樱花品种获得植物新品种保护权，我国陆续在福建山樱花（*Prunus campanulata*）、华中樱（*Prunus conradinae*）、迎春樱（*Prunus discoidea*）、云南冬樱花（*Prunus cerasoides*）、尾叶樱（*Prunus dielsiana*）中选育出樱花新品种并获得了植物新品种保护权。截至目前，我国已授权樱花植物新品种近 200 个。本文在调查国内外樱花品种资源的基础上，建立了樱花已知品种数据库，针对樱花植物新品种保护过程中的实质审查制定了我国樱花 DUS 测试指南，明确了编制的意义，筛选了樱花品种特征性状，规范了品种性状描述，对性状特征提供了标准品种，并对个别性提供了图示信息，对如何进行特异性、一致性和稳定性审查进行了规范，最后制定完成了樱花植物新品种 DUS 测试指南。

关键词：樱花；植物新品种保护；DUS 测试

Abstract: Flowering cherry is a woody ornamental plant belonging to *Prunus* genus in the Rosaceae family. China has abundant wild flowering cherry resources. The first Chinese flowering cherry new variety was granted the new plant variety protection right in 2017. China has successively selected new flowering cherry varieties from *Prunus campanulata*, *Prunus conradinae*, *Prunus discoidea*, *Prunus cerasoides*, and *Prunus dielsiana* and obtained the new plant variety protection rights. Up to now, China has authorized nearly 200 new varieties of flowering cherry plants. On the basis of investigating flowering cherry variety resources both domestic and abroad, a database of known flowering cherry varieties has established. In response to the DUS test of the protection process of flowering cherry new varieties, flowering cherry DUS testing guidelines of China have been developed, clarifying the significance of the compilation, screening the characteristic traits of flowering cherry varieties, standardizing the description of variety traits, providing standard varieties for trait characteristics, and providing illustration information for some traits, as well as how to conduct the tests for distinctness, uniformity and stability also were standardized, and finally the DUS testing guidelines for flowering cherry varieties was established.

Keywords: Flowering cherry; Plant variety protection; DUS testing

---

基金项目：国家林业和草原局科技发展中心资助项目（2016-LY-107）。

作者简介：吕彤（1991.10—），男，硕士，园林绿化工程师，E-mail：Chinabjlutong@163.com，主要研究领域：园林植物资源收集、评价、繁殖、新品种选育与园林应用研究。

樱花列在2012年12月25日国家林草局科技发展中心公布的《中华人民共和国植物新品种保护名录(林业部分)(第五批》中。保护名录公布后,国家林业和草原局植物新品种保护办公室联合标准处在2016年4月下达了编制任务。樱花DUS测试指南是樱花植物新品种进行实质审查的技术文件,也是樱花育种者快速、准确地记录樱花品种信息,并与已知的樱花品种性状进行对比,判断所育品种是否具有特异性的重要依据,本文对樱花DUS测试指南的编制过程进行了总结。

1 标准编写的原则和主要内容

1.1 编写原则

测试指南的制定遵循规范性、科学性、先进性、合理性和实用性的原则,既与最新的国家法律、法规和标准接轨,又与我国的实际情况相符,力求做到科学规范、性状选择准确、可操作性强。

技术先进性:该测试指南参考了日本编制的樱花测试指南,据此制定的我国樱花新品种特异性、一致性和稳定性(DUS)测试指南保持了与国际技术同步。

法律适应性:《中华人民共和国植物新品种保护条例》规定,在进行植物新品种实质审查过程中,必要时要委托授权测试机构对申请品种进行DUS田间测试,DUS测试指南是田间DUS测试的依据。目前,国家林业和草原局在现有月季(杜鹃花)、一品红(八仙花)、牡丹、竹子、杏、山茶花(油茶)6个专业测试站的基础上设立了7个国家级区域测试站(昆明、上海、菏泽、安徽、北京、杭州、江西),樱花还没有确立测试站,主要还是由专家到现场进行实质审查。

操作适用性:本指南自2017年开始进行了多次樱花新品种实质审查应用,并根据实际情况进行了多次修改,可操作性强。

1.2 标准的主要内容

测试指南主要包括下列内容:前言、正文、附录和参考文献。正文包括范围、规范性引用文件、术语和定义、符号和缩略语、测试材料、测试方法、特异性、一致性和稳定性判定、品种分组、性状表和技术问卷。附录包括附录A(规范性)性状表、附录B(规范性)性状表解释、附录C(规范性)技术问卷。

2 樱花新品种DUS测试指南制定

2.1 正文的编制方法

测试指南正文包括10个方面的内容,包括范围、规范性引用文件、术语和定义、符号和缩略语、测试材料、测试方法、特异性、一致性和稳定性判定、品种分组、性状表、技术问卷。依据樱花品种的生物学特性,通过查阅樱花资料和实地调查编制总体技术要求。总体技术要求中要说明测试指南的适用范围、规范性引用文件、术语和定义、供试品种材料的要求、测试的方法、性状的观测与判别、测试的性状。

2.2 性状选择

DUS测试指南的核心是测试性状的选择,由一系列经过选择出来的性状组成的性状表是判别申请品种是否具备特异性、一致性和稳定性的主要依据,因而性状的选择非常重要(表1)。在通过对品种性状调查分析后,选择品种描述性状的基本要求如下:

(1)特定的基因型或基因型组合的作用结果;

(2)在特定环境下,具有足够稳定性和可重复性;

(3)为确定特异性,品种间表现出足够的差异;

(4)能够被准确定义、识别和描述;

(5)满足一致性要求;

(6)满足稳定性要求,即反复繁殖或每

个繁殖周期结束后,其结果具稳定性和可重复性。

(7)对性状的商业价值或优势不做要求,但如果某些经济性状能达到上述规定的标准,也可以考虑作为 DUS 测试补充性状(TGP/3/1)。

根据实地调查和对已有樱花品种性状描述相关资料的分析,确定樱花性状表中的性状,樱花性状表一共 50 个性状,其中星号(＊)性状是必测性状 31 个,分组性状 6 个,质量性状 14 个,假质量性状 29 个,数量性状 7 个。这些性状经过实地审查能够很好地把近似品种区别开来,表现出特异性。

表 1 樱花品种性状表

Table 1 Characteristics of flowering cherry varieties

序号及类型	测试方法与时期	性状	表达状态	标准品种		代码
				中文名	学名	
1 (＊) (+) PQ	VG (a)	植株:树姿	柱形直立			1
			帚形直立			2
			杯形开张			3
			斜展开张			4
			平展开张			5
			斜展下垂			6
			平展下垂			7
			下 垂			8
2 (+) PQ	VG (a)	植株:生长类型	落叶灌木	稚木樱	‘Humilis’	1
			落叶小乔木	冬樱	‘Parvifolia’	2
			落叶乔木	染井吉野	‘Yedoensis’	3
3 QL	VG (a)	植株:气生根	无			1
			有			9
4 PQ	VG (a)	植株:树干颜色	灰			1
			灰褐			2
			褐			3
			紫褐			4
			棕红			5
5 QL	VG (a)	植株:树干光泽	无			1
			有			9
6 QN	VG (a)	植株:树干皮孔密度	疏	杭州早樱	‘Hangzhou Zaoying’	3
			中	染井吉野	‘Yedoensis’	5
			密	御衣黄	‘Gioiko’	7

(续)

序号及类型	测试方法与时期	性状	表达状态	标准品种		代码
				中文名	学名	
7 (+) PQ	VG (b)	叶:叶片形状	披针形			1
			卵状椭圆形			2
			阔椭圆形			3
			椭圆形			4
			狭椭圆形			5
			倒卵状椭圆形			6
			阔倒卵形			7
8 (+) PQ	VG (b)	叶:先端形状	圆钝			1
			突尖			2
			急尖			3
			渐尖			4
			尾尖			5
9 (+) PQ	VG (b)	叶:基部形状	楔形			1
			宽楔形			2
			圆形			3
			心形			4
10 (*) (+) PQ	VG	叶:幼叶颜色	浅绿			1
			中绿			2
			黄绿			3
			红褐			4
			紫红			5
11 PQ	VG (b)	叶:成叶上表面颜色	浅绿			1
			中绿			2
			深绿			3
			绿褐			4
			红褐			5
12 PQ	VG (b)	叶:成叶下表面颜色	灰白			1
			浅绿			2
			中绿			3
			红褐			4

（续）

序号及类型	测试方法与时期	性状	表达状态	标准品种		代码
				中文名	学名	
13 (＊) (+) PQ	VG (c)	花：花序类型	总状花序	楚锦	‘Chujin’	1
			伞房花序	市原虎之尾	‘Albo Pleno’	2
			伞形花序	椿寒	‘Introrsa’	3
14 (＊) (+) QN	VG/MG (c)	花：花序花朵数	少	飞雪	‘Feixue’	1
			中	染井吉野	‘Yedoensis’	2
			多	薄重大岛	‘Semiplena’	3
			极多	楚锦	‘Chujin’	4
15 (＊) (+) QN	MG (c)	花：花序总梗长度	极短	染井吉野	‘Yedoensis’	1
			短	椿寒	‘Introrsa’	3
			中	河津	‘Kawazu-zakura’	5
			长	八重红大岛	‘Yaebeni-Ohshima’	7
			极长	相思红	‘Xiangsi Hong’	9
16 (＊) (+) QN	VG/MG (c)	花：花梗长度	短	青肤樱	‘Multiplex’	3
			中	染井吉野	‘Yedoensis’	5
			长	雨宿	‘Amayadori’	7
17 (＊) QL	VG (c)	花：花梗被毛	无			1
			有			9
18 (＊) PQ	VG (c)	花：花梗颜色	黄绿			1
			绿			2
			淡绿红			3
			淡红			4
			中红			5
19 (＊) (+) PQ	VG (c)	花：花萼筒形状	管状			1
			筒形			2
			长倒钟形			3
			倒钟形			4
			杯状			5
			壶形			6
			漏斗形			7
			盘状			8

(续)

序号及类型	测试方法与时期	性状	表达状态	标准品种		代码
				中文名	学名	
20 (*) PQ	VG (c)	花:花萼筒颜色	绿			1
			红绿			2
			红			3
			紫红			4
			深紫			5
21 (*) QL	VG (c)	花:花萼筒被毛	无			1
			有			9
22 (*) QL	VG (c)	花:萼裂片状态	平展			1
			反折			9
23 PQ	VG (c)	花:萼裂片形状	披针形			1
			长卵状三角形			2
			卵状三角形			3
			宽卵状三角形			4
			宽三角形			5
			长椭圆形			6
			菱状卵形			7
24 QL	VG (c)	花:萼裂片锯齿	无			1
			有			9
25 (*) QL	VG (c)	花:副萼有无	无			1
			有			9
26 (*) (+) PQ	VG (c)	花:花蕾颜色	白			1
			淡红			2
			红			3
			浓红			4
			紫红			5
			黄绿			6

（续）

序号及类型	测试方法与时期	性状	表达状态	标准品种		代码
				中文名	学名	
27 PQ	VG (c)	花：开花方向	下垂	雨情垂枝	‘Ujou-shidare’	1
			向下	雨宿	‘Amayadori’	2
			横向	伊豆	‘Izuzakura’	3
			向上	天之川	‘Erecta’	4
28 (＊) (+) PQ	VG (c)	花：花型	单瓣	染井吉野	‘Yedoensis’	1
			半重瓣	蕊蝶	‘Ruidie’	2
			重瓣	关山	‘Sekiyama’	3
			菊瓣	兼六园菊樱	‘Sphaerantha’	4
			台阁	梅护寺数珠挂樱	‘Juzukakezakura’	5
29 (＊) (+) QN	MG/MS (c)	花：花径	小	青肤	‘Multiplex’	3
			中	染井吉野	‘Yedoensis’	5
			大	关山	‘Sekiyama’	7
			极大	太白	‘Taihaku’	9
30 (＊) (+) PQ	VG (c)	花：花冠形状	倒钟形	蕊蝶	‘Ruidie’	1
			浅杯形	旭山	‘Asahiyama’	2
			碗形	椿寒	‘Introrsa’	3
			平盘形	飞寒	‘Feihan’	4
			广开形	关山	‘Sekiyama’	5
31 (＊)(+) QL	VG (c)	花：旗瓣	无			1
			有			9
32 QL	VG (c)	花：花瓣褶皱	否			1
			是			9
33 PQ	VG (c)	花：花瓣姿态	平展			1
			沿纵轴内卷			2
			沿横轴内扣			3
			外翻			4
34 (＊)QL	VG (c)	花：花瓣脉纹	不明显			1
			明显			9

(续)

序号及类型	测试方法与时期	性状	表达状态	标准品种		代码
				中文名	学名	
35 (＊)(+) PQ	VG (c)	花:花瓣相对位置	相离	飞寒	‘Feihan’	1
			相交	椿寒	‘Introsa’	2
36 (＊) QN	MG/MS (c)	花:花瓣数量	5 片	染井吉野	‘Yedoensis’	1
			6~10 片	蕊蝶	‘Ruidie’	2
			10~15 片	白妙	‘Sirotae’	3
			15~20 片	松前红绯衣	‘Matsumae-benihigoromo’	4
			20~25 片	一叶	‘Hisakura’	5
			25~30 片	八重红大岛	‘Yaebeni-ohshima’	6
			30~35 片	八重红虎尾	‘Yae-benitorano-o’	7
			35~40 片	红华	‘Kouka’	8
			40~45 片	关山	‘Sekiyama’	9
			45~50 片	麒麟	‘Kirin’	10
			50~100 片	红笠	‘Benigasa’	11
			100~300 片	菊樱	‘Chrysanthemoides’	12
			300 片以上	鸭樱	‘Longipedunculata’	13
37 (＊) (+) PQ	VG (c)	花:花瓣形态	长卵形			1
			卵形			2
			倒卵形			3
			长椭圆形			4
			椭圆形			5
			近圆形			6
38 (＊)(+) PQ	VG (c)	花:花瓣先端形态	二裂全缘			1
			二裂啮齿			2
39 (＊) PQ	VG (c)	花:花瓣颜色	白			1
			粉红			2
			浅红			3
			中红			4
			深红			5
			浅紫			6
			紫红			7
			黄绿			8
			复色			9

（续）

序号及类型	测试方法与时期	性状	表达状态	标准品种		代码
				中文名	学名	
40 (*) PQ	VG (c)	花：花瓣复色颜色（仅限复色品种）	粉			1
			红			2
41 (*) PQ	VG (c)	花：雄蕊花丝颜色	白			1
			粉			2
			红			3
42 PQ	VG (c)	花：雌蕊柱头先露	否			1
			是			2
43 (*) QL	VG (c)	花：雌蕊数量	1个			1
			2个			2
44 QL	VG (c)	花：雌蕊叶化	否			1
			是			9
45 PQ	VG (c)	花：雌蕊与雄蕊相对高度	低于雄蕊	阳光	'Youkou'	1
			与雄蕊等高	河津	'Kawazu-zakura'	2
			高于雄蕊	市原虎之尾	'Albo Pleno'	3
46 (*) QL	VG (d)	果实：结实	否			1
			是			9
47 PQ	VG (d)	果实：果皮颜色	红	飞寒	'Feihan'	1
			黑紫	染井吉野	'Yedoensis'	2
48 (*) PQ	VS	物候期：开花期与展叶期先后	先叶开放	染井吉野	'Yedoensis'	1
			花叶同放	大岛	'Speciosa'	2
			后叶开放	鸭樱	'Longipedunculata'	3
49 (*) (+) QN	VG	物候期：开花期（仅一次花）	极早	寒樱	'Praecox'	1
			早	河津	'Kawazu-zakura'	3
			中	染井吉野	'Yedoensis'	5
			晚	关山	'Sekiyama'	7
			极晚	鸭樱	'Longipedunculata'	9
50 (*) QL	MS	物候期：一年开花次数	一次	染井吉野	'Yedoensis'	1
			二次	十月	'Autumnalis'	2
			二次以上	冬樱	'Parvifolia'	3

2.3 性状表达状态的确定

测试指南中的性状被分为不同的表达状态,每个状态的描述应用一个代码与其相对应。性状的表达分为3种类型,根据遗传特性性状分为质量性状(QL)、数量性状(QN)和假质量性状(PQ)3类。性状的表达类型影响表达状态的分类、分级,质量性状和假性质量性状采用连续代码进行标记;数量性状用奇数代码进行标记,同时必须提供标准品种对应不同的表状态。质量性状和假质量性状不要求有标准品种,但是需要表述准确,或配以图示。

2.4 标准品种

通过实地调查建立樱花已知品种数据库,在一个品种数据库中选择大家熟悉并广泛栽培容易获得的樱花品种作为标准品种,每个标准品种尽可能被用于多个性状特征,并明确对应一个表达状态。

2.5 性状解释的编制方法

根据樱花品种的生物学特性及性状的分级标准,对性状表中的各个性状的观测作详细的解释,根据观测方法性状分为群体测量(MG)、群体目测(VG)、个体测量(MS)、个体目测(VS)。要说明每个性状观测时期、观测部位、观测方法、观测量以及性状的类别与分级情况,对于部分质量性状,要加以图示说明。

2.6 分组性状的选择

分组性状是在樱花品种分类的基础上进行的选择。选择了树姿、花萼筒形状、花型、花冠形态、花瓣颜色和开花期作为分组性状。对于同时有多个樱花品种被测试时就要按着分组性状行进分组后进行实质审查。

3 DUS测试指南测试方法

测试应该在种植后樱花正常开花后的生长季进行。测试地选择的原则是适地适树,品种的生长特性能够充分表现出来。在测试无性繁殖的樱花品种的一致性和稳定性试验中,应充分确定供试品种在性状观察地区是否具有一致性,测试应在确保品种正常生长以满足品种有关性状的表达和有利于观测的条件下进行。

在进行DUS测试评价时,先对樱花申请品种及其近似品种的性状同测试指南中的测试性状进行对比分析,评价申请品种是否具备品种应当具有的一致性和稳定性,再判断申请品种是否与已知品种存在差异。最后经过对一致性、稳定性和特异性的评价、分析和检验,撰写测试报告。

3.1 特异性分析

如果性状的区别满足以下条件该品种即视为有特异性。

(1)恒定差异。如果在种植试验中所观察到的性状差异与申请者提供的性状差异相一致,可不必进行重复观察。

如果在种植试验中所观察到的性状差异与申请者提供的性状差异不一致,要保证在种植试验中所观察到的性状差异是恒定的,应至少在两种独立的情况下测试这一性状。这可以通过另一个不同的生长周期种植进行观察,或者一次种植后进行两个不同生长季节的观察。

(2)显著差异。判断两个品种之间的差异是否显著取决于许多因素,尤其要考虑被测试性状的表达类型,即质量性状、数量性状还是假质量性状。

①质量性状。对于质量性状,在测试指南中如果性状表达处于不同级别,则认为两品种在该性状上具有显著差异。如果性状表达为同一级别,则认为差异不显著。

②数量性状。对于数量性状,实测值与对照品种进行显著性测验,达到差异显著性为准,着色强度等无法测量的性状,以目测结果大于等于两个代码的差别代表显著

差异。

③假质量性状。目测结果,有一个代码的差别代表显著差异(TGP/9/1)。

3.2 一致性分析

在6个或10个测试植株中根据目测区分,最大的异型株(非典型植株)允许值为1,采用1%的群体标准和95%的接受概率(TGP/10/1)。

3.3 稳定性分析

申请品种在测试栽培中符合一致性要求,并且主要性状与申请者的描述相一致,可认为该品种具备稳定性。如果该品种不具备稳定性,且培育人不能提供与品种特征特性相符合的繁殖材料,则实质审查不通过。必要时,该品种可再种植一个生长周期,通过评价所表现出的性状与先前提交的材料的表现是否一致,来判定其是否具备稳定性(TGP/11/1)。

4 结论

樱花 DUS 测试指南对樱花品种特征描述的性状进行了统一和规范,对如何进行特异性、一致性和稳定性测试和判定进行了规范。樱花 DUS 测试指南行业标准(LY/T 3335—2022)已经发布并由中国标准出版社出版发行。

参考资料

GB/T 1.1—2020. 标准化工作导则 第1部分:标准化文件的结构和起草规则.

Royal Horticulture Society. RHS Color Chart.

GB/T 19557.1—2004. 植物新品种特异性、一致性和稳定性测试指南 总则.

大场章秀,川崎哲也,田中秀明,等,2007. 日本之樱[M]. 东京:山溪谷社.

王青华,柳新红,徐梁,2015. 中国主要栽培樱花品种图鉴[M]. 杭州:浙江科学技术出版社.

王贤荣,2014. 中国樱花品种图志[M]. 北京:科学出版社.

俞德浚,李朝銮,1986. 樱属[M]//中国科学院中国植物志编辑委员会. 中国植物志:38卷. 北京:科学出版社 41-87.

UPOV: TG/1/3 General introduction to the examination of distinctness, uniformity and stability and the development of harmonized descriptions of new varieties of plants.

UPOV: TGP/5 Experience and Cooperation in DUS Testing.

UPOV:TGP/6 Arrangements for DUS Testing.

UPOV:TGP/7 Development of Test Guidelines.

UPOV:TGP/8 Trial Design and Techniques Used in The Examination of Distinctness, Uniformity and Stability.

UPOV:TGP/9 Examining Distinctness.

UPOV:TGP/10 Examining Uniformity.

UPOV:TGP/11 Examining Stability.

UPOV:TGP/14 Glossary of Technical, Botanical and Statistical Terms Used in UPOV Documents.

UPOV:TGP/15 New Types of Characteristics.